新工科建设·计算机类精品教材

计算机导论（第 2 版）

（微课视频版）

吕云翔　李沛伦　编著

电子工业出版社
Publishing House of Electronics Industry
北京·BEIJING

内 容 简 介

本书系统、全面地介绍计算机基础知识，全书架构为：第 1 ～ 4 章介绍计算机的基础知识，如硬件、软件、操作系统和文件管理等；第 5 ～ 9 章介绍计算机网络的相关知识，如局域网、因特网、Web 技术及应用、社交媒体、多媒体和 Web 等；第 10 ～ 15 章介绍计算机的专业知识，如信息系统分析与设计、数据库、新技术领域、程序设计基础、计算机安全、计算机职业与道德等。全书讲解细致、全面，且力求囊括尽可能多的新技术与新趋势。

本书可作为高等院校计算机相关专业"计算机导论"课程的教材，也可作为非计算机专业的学生及广大计算机爱好者的参考书。

图书在版编目（CIP）数据

计算机导论：微课视频版 / 吕云翔，李沛伦编著 . —2 版 . —北京：电子工业出版社，2024.1

ISBN 978-7-121-46132-3

Ⅰ . ①计… Ⅱ . ①吕… ②李… Ⅲ . ①电子计算机 Ⅳ . ① TP3

中国国家版本馆 CIP 数据核字（2023）第 152572 号

责任编辑：戴晨辰

印　　刷：北京市大天乐投资管理有限公司
装　　订：北京市大天乐投资管理有限公司
出版发行：电子工业出版社
　　　　　北京市海淀区万寿路 173 信箱　　　邮编：100036
开　　本：787×1092　1/16　印张：17.5　　字数：526 千字　　彩插：9
版　　次：2016 年 8 月第 1 版
　　　　　2024 年 1 月第 2 版
印　　次：2024 年 11 月第 2 次印刷
定　　价：69.90 元

前　言

本书第 1 版自 2016 年 8 月正式出版以来，经过了十余次重印，被许多高校选作"计算机导论"课程的教材，深受学校师生的喜爱，获得了良好的社会效益。

党的二十大报告明确指出，全党要把青年工作作为战略性工作来抓，用党的科学理论武装青年，用党的初心使命感召青年，做青年朋友的知心人、青年工作的热心人、青年群众的引路人。本书着力将党的二十大精神融入计算机导论专业课堂，以素养课堂推动综合素质培养与教学体系建设。

这些年来，信息技术突飞猛进，人工智能、大数据、云计算、物联网、虚拟现实、元宇宙、区块链、5G 等领域发展得越来越快。即使在本书第 1 版中已经涉及一些相关内容，但由于技术发展更新较快，因此有必要及时更新并不断完善本书的内容，做到与时俱进。本书第 2 版的编写保留了第 1 版的特色，并主要对以下内容进行了适当完善。

（1）对各章的内容重新进行了梳理，将过时的内容进行了修订，增加了当前流行的一些概念和技术。

（2）在第 1 章中，增加了"计算思维"内容。

（3）在第 8 章中，增加了"Podcast 和 Webcast""短视频""电商直播"相关知识。

（4）在第 11 章中，增加了"NoSQL"内容。

（5）增加了 1 章，即第 12 章"新技术领域"，包括"人工智能""大数据""云计算""物联网""虚拟现实""元宇宙""区块链""5G"等内容。

（6）将原第 12 章改为第 13 章，原第 13 章改为第 14 章，原第 14 章改为第 15 章。

（7）增加了附录 A"Python 编程基础"内容。

（8）补充了附录 B"计算机技术发展史"内容。

（9）将各章后的习题进行了修订，并添加了填空题和简答题。

希望通过本次再版，教师和学生能更喜欢这本书，同时，相信本书信息容量大、知识性强、面向计算机导论能力的全面培养和实际应用等特点能够更好地延续下去。

本书的作者为吕云翔、李沛伦，曾洪立进行了部分内容的编写和素材整理及配套资源制作等。

本书包含配套资源，读者可登录华信教育资源网（www.hxedu.com.cn）下载。

在本书的编写过程中，我们力求使其做到完美，但限于篇幅，且我们的能力和水平有限，书中难免有疏漏与不妥之处，恳请各位同仁与广大读者给予批评指正，也希望各位能将在本书阅读过程中的经验和心得与我们进行交流（作者邮箱：yunxianglu@hotmail.com）。

作　者

本书微课视频二维码

对应章名称及拓展 实践名称	视频二维码	对应章名称及拓展 实践名称	视频二维码
第 1 章 计算机和数字基础		第 12 章 新技术领域	
第 2 章 计算机硬件		第 14 章 计算机安全	
第 3 章 计算机软件		拓展实践内容学习 1—— Office 及其应用	
第 4 章 操作系统和文件管理		拓展实践内容学习 2—— 操作系统及其应用	
第 5 章 局域网		拓展实践内容学习 3—— 软件工具及其应用	
第 6 章 因特网		拓展实践内容学习 4—— 开发语言及开发环境的应用	
第 7 章 Web 技术及应用		拓展实践内容学习 5—— 网络及云计算应用	
第 8 章 社交媒体		拓展实践内容学习 6—— 移动互联网及其应用	
第 9 章 多媒体和 Web		拓展实践内容学习 7—— 人工智能及其应用	
第 11 章 数据库		拓展实践内容学习 8—— 其他	

目　　录

第1章　计算机和数字基础

本章主要介绍计算机和数字基础知识，包括计算机的定义与分类、进制系统及相互间的转换、计算机中的数据表示、位和字节的概念、计算机处理数据的流程等。通过对本章的学习，读者应能够对信息时代的数字技术有一个基本的认识。

1.1　计算机简介

计算机是信息时代的核心。计算机的出现和逐步普及，使得信息量、信息传播的速度、信息处理的速度，以及应用信息的速度都在以几何级数的方式增长。如今，人们谈起计算机，不仅仅指的是一台"物理"上的机器，更多的是计算机所带来的信息与数字革命。

计算机的发明和数字化时代的到来标志着数字革命的开端。数字革命是一种数字处理方式的变革，以及由此带来的社会、政治和经济持续改变的过程。驱动数字革命的技术基于数字电子器件，以及电信号可以用来表示数据（数字化）的概念：书籍、语音、电影、图像等多种多样的信息，都可以经过特定的处理方式转换成由"0"和"1"代表的电信号，如图1-1所示。

数字化统一了各种信息的使用方式。在数字化之前，书籍需要印刷后才能传播与阅读，电话通话需要电话机和专门的电话线路，看电影需要胶片放映机和合适的场所，浏览图像则需要幻灯片、投影仪和投影幕。一旦将信息完成了数字化，一切信息便都统一了：它们都可以交由同一个设备来管理，并且可以通过一组通信线路来传输。

图 1-1　数字革命与数字化

数字革命改变了人们的生活方式。随着数字革命的进展，技术在改变，人们使用技术的方式也在改变：数据处理的方式由之前的个人计算转变成了网络计算，进而演进成最新的云计算；计算机的形式由起初的大公司和政府使用的计算机转变成了台式计算机与笔记本电脑，随后又出现了iPhone、iPad之类的移动设备；软件的形式由最初的定制应用程序，发展为现在比较普遍的软件套件，以及比较新、比较热门的手持设备应用和云应用……数字革命带来了好处，但也需要人们去适应。快节奏的技术更新不断地挑战现状，也要求整个社会对传统生活方式及法律法规进行调整。

1.2　计算机的基础知识

"计算机"是一个广义的概念。计算机可以指机械计算机、电子计算机与计算器等诸多设备。

机械计算机是工业革命的产物，它是利用机械运动原理对数据进行处理的设备。最早的机械计算机是由著名科学家帕斯卡（B. Pascal）发明的，它是利用齿轮传动原理制成的，通过手摇方式操作运算。手摇机械计算机如图1-2所示。

继电器计算机介于机械计算机和电子计算机之间。1941年制成的全自动继电器计算机"Z-3"已经具备了浮点计数、二进制运算、数字存储地址的指令形式等现代计算机的特征。继电器计算机如图1-3所示。

图 1-2　手摇机械计算机　　　　　　　　图 1-3　继电器计算机

计算机是利用电子学原理，根据一系列指令来对资料进行处理的机器。在生活中，人们一般把电脑和计算机混为一谈，但实际上正如上面所说，计算机是一个更加广义的概念。

计算机的英文原词"Computer"最初是指从事数据计算的人，为执行计算任务而设计的机器称为计算器和制表机，而不是计算机。直到 20 世纪 30 ～ 40 年代，第一台电子计算机问世后，人们才开始使用"计算机"这一术语并赋予它现代的定义。

如今，计算机的应用越来越广泛，各种计算机的外形与大小也变得愈发不同，但计算机的核心仍没有变。计算机是一种多用途设备，它能在存储指令集的控制下，接收输入、处理数据、输出并存储数据。

（1）计算机的输入（Input）指的是输入、提交或传输到计算机系统的一切数据。输入的数据可以由人、环境或其他设备提供。计算机的输入设备（键盘、鼠标等）可以用来收集输入数据，并将其转化成电子信号供计算机进行存储与操作。

（2）计算机的数据处理（Process）主要是在 CPU（Central Processing Unit，中央处理器）中进行的。CPU 是计算机的运算核心和控制核心。大部分现代计算机使用的 CPU 是微处理器。

（3）计算机的输出（Output）是指计算机处理信息后产生的结果。计算机的输出形式多种多样，如文档、图片、视频、音频等。计算机的输出设备可以显示、打印或传送输出的结果。

（4）计算机可以根据数据使用方式的不同将数据存储（Store）在不同的地方。正在等待处理的数据会被放在内存中，而长期存储的数据会被放在存储器中。

以上 4 种操作定义了计算机的存在形式，因此有时也将这 4 种操作的英文首字母简称为计算机的"IPOS 模型"。

与 IPOS 模型类似，冯·诺依曼模型描述了计算机五大核心组成部分：控制器、运算器、存储器、输入设备和输出设备。

控制计算机执行处理任务的指令集叫作计算机程序，简称程序。程序构成了软件，而软件能使计算机执行某个特定的任务。计算机能运行的软件可以分为系统软件、应用软件和开发工具三大类。

（1）系统软件为使用计算机提供了最基本的功能，可分为操作系统和支撑软件，其中操作系统是最基本的软件，支撑软件包括 CPU 监视器、设备驱动器等。系统软件负责管理计算机系统中各种独立的硬件，使得它们可以协调工作。系统软件使得计算机使用者和其他软件将计算机当作一个整体，而不需要顾及底层每个硬件是如何工作的。

（2）应用软件是为了某种特定的用途而被开发的软件。它可以是一个特定的程序，如音频播放器、视频编辑器等；也可以是一组功能联系紧密、可以互相协作的程序的集合，如微软公司开发的 Office 套件；还可以是一个由众多独立程序组成的庞大的软件系统，如数据库管理系统等。

（3）开发工具是用来创造系统软件和应用软件的平台、语言与工具。开发工具有 C++ 等编程语言、HTML 等脚本语言与调试工具。

1.3　计算机的分类和使用

1.3.1　计算机的分类

　　较为普遍的计算机分类是按照计算机的运算速度、字长、存储容量等综合性能指标，将计算机分为巨型机、大型机、中型机、小型机、微型机。但是，随着技术的进步，各种型号的计算机性能指标都在不断地改进和提高，以至于过去一台大型机的性能可能还不如目前的一台微型机。按照巨、大、中、小、微的标准来划分计算机的类型有其时间的局限性，因此计算机的类别划分很难有一个精确的标准。目前常用的计算机分类包括个人计算机、服务器、大型计算机、超级计算机、嵌入式计算机，此外，量子计算机也是当下的热门话题。

1. 个人计算机

　　个人计算机是指大小、性能及价格等多个方面适合于个人使用，并由最终用户直接操控的计算机的统称。从台式计算机、笔记本电脑到上网本和平板电脑，以及超极本、智能手机等都属于个人计算机的范畴。

　　工作站（见图 1-4）是一种高端的通用微型计算机。它适于单用户使用并可以提供比个人计算机更强大的性能，尤其是在图形处理、并行任务处理方面。工作站通常配有高分辨率显示屏、多屏显示器，以及容量很大的内存储器和外存储器。另外，连接到服务器的终端机也可称为工作站。

2. 服务器

　　服务器（见图 1-5）通常是指那些具有较强计算能力，能够提供给多个用户使用的计算机。服务器是网络环境中的高性能计算机，它能够侦听网络上的其他计算机（客户机）提交的服务请求，并提供相应的服务。服务器的高性能主要体现在高速的运算能力、长时间的可靠运行、强大的外部数据吞吐能力等方面。服务器的硬件构成与个人计算机基本相似，包括处理器、硬盘、内存、系统总线等，因为服务器是针对具体的网络应用与服务特别制定的，所以服务器相较个人计算机，在处理能力、稳定性、可靠性、安全性、可扩展性、可管理性等方面都有很大的提升。

　　　　　　　图 1-4　工作站

　　图 1-5　服务器

3. 大型计算机

　　大型计算机（见图 1-6）简称"大型机"，其体积庞大，价格昂贵，能够同时为众多用户处理数据。大多数情况下，大型机指的是从 IBM System/360 开始的一系列计算机及与其兼容或同等级的计算机，拥有较高的可靠性、安全性、向后兼容性和极其高效的数据输入与输出性能。大型计算机主要用于大量数据和关键项目的计算，如银行金融交易及数据处理、人口普查、企业资源规划等。

4. 超级计算机

超级计算机是计算机中功能最强、运算速度最快、存储容量最大的一类计算机。它的基本组成组件与个人计算机无太大差异，但规格与性能则强大许多，是一种超大型计算机。超级计算机具有很强的计算和处理数据的能力，主要特点表现为高速度和大容量，配有多种外部设备及丰富的、高性能的软件系统。现有的超级计算机运算速度大都可以达到每秒 1 太（Trillion，万亿）次以上。

截至 2023 年 6 月，世界上最强大的超级计算机（第一名）是美国橡树岭国家实验室开发的"前沿（Frontier）"超级计算机（见图 1-7），其实测浮点运算速度峰值（Rmax）可达 110.2 亿亿次 / 秒，配备了 591872 个 CPU。第二名为日本富士通与日本理化学研究所共同开发的"富岳（Fugaku）"超级计算机，其实测浮点运算速度峰值可达 44.20 亿亿次 / 秒，配备了 7630848 个 CPU。第三名为"欧洲高性能计算共同计划"的 LUMI 超级计算机，其实测浮点运算速度峰值可达 15.19 亿亿次 / 秒，配备了 75264 个 CPU。

图 1-6　大型计算机　　　　　　　　图 1-7　前沿超级计算机

5. 嵌入式计算机

嵌入式计算机是指嵌入某些产品中的微型计算机，用来执行与产品有关的特定功能或任务。洗衣机、电视机、DVD 机，甚至电子钟表中都包含嵌入式计算机。现代化的汽车中有数十块甚至数百块微处理器，它们都属于嵌入式计算机，这些微处理器配合相应的软件系统被用来控制汽车以完成多种任务，如 ABS（Anti-lock Brake System）、点火、车载多媒体设备等。

6. 量子计算机

关于量子计算的思想起源于 20 世纪 70 年代，但直到近几年它才逐渐引起人们的关注。量子计算机依据量子物理原理，超出传统物理学的范畴达到亚原子级别。量子计算机和传统计算机的区别在于：量子计算机利用电子、原子核等粒子作为量子位。量子位与传统计算机的位不同，在量子位中，电子或原子核可以处在一种叠加状态，同时表示 1 和 0。例如，若有两个量子位，它们可以同时代表所有的两位组合：00、01、10 和 11，而增加第三个量子位后，就可以同时代表所有可能的三位组合。根据这种扩展方式，理论上量子计算机的速度相比于传统计算机以指数方式增长——n 个量子位能代表 2 的 n 次方个二进制位，而 n 个常规位只能代表 n 个二进制位。正是因为量子粒子的这种特点，使得量子计算机能够采用更为丰富的信息单位，从而大大加快运行速度。在结构方面，未来的量子计算机可能由非常细小的液体构成。

量子计算机虽然仍处于初期试验阶段，但事实上量子计算机的雏形已经存在，如图 1-8 所示。2001 年，IBM Almaden 研究中心的科学家创建了 7 量子位的计算机，由 7 个可以相互影响并用无线电脉冲程序化的原子核构成。该量子计算机成功地分解了 15 位数，虽然对于传统计算机来说这并不是一件难事，但事实上量子计算机能够理解问题并给出正确答案，在量子计算机的研究领域已经算得上是一件重大的事件。而随着量子位数的增加，量子计算机的性能将达到传统计算机难以企及的程度——求解一个亿亿亿级变量的方程组，即便是用现在世界上最快的超级计算机也至少需要几百年，而 1GHz 时钟频率的量子计算机将只需要 10s。

事实上，将计算机按照上述方式进行分类，也不是那么直观。例如，高端的个人计算机在性能上与服务器相当；一些个人计算机的尺寸已接近移动电话甚至要更小。此外，新的技术发展也在影响着分类。例如，小型的平板设备被认为是移动设备，因为它们只比移动电话要大一点，运行移动操作系统，并且主要用于因特网访问与多

图 1-8　量子计算机的雏形

媒体内容播放。近年来，越来越多的新兴计算机设备面世，也催生了新的类别，如智能手表、智能眼镜等，这些可以被分类成可穿戴计算机。以下将简单介绍一些新兴的计算机设备。

（1）电子书阅读器。Kindle 引领了电子书阅读器的热潮。电子书阅读器（见图 1-9）是用来显示数字出版物的设备。专用的电子书阅读器只能用来显示电子书，但 Kindle Fire 包含了可以访问因特网的浏览器，因此其也可以被归类为平板电脑。

（2）游戏机。游戏机（见图 1-10）拥有强大的处理性能与图形性能，但它们被设计专门用于游戏，而不是运行普通的应用软件，如 Sony 公司的 PlayStation、任天堂公司的 Switch、微软公司的 Xbox 等用于电子游戏的设备。

（3）便携式媒体播放器。便携式媒体播放器，如 iPod touch（见图 1-11），是可以存储与播放数千首歌曲的掌上设备，革命性地改变了音乐产业。这些设备通常可以用触摸屏或触控轮控制。

图 1-9　电子书阅读器　　　　图 1-10　游戏机　　　　图 1-11　iPod touch

（4）智能手表。手表与钟表是最早向电子化转变的设备之一。20 世纪 70 年代大规模制造的电子手表价格可以低至 10 美元，但这些手表只是用于显示日期和时间。2013 年，三星、谷歌和高通等公司介绍了新一代的数字手表，即智能手表，如图 1-12 所示，这种多功能设备包含了摄像头、温度计、指南针、计算器、GPS、媒体播放器等多种功能。其中一些功能集成在手表中，另一些则需要通过连接因特网或智能手机进行。

（5）智能眼镜。智能眼镜是指设计成类似眼镜的头戴式数字设备，如智能眼镜 Google Project Glass，如图 1-13 所示，可以通过语音或边缘的触摸板控制。智能眼镜包含了摄像头与显示设备，可以将生成的图片映射到使用者的眼中。智能眼镜的网络应用也使得用户可以访问电子邮件和流行的社交网站。

（6）运动追踪器。通过佩戴运动追踪器（见图 1-14），用户可以监测自身一整天的活动。这些戴在手腕或夹在口袋上的设备可以监测佩戴者的步伐与心率。它们还可以计算卡路里，并以图形化的方式来展示佩戴者的健康度，还可以将信息通过网络分享给社交网站的好友。

图 1-12　智能手表　　　　图 1-13　智能眼镜 Google Project Glass　　　图 1-14　多种多样的运动追踪器

（7）智能家电。空调、洗衣机与其他家电都可以被一种称为微控制器的集成了传感器与处理线路的集成电路控制。微控制器可以监测能效，允许通过编程来控制开启时间，甚至可以被智能手机或笔记本电脑远程控制。智能家电控制界面如图 1-15 所示。

图 1-15　智能家电控制界面

1.3.2　计算机的兼容性

假如想要在家庭计算机上完成一项任务，并将任务结果迁移到学校或公司的计算机上进行演示，那么计算机的兼容性就要被考虑进来。计算机的兼容性有时也被称为"是否使用了同一平台"，顾名思义，如果两台计算机使用的是同一类操作系统，那么它们就是兼容的，即它们可以使用相同的软件和配件，并且数据可以在这两台计算机中进行复用。

按照系统兼容性，计算机操作系统可以被分为三类：苹果的 macOS（桌面端，下同）和 iOS（移动端，下同）；微软的 Windows 和 Windows Phone（但 Windows Phone 已被微软放弃支持）；谷歌的 Chrome OS 和 Android。同一类别的计算机操作系统更易上手，例如，如果之前使用的是苹果 macOS 系统的笔记本电脑，那么相比于使用 Android 系统手机，苹果的 iOS 系统手机就更加容易上手。

1.3.3　使用计算机的优点和缺点

谈到计算机，人们更多想到的是它给我们带来的便利：计算机的计算快速准确；计算机可以用很小的空间存储大量的信息；计算机从不"疲惫"，只要有能源，就可以持续工作；计算机网络带来的信息开阔了我们的视野，使我们可以不断地学习与提高，同时方便了人与人之间的沟通和交流。

然而计算机也是一把"双刃剑"，在给人们带来便利的同时，也带来了网络沉迷、电磁辐射等危害。在越来越多的人开始拥有智能手机的时代，新的危害也开始出现。手机把人们的时间碎片化，人们倾向于在空闲时间"玩"手机，而不再是静下心来读书看报，或是与朋友面对面地交流。

随着智能手机、平板电脑等智能移动终端产品的普及和无线网络的发展，日常生活的每个缝隙，都有被数字产品"侵蚀"之势，人与人之间的自然交流日渐缺失。越来越多的人加入"低头族"的行列，如图 1-16 所示。聚会时离不开手机，一个人时更是如此；地铁、公交车中的上班族，几乎个个都是"低头看屏幕"的状态，有的看手机，有的掏出平板电脑或笔记本电脑上网、玩游戏、看视频，每个人都想通过盯住屏幕的方式，把零碎的时间填满。低头族不仅有安全隐患和健康隐患，更使得人们之间的交流变得冷淡。数字终端破坏了原有生活的美感及人与人交流的温暖。

图 1-16 低头族

计算机优缺点的另一种解读方式是根据计算机的分类。例如，台式计算机的性能往往更加强劲，但便携性较弱，因此如果生活中需要经常出差，台式计算机就不是一个很好的选择；相反，笔记本电脑的便携性很强，但性能往往稍微弱一些。

1.4 计算机的数字数据表示

1.4.1 数据表示基础知识

数据表示是指数据存储、处理和传输的形式。数据表示可分为数字和模拟两种方式。

数字和模拟的区别在于其状态是否离散。数字表示的状态是离散的，类似于电灯开关，只有开和关这两种离散状态，没有任何中间状态。而模拟表示的状态是连续的，类似于传统的收音机上的音量旋钮，可以控制连续范围的音量。

与数字方式和模拟方式对应的是数字数据和模拟数据。数字数据是指转换成离散数字（如 0 和 1 的序列）的文本、视频、音频等，而模拟数据是使用无限的数据范围来表示的。

计算机是数字设备，用于计算机的数据是以数字数据的方式进行存储、处理与传送的。例如，数字信号可以由两种不同的电压表示（如恒定的正电压表示二进制数 1，恒定的负电压表示二进制数 0）；在 CD 光盘上，数字数据可以表示成 CD 光盘表面的光点和暗点；在硬盘中，数字数据可以表示成磁微粒的正负极方向。

1.4.2 数字、文本、图像和语音的表示

在计算机的应用中，比较常用的三种进制是二进制、十进制及十六进制。日常生活中通常使用十进制来表示数字。计算机系统通过二进制来处理数据。另一种与计算机使用相关的进制是十六进制，它提供一种更通俗易懂的方法表示一长串的二进制字符，便于人们理解。对于每种进制，符号的总个数称为基数，如十进制中用到的符号为 0 ～ 9，共 10 个，所以十进制的基数为 10；十六进制中用到的符号为 0 ～ 9 和 A ～ F，共 16 个，所以十六进制的基数为 16。每种进制都采用"逢基数进一"的进位计数制。

1. 十进制与二进制

十进制系统使用 0 ～ 9 来表示所有的数字，是大部分人使用的进制系统。二进制系统被广泛运用在计算机中，用来表示数字和其他字符。二进制系统仅使用两个符号：0 和 1。表 1-1 列出了十进制与二进制的关系。

表 1-1　十进制与二进制的关系

十进制（基数 10）	二进制（基数 2）
0	0
1	1
2	10
3	11
4	100
5	101
6	110
7	111
8	1000
9	1001
10	1010
11	1011
1001	1111101001

2. 十六进制

计算机通常采用十六进制输出诊断信息、内存管理信息，区分网络适配器和其他硬件。十六进制是表示二进制的一种缩写方式。因为较大的二进制数，如 1101010001001110 可能被误读，十六进制数的表示将二进制数以 4 位为一组进行切分，每 4 位被转换成一个十六进制位。

十六进制使用 16 个不同的符号。因为只有 10 个数字，所以十六进制使用字母 A、B、C、D、E、F 来表示另外 6 个符号。

十六进制与 ASCII 码和 EBCDIC 码的字节有一种特殊的关系，这使得它便于快速表示地址和其他数据。每个十六进制数的字母对应 4 位的二进制数，所以任意一个 8 位的二进制数可以被表示成两个十六进制数的标记。比如说，字母 N（用 ASCII 码表示是 01001110）的十六进制表示是 4E（通过寻找十六进制字符 4 和 E 的二进制对应值）。表 1-2 列出了十六进制与十进制、二进制的关系。

表 1-2　十六进制与十进制、二进制的关系

十六进制（基数 16）	十进制（基数 10）	二进制（基数 2）
0	0	0
1	1	1
2	2	10
3	3	11
4	4	100
5	5	101
6	6	110
7	7	111
8	8	1000
9	9	1001
A	10	1010
B	11	1011
C	12	1100
D	13	1101

（续表）

十六进制（基数 16）	十进制（基数 10）	二进制（基数 2）
E	14	1110
F	15	1111
10	16	10000

3. 进制转换

以下分别讨论十进制数与二进制数、十六进制数之间的转换方法。

1）将十进制数转换为二进制数或十六进制数

将十进制数转换为二进制数或十六进制数，我们可以采用余数法，即十进制数被 2（转换成二进制）或者 16（转换成十六进制）除。这个过程的余数被记录下来，重复上述过程，将这一步的商用作下一步的被除数，直到商为 0。这时，整个过程的所有余数（倒序排列）代表对应的二进制数或者十六进制数。

将十进制数 79 转换为二进制数的过程如表 1-3 所示。

表 1-3　将十进制数 79 转换为二进制数的过程

被除数	商	余数
79	39	1
39	19	1
19	9	1
9	4	1
4	2	0
2	1	0
1	0	1

① 用 2 除该数；

② 重复上述过程直到商为 0；

③ 将所得余数倒序排列获取对应的二进制数 1001111。

将十进制数 79 转换为十六进制数的过程类似，如表 1-4 所示。

表 1-4　将十进制数 79 转换为十六进制数

被除数	商	余数
79	4	F
4	0	4

① 用 16 除该数；

② 重复上述过程直到商为 0；

③ 将所得余数倒序排列获取对应的十六进制数 4F。

小数的转换方式与整数稍有不同，例如，将十进制小数转换为二进制小数时，对小数部分是乘 2，此后取整，并将所得数的小数部分再乘 2，取整……如此循环直到小数部分是 0 为止。将过程中得到的整数顺序排列，得到转换后的二进制小数。

将十进制小数 0.8125 转换为二进制小数的过程如表 1-5 所示。

① 用 2 乘该数，取整；

② 将所得数的小数部分乘 2，取整；

③ 重复上一步，直到小数部分为 0；

④ 将所得整数顺序排列，得到对应的二进制小数 0.1101。

表 1-5　将十进制小数 0.8125 转换为二进制小数的过程

小数	乘 2 所得数	取整
0.8125	1.625	1
0.625	1.25	1
0.25	0.5	0
0.5	1	1

2）将二进制数、十六进制数转换为十进制数

将非十进制数转换为十进制数可采用"位权法"，即把各非十进制数按权展开，然后求和，便可得到与之对应的十进制的等值数。

将二进制数 1111101001.1 转换为十进制数的过程如下：

$(1111101001.1)_2=1\times2^9+1\times2^8+1\times2^7+1\times2^6+1\times2^5+0\times2^4+1\times2^3+0\times2^2+0\times2^1+1\times2^0+1\times2^{-1}=(1001.5)_{10}$

即二进制数 1111101001.1 对应的十进制的等值数是 1001.5。

将十六进制数 4F6A 转换为十进制数的过程如下：

$(4F6A)_{16}=4\times16^3+F\times16^2+6\times16^1+A\times16^0=(20330)_{10}$

即十六进制数 4F6A 对应的十进制的等值数是 20330。

3）将十六进制数转换为二进制数、将二进制数转换为十六进制数

将十六进制数转换为二进制数时，需要将十六进制数每位上的数字转换为 4 位的二进制数。例如，将十六进制数 F6A9 转换为二进制数，我们将得到：

F	6	A	9
1111	0110	1010	1001

用二进制数表示，即 1111011010101001。将二进制数转换为十六进制数时，需要进行上述过程的反过程。如果数字的位数不能被 4 整除，就需要在头部增加多余的 0 来使其可以被 4 整除。例如，将二进制数 1101101010011 转换为十六进制数，我们将得到：

0001	1011	0101	0011
1	B	5	3

用十六进制数表示，即 1B53。注意：在转换前，在头部增加了 3 个 0，将 1 变成了 0001。

表 1-6 对各种进制之间的转换过程进行了总结。

表 1-6　各种进制之间的转换过程

从进制	到进制		
	二进制	十进制	十六进制
二进制		从最右边一位开始，用 2 的 0 次方、2 的 1 次方、2 的 2 次方、…，分别乘该位上的数，将所得积相加	从最右边一位开始，将每 4 位二进制数转换为一个十六进制数
十进制	不断除以 2，用所得商继续上述过程直到商为 0，余数倒序排列即对应数值		不断除以 16，用所得商继续上述过程直到商为 0，余数倒序排列即对应数值

（续表）

从进制	到进制		
	二进制	十进制	十六进制
十六进制	将每个十六进制字符转换为对应的 4 位二进制数	从最右边一位开始，用 16 的 0 次方、16 的 1 次方、16 的 2 次方、…，分别乘该位上的数，将所得积相加	

4. 计算机中的数据表示

计算机可以使用多种类型的编码来表示字符数据，如 ASCII 码、EBCDIC 码、Unicode 码和汉字编码。

ASCII 码（American Standard Code for Information Interchange，美国信息交换标准代码）使用指定的 7 位或 8 位二进制数组合来表示 128 或 256 种可能的字符。标准 ASCII 码也叫作基础 ASCII 码，使用 7 位二进制数来表示所有的大写和小写字母、数字 0～9、标点符号，以及在美式英语中使用的特殊控制字符。扩展 ASCII 码是标准 ASCII 码的扩充，使用 8 位二进制数为 256 个字符提供编码。图 1-17 列出了标准 ASCII 码表。

注：表中的ASCII字符可以用：ALT ＋ "小键盘上的数字键" 输入

图 1-17　标准 ASCII 码表（最高位全部为 0，即只使用了后面 7 位）

EBCDIC 码（广义二进制编码的十进制交换码）是字母或数字字符的二进制编码，是 IBM 为它的更大型的操作系统开发的。它是 IBM 的 S/390 上的 IBMOS/390 操作系统使用的文本文件的编码，并且数千个公司为它们的遗留应用程序和数据库使用这种编码。在一个 EBCDIC 文件中，每个字母或数字字符都被表示为一个 8 位的二进制数（一个 0、1 字符串）。256 个可能的字符被定义（字母、数字和一些特殊字符）。

Unicode 码也称统一码、万国码、单一码，它为每种语言中的每个字符设定了统一并且唯一的二进制编码，以满足跨语言、跨平台进行文本转换处理的要求。Unicode 码用 16 位二进制数为 65000 个字符提供了编码。根据传输格式的不同，Unicode 码又可分为 UTF-8、UTF-16、UTF-32 等。其中 UTF-8 以字节为单位对 Unicode 码进行编码，UTF-16 以 16 位无符号整数为单位对 Unicode 码进行编码，UTF-32 以 32 位无符号整数为单位对 Unicode 码进行编码。

汉字编码的字符集有 GB2312—1980（《信息交换用汉字编码字符集》）、GBK（《汉字内码扩展规范》）和 GB18030—2005（《信息技术中文编码字符集》）等。其中 GB2312—1980 共收入汉字 6763 个、非汉字图形字符 682 个。GBK 向下与 GB2312—1980 编码兼容，共收入了 21003 个汉字和 883 个其他符号。GB18030—2005 共收录了 70244 个汉字。

　　不同于数字和文本，图像和语音有自己的数据表示方式。图像的数字化是将图像转化成一系列彩色的点，每个点的色彩都可以由一个或一组特定的二进制数来表示。图像就是它所包含的所有点的色彩值构成的列表，放大图像后的效果如图 1-18 所示。语音的数字化是将语音的波形采样为很多个点，用离散化的点来代替连续的波形，再将这些点转化成数字。采样的点越多，就越接近于完整的波形图样，将语音波形放大后可以看到其中的每个采样点，如图 1-19 所示。

图 1-18　放大图像后的效果　　　　　图 1-19　将语音波形放大后可以看到
其中的每个采样点

1.4.3　位和字节的量化

　　在计算机中，"位"（bit）是"二进制数字"（binary digit）的缩写，通常可以进一步缩写为小写字母"b"。1 位代表着一个二进制数字 0 或 1，比如二进制数 1100 占用了 4 位。

　　位在计算机中极少单独出现，它们几乎总是绑定在一起成为 8 位的集合（字节），即 1 字节由 8 位组成。通常把字节缩写为大写字母"B"。

　　位和字节在日常应用中通常会带有前缀 kilo（简写 K）、mega（简写 M）、giga（简写 G）、tera（简写 T），以及不太常用的 peta（简写 P）和 exa（简写 E）。不同于数学领域，计算机领域的这些单位是以 1024（2^{10}）为进制的，即 1KB=1024B，1MB=1024KB，1GB=1024MB，1TB=1024GB，1PB=1024TB，1EB=1024PB。位和字节的量化标准如图 1-20 所示。

位（bit）	1 位	千兆字节（GB）	2^{30} 字节
字节（Byte）	8 位	万亿位（Tbit）	2^{40} 位
千位（Kbit）	1024 或 2^{10} 位	万亿字节（TB）	2^{40} 字节
千字节（KB）	1024 或 2^{10} 字节	千万亿位（Pbit）	2^{50} 位
兆位（Mbit）	1048576 或 2^{20} 位	千万亿字节（PB）	2^{50} 字节
兆字节（MB）	1048576 或 2^{20} 字节	百亿亿位（Ebit）	2^{60} 位
千兆位（Gbit）	2^{30} 位	百亿亿字节（EB）	2^{60} 字节

图 1-20　位和字节的量化标准

　　在日常生活中，传输速度（如网络速度）一般用位表示，而存储空间一般用字节表示。所以，一个有着 100Mbit/s 带宽（最高每秒传输 100Mbit）的网络不代表着每秒最高能下载 100MB 的文件，而是最高只能下载 100Mbit/8=12.5MB 的文件。

1.4.4 电路和芯片

集成电路，或称作微电路、微芯片、芯片，是指由半导体材料组成的薄片，它上面有诸如电路、晶体管、电容器、逻辑门和电阻之类的微型电路元器件。最初的小规模集成电路所包含的微型部件不足 100 个，而当今计算机的 CPU 及高端显卡所使用的芯片已经包含了数十亿个晶体管。正是有了集成电路，才有了如今数字设备的小型化。

芯片一般封装在具有保护作用的载体中。所谓封装，是指安装半导体集成电路芯片用的外壳，它不仅起着安放、固定、密封、保护芯片和增强导热性能的作用，而且还是沟通芯片内部世界与外部电路的桥梁。芯片上的接点用导线连接到封装外壳的引脚上，这些引脚又通过印制电路板上的导线与其他元器件建立连接。常见的芯片封装类型有 DIP 双列直插式（见图 1-21）、PGA 插针网络式（见图 1-22）、BGA 球栅阵列式（见图 1-23）、CSP 芯片尺寸式、MCM 多芯片模块式等。

多数数字设备的电子元器件都固定在称为主板或系统板的电路板上。芯片被镶嵌在主板上，芯片间的连接可通过主板提供的连接电路实现，如图 1-24 所示。

图 1-21　DIP 双列直插式　　　　图 1-22　PGA 插针网络式

图 1-23　BGA 球栅阵列式　　　　图 1-24　主板上的芯片

1.5　计算机的数据处理

在使用数字设备时，人们发出的指令并不是数字设备能够处理的 0 和 1 的序列，这时便需要借助计算机程序来处理数据。

程序通常是由高级编程语言编写的，如 C++、C#、Java、Python、COBOL 等。高级编程语言使用关键字的有限集（如 if、for、while、printf 等）来形成程序语句，这些语句可用来"指挥"CPU

进行相应的操作。高级编程语言的语法和结构更符合人们的思维逻辑，因而很容易被程序员理解。多数编程语言可通过简单的工具（如记事本等文字处理软件）进行编写，但如果程序结构过于复杂，则最好借助与之配套的 IDE（Integrated Development Environment，集成开发环境）进行编写开发。使用 Visual Studio Code 进行 Python 程序开发如图 1-25 所示。

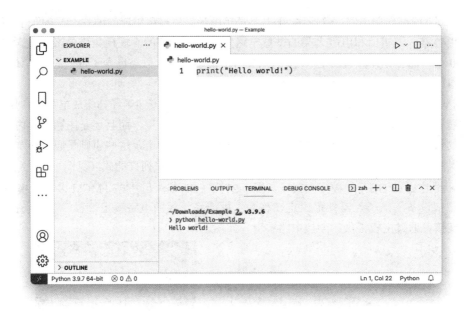

图 1-25 使用 Visual Studio Code 进行 Python 程序开发

微处理器只能做有限的事情，如加法、减法、比较、计数。指令集是微处理器能支持的指令的集合，如计算、读取、存储。对于大部分微处理器来说，指令集是通用的，因此程序员可以根据指令集来使微处理器完成多种多样的任务，并且使程序能在多种设备上运行。

源代码经过解释器或编译器转换后的目标代码包含了可直接被 CPU 执行的机器代码及相关信息。其中机器代码的每条指令一般包含两部分：操作码和操作数。操作码可以理解为指令集中的某条指令，如整数加法；操作数则指定了需要操作的数据或数据的地址。例如，若整数加法的二进制序列为 00001100，则指令 00001100 00000011 可以表示对相应条目加 3。

需要注意的是，每条高级编程语言指令通常需要转换成多条机器代码指令，而对每条机器代码指令，操作数不一定只有一个，有些操作码需要多个操作数，另外一些操作码甚至不需要操作数。

1.6　计算思维

1.6.1　计算思维的概念

计算思维是运用计算机科学的基础概念进行问题求解、系统设计，以及人类行为理解等涵盖计算机科学之广度的一系列思维活动。计算思维的本质是一种思维，即认知事物、分析解决问题的能力和过程。它不一定由机器执行，但却是与机器紧密相关的。

计算思维和计算机都离不开"计算"的概念。广义的计算是指一种将"单一或多个输入值'转换为'单一或多个的结果"的思维过程，这与计算机中一个重要的概念——函数的定义是比较一致的。函数从数学意义上讲，指的是一组可能的输入值和一组可能的输出值之间的映射关系，它使每个可能的输入对应单一的输出。例如，单位的换算机制可以视为一个函数，我们提供一种单位下的数值，根据两种单位之间的数值对应关系唯一地计算出另一单位下的对应数值。又如我们熟悉的四则运算，也可以视为函数，对于加法，我们的输入是两个加数的数值，根据加法的规则进行运算后，输出的是两个数的和。

　　计算机通过函数进行计算达到解决问题的目的，它读取用户的输入，根据预先建立好的映射规则计算输出结果，并将结果返回给用户。例如，为了解决加法问题，就必须读取用户的输入并计算加法函数。当然现实生活中的问题不都是数学计算，人类也正是通过将现实问题抽象成一个个函数的求解过程才能使计算机完成各种各样的功能的。例如，我们使用计算机上网观看一段视频，这一过程看似与"计算"无关，但实际上从我们用鼠标单击视频播放按钮到视频开始播放，这中间计算机执行的正是将一系列的输入转换到输出的操作，因此广义上讲也属于计算。

　　在解决实际问题时，要利用计算机高速的计算能力，需要考虑以下三个问题。

1. 哪些问题能够被计算

　　并不是全部的问题都能被有效地计算。问题可以具有很高的复杂性，但有些问题不管多么复杂，仍然还可以找到一种方法，只要按照方法一步一步地执行，就能根据输入值确定输出值，称这类问题为可计算的问题；相反地，有些问题不存在一步一步地执行就能解决的方法，称这类问题为不可计算的问题。

2. 如何利用计算机系统实现计算

　　现实中的问题多种多样，各行各业都有不同的问题领域。即使是可计算的问题，也不一定都能顺利地利用计算机系统解决。要想利用计算机解决实际问题，还要思考如何合理地对问题进行抽象，如何设计计算机系统以使其能方便地解决问题。

3. 如何高效地实现计算

　　假设问题能够通过计算机自动进行计算，还要考虑计算的代价问题。如果解决问题花费的时间太久（想象利用计算机中的计算器软件执行一次加法运算要等上 1min），或者需要的资源过多，都不会使计算机成为理想的解决问题的工具，这同样也涉及计算机系统的构建，以及问题优化、数据处理、软件构建等问题。

　　通过以上介绍，我们不难总结出计算、计算机、计算机科学及计算思维几个概念之间的关系：计算不再仅仅指数学计算，而是一种广义的计算。例如，规划一个从家步行到校园的路线，或者在几件同类商品中挑选一件最好的商品都可视为广义计算的一种，我们正是通过"计算"解决生活中的一切实际问题的。计算机是可以帮助人们执行计算的硬件工具，在一般情况下它具有比人脑更快的计算速度。计算机科学则是研究计算机与其相关领域现象和规律的科学，抽象一点来说，是研究计算机如何"计算"的科学。在计算机与计算机科学不断发展的过程中，它们与人类生活的联系越来越紧密，很多应用在计算机科学研究或实践中的思想对人们解决实际生活中的问题具有越来越深刻和普适的指导意义，这些思想总结起来就是计算思维。

　　计算思维吸取了计算机科学中解决问题所采用的一般数学思维方法、现实世界中巨大复杂系统的设计与评估的一般工程思维方法，以及复杂性、智能、心理、人类行为的理解等一般科学思维方法。计算思维中的"计算"不再单单指传统的数学和物理的计算，与数学和物理科学相比，计算思维中的抽象显得更为丰富，也更为复杂。应用计算思维的根本目的是更好地解决实际问题，在计算思维的帮助下，原本无法由个人独立完成的问题求解和系统设计成为可能，计算思维使我们解决问题的方法增多，使可解决问题的领域大大拓宽。

1.6.2　计算思维的主要思想

如同计算思维概念中所描述的那样，计算思维包含了多种思想，但是有些思想在计算思维中占据着比较基础和重要的地位，下面对计算思维中几种主要的思想进行介绍。

1. 符号化思想

目前的计算机中普遍采用二进制数 0 和 1 表示计算机用到的一切信息。0 和 1 是计算机实现的基础，现实世界的任何数值信息和非数值信息都可以被转换成二进制数 0 和 1 进行表示、处理和变换。相反地，计算机中 0 和 1 表示的信息也能被转换为人类能够认知的文字、图片、视频等信息。计算机之所以能够解决复杂的问题，从最根本上讲就是因为二进制数 0 和 1 能够将各种运算转换成逻辑运算来实现，计算机处理器的基础也正是各种对用 0 和 1 表示的逻辑进行运算的逻辑门电路。在逻辑门电路的基础之上才能构造更加复杂的电路，计算机才能处理各种问题。虽然未来的计算机系统不一定采用二进制，但这种用二进制数 0 和 1 对信息进行表示、处理和转换的思想正是符号化处理问题的体现，即问题的表示方式是无穷无尽的，用统一的符号化语言进行表示是解决问题的基础。

2. 程序化思想

不管一个问题多么复杂，如果它是可计算的，那么只要将问题的解决过程设计成一系列基础步骤，之后只需按顺序一步一步地执行这些基础步骤，就能使问题在整体上得到解决，这种解决问题的思想体现在计算机系统中就是程序化思想。其中基础步骤是简单且容易实现的，复杂、多变的问题也都可通过对一套固定的基础步骤进行不同方式的组合得到解决。因此，对于计算机系统来说，只要能够完成每个基础步骤，以及实现一个控制基础步骤组合和执行次序的功能，就能解决非常复杂的问题。可以将每个基础步骤理解为一条计算机指令，将计算机程序理解为按照规定的次序组合完成的指令集合，计算机只要按照程序执行不同的指令，就能完成程序预期的功能。关于计算机指令和程序的概念会在之后的章节进行更加详细的介绍。

3. 递归思想

递归思想指一种计算模式调用这种计算模式本身，它通过把一个大型复杂的问题层层转化为一个与原问题相似的规模较小的问题来求解。例如，大部分国家的政治机构的结构应用了递归的思想：少数的最高领导人直接治理一个国家是非常困难的，因此中央政府机构设立了下属的省或州、省或州之下又设立了市、县，每个层次以相同的管理方式只管理直接下属层次，而不必考虑其他层次，直到最低层次的政府机构可以直接管理相对小规模的人民，通过这种分层次的递归思想实现了对整个国家的管理。递归思想最为重要的能力在于能够用有限的步骤定义无限的功能。计算机科学中的许多重要思想，如分治思想、回溯思想、迭代思想、动态规划思想都与递归思想紧密相关。

4. 抽象和分解思想

计算机系统通过抽象和分解思想来解决庞杂的任务或者设计巨大复杂的系统。它选择合适的方式去陈述一个问题，或者选择合适的方式对一个问题的相关方面建模使其易于处理；它利用不变量简明扼要且表述性地对要处理的问题进行刻画。通过抽象和分解思想，我们可以将一个大型问题拆分成若干子问题，也可以从整体上对众多烦琐的子问题进行抽象和概括以便于理解，因此我们在不必理解每个细节的情况下，就能够安全地使用、调整和影响一个大型复杂系统的信息。抽象和分解思想在计算机数据处理和软件等许多领域都有重要应用。

1.6.3　计算思维在生活中的应用

计算思维的应用是非常广泛的，它几乎可以对我们生活中遇到的任何问题给予指导。

比如，我们每天去学校学习、去公司工作需要携带课本、作业和文件等物品，这些物品既不能带得太少，否则难以满足一天的学习、工作需要；又不能带得太多，否则就会带来携带上的不便，那么究竟带多少物品、带哪些物品是最适合的呢？

又比如，我们做家务，包括洗衣、擦地、烧水、做饭等，其中有些事情是可以同时完成的，如可在自动洗衣机洗衣的时间擦地，在等待水烧开的时间晾晒洗好的衣服，但是这些事情有的又有先后顺序，我们不可能在洗衣服之前就把衣服晾晒好，那么要如何安排做事的顺序，才能在最短的时间内完成家务，为自己争取一点自由时间呢？

再比如，我们去超市购物之后发现每个收银窗口都排了很长的队伍，有些队伍很长，但是队伍中顾客购买的物品相对少一些；有些队伍稍短，但队伍中每个顾客都购买了大量物品，因此收银员为每个人收费的时间又会长一些，这种情况下选择哪个队伍才能最快地为购买的物品付款呢？

以上列举的三个问题都是我们经常会遇到的实际问题，虽然它们看起来与计算机无关，但是这些问题都可以转化为计算问题，都可以通过计算思维进行求解，可见理解和使用计算思维可以极大地提高我们的生活效率和质量。

应用计算思维解决实际问题通常需要经过抽象（将问题抽象成数学符号化表示）、理论（寻找或证明与问题相关的理论以便更好地解决问题）及设计（设计并实现算法或系统以解决问题）三个步骤。通过对本书后面章节的学习，读者能够对计算思维的应用有更深的理解。

小　结

本章主要介绍了计算机和数字基础知识，包括计算机的定义与分类、数据在计算机中的表示方法、计算机处理数据的流程、计算思维的概念等。

通过对本章的学习，读者应该能够对信息时代的数字技术有基本的认识，更加了解自己所拥有的数字设备。

习　题

一、判断题

1．计算机的英文原词"Computer"最初是指从事数据计算的人。　　　（　　）

2．大型机主要用于大量数据和关键项目的计算。　　　（　　）

3．如果两台计算机使用的是同一操作系统，那么它们就是兼容的。　　　（　　）

4．模拟数据是指转换成离散数字的文本、视频、音频等内容。　　　（　　）

5．十进制数中的 10 等同于十六进制数中的 10。　　　（　　）

6．扩展 ASCII 码使用 8 位二进制数为 256 个字符提供编码。　　　（　　）

7．UTF-8 以 16 位无符号整数为单位对 Unicode 码进行编码。　　　（　　）

8．1KB=8Kbit。　　　（　　）

9．大部分数字设备的电子元器件都固定在主板上。　　　（　　）

10．操作数可以理解为指令集中的某条指令。　　　（　　）

二、选择题

1. 使用 7 位二进制数对每个字符进行编码的编码方式是 _____。

A. 标准 ASCII 码　　B. 扩展 ASCII 码　　　　C. Unicode 码　　　　D. 以上都是

2. 用来执行高性能任务的强大计算机被称为 _____。

A. 服务器　　　　　B. 超级计算机　　　　C. 工作站　　　　　D. 大型机

3. 数据传输速度通常以 _____ 为单位。

A. 位　　　　　　　B. 字节　　　　　　　C. 赫兹　　　　　　D. 以上均不是

4. 指令中的 _____ 指定了数据。

A. ALU　　　　　　B. 指令码　　　　　　C. 操作码　　　　　D. 操作数

5. _____ 是微处理器用来执行算术运算的部分。

A. ALU　　　　　　B. 控制单元　　　　　C. 寄存器　　　　　D. 累加器

6. 二进制数 100 在十进制系统中表示为 _____。

A. 100　　　　　　B. 2　　　　　　　　C. 4　　　　　　　　D. 10

7. 十进制数 37 在二进制系统中表示为 _____。

A. 100100　　　　B. 100110　　　　　C. 100111　　　　　D. 100101

8. 二进制数 1011110 在十六进制系统中表示为 _____。

A. 5C　　　　　　B. 5E　　　　　　　C. B6　　　　　　　C. DE

9. 1048576 字节是 _____。

A. 1Mbit　　　　B. 1KBit　　　　　C. 1Gbit　　　　　D. 8Mbit

三、填空题

1. 在计算机的应用中，比较常用的三种进制是 _____、十进制和 _____。

2. 计算机可以使用多种类型的 _____ 来表示字符数据。

3. 程序通常是由 _____ 编写的。

4. 机器代码的每条指令一般包含两部分：_____ 和 _____。

5. 计算机中普遍采用二进制数 _____ 和 _____ 来表示计算机用到的一切信息。

6. 源代码经过 _____ 或 _____ 转换后的目标代码包含了可直接被 CPU 执行的机器代码及相关信息。

四、简答题

1. 简要说明计算机的存在形式。

2. 简要说明计算机软件。

3. 简要说明计算机的分类。

4. 简要说明数据和信息的区别。

5. 简要说明数据表示的两种形式。

6. 简要说明源代码转换成目标代码的转换方式。

7. 简要说明计算思维的概念，并给出计算思维的主要思想。

第 2 章　计算机硬件

本章将介绍与计算机硬件相关的知识，包括计算机的数据处理部分、存储部分、输入 / 输出部分和其他外部设备（简称外设），还将介绍影响计算机性能和设备性能的诸多因素。通过对本章的学习，读者应能够对计算机硬件系统有一个全面的认识。

2.1　主板、微处理器和内存

本节将介绍计算机中与数据处理相关的几个核心部件。

2.1.1　主板

主板又叫作主机板、系统板或母板，它安装在机箱内，是计算机最基本也是最重要的部件之一。主板一般为矩形电路板，上面安装了组成计算机的主要电路系统。主板是整个计算机系统的通信网，系统的每个元器件都连接到主板上并通过主板进行数据交换。主板主要由芯片组、扩展槽和对外接口三个部分组成。主板示意图如图 2-1 所示。

芯片组是主板的核心部分，按照在主板上排列位置的不同，可分为北桥芯片和南桥芯片。其中北桥芯片主要负责 CPU、内存和显卡间的通信，南桥芯片负责硬盘等存储设备和 PCI 总线接口间的通信。北桥芯片起着主导性作用，故也称为主桥。

扩展槽是主板上用于固定扩展卡并将其连接到系统总线上的插槽，这是一种增强计算机功能的方法。有足够多数量的扩展槽意味着设备有较高的可升级性和扩展性。

图 2-1　主板示意图

对外接口主要包括硬板接口、鼠标键盘接口、USB 接口、打印机接口、声卡接口等。

2.1.2　微处理器

微处理器是用来处理指令的集成电路。当微处理器用于处理通用数据时，称为中央处理器（Central Processing Unit，CPU），其示意图如图 2-2 所示，这也是最为人所知的应用；当微处理器用于处理图像数据时，称为图形处理器（Graphics Processing Unit，GPU），其示意图如图 2-3 所示；

图 2-2　CPU 示意图

图 2-3　GPU 示意图

当微处理器用于处理音频数据时，称为音频处理器（Audio Processing Unit，APU）。因此，微处理器并不完全等同于 CPU。

目前市面上最常用的 CPU 是 x86 兼容 CPU。x86 是 CPU 发展早期，英特尔的 8086 芯片产品线的简称，当时的芯片都是以 86 为结尾的，如 8086、80286 和 80386。现在的 CPU 名称早已不再遵循英特尔最初的数字化命名标准，但 x86 作为"8086 产品线继承者"的代称被保留下来。目前，英特尔酷睿 i3、i5、i7 处理器，以及 AMD 的速龙处理器和 A 系列的处理器都是 x86 兼容处理器。

目前最新的微处理器中已经包含了数十亿个微型元器件，这些元器件可以分为很多不同种类的单元，其中比较重要的是算术逻辑单元和控制单元。

算术逻辑单元（Arithmetic Logic Unit，ALU）是微处理器的执行单元，是所有微处理器的核心组成部分。ALU 可以进行算术运算及逻辑运算，如加、减、乘、判断两个数字是否相等。ALU 使用寄存器来存放需要处理的数据，使用累加器来存放处理结果。

控制单元是整个微处理器的指挥控制中心，负责程序的流程管理。它根据用户预先编好的程序，依次从存储器中取出各条指令加载到 ALU 的寄存器，并命令 ALU 进行处理。

计算机执行单条指令的过程称为一个指令周期。指令周期的一部分是由控制单元执行的，其他部分则是由 ALU 执行的。

在整个程序启动时，控制单元的指令指针会指向第一条指令的内存地址。控制单元会将该地址中的数据复制到它自己的指令寄存器中，以获得相应的指令。获取指令后，控制单元会解释指令、获取指定的数据或者让 ALU 开始处理。

当 ALU 接到控制单元的"开始"信号时，就可以处理寄存器中的数据，并将结果暂时存放在累加器中。之后这些数据便可以由累加器发送到内存中，或用于进一步处理。

ALU 执行完操作后，控制单元的指令指针会递增指向下一条指令的内存地址，如此便完成了一个指令周期。然后，新的指令周期会再次开始，如图 2-4 所示。

图 2-4　包含 4 项活动的指令周期

微处理器是主板上最大的芯片，也是最重要的，通常也是最昂贵的计算机部件。影响微处理器性能的因素有很多，如时钟速度、总线速度、字长、缓存容量、核心数量、指令集及处理技术等。

（1）时钟速度通常以 GHz（千兆赫兹，即 1s 内有 10 亿个时钟周期）为单位，它代表着处理器中指令的执行速度。微处理器执行的每条指令都以时钟周期来度量。对不同的指令，需要的时钟周期数从一个到多个不等。例如，英特尔酷睿 i9-12900K 的最大频率是 5.2GHz，就是说能在 1s 内运行 52 亿个时钟周期，但不一定能执行 52 亿条指令。

（2）总线速度是指前端总线的频率。前端总线是用来与微处理器交换数据的电路，其频率的高低直接影响着微处理器访问内存的速度，进而影响着微处理器的性能。目前前端总线的频率为 1000MHz ～ 2100MHz。频率越高代表速度越快。

（3）字长是指微处理器能够同时处理的二进制数的位数。字长取决于 ALU 中寄存器的大小，以及与之相连接的线路的容量。例如，32 位处理器的 ALU 中的寄存器是 32 位的，可以同时处理 32 位数据。字长越大，意味着处理器在相同的周期可以处理更多的数据。当前的计算机系统通常使用 32 位或 64 位处理器。

（4）微处理器的缓存是专用的高速内存,微处理器访问缓存的速度要比访问内存快大约 10 倍,大容量的缓存可以提高计算机的性能。CPU 的缓存具有多个级别：三级缓存、二级缓存、一级缓存,其访问速度依次提高,但单位容量的成本也依次显著增加。以英特尔酷睿 i9-12900K 为例，其三级缓存为 30MB，二级缓存为 14MB，而一级缓存只有 1408KB。

（5）微处理器可以包含多个处理单元电路,即多核处理器。多核处理器可以带来更快的处理速度。例如，双核的 i5 2.3GHz 处理器等效性能为 4.6GHz（2.3GHz×2），四核的 i7 1.8GHz 处理器等效性能为 7.2GHz（1.8GHz×4）。所以在其他条件没有限制时，四核的 i7 1.8GHz 处理器要比双核的 i5 2.3GHz 处理器的性能更好。

（6）有些指令集中包含需要几个时钟周期才能完成的复杂指令,拥有这种指令集的微处理器使用了复杂指令集计算机（Complex Instruction Set Computer，CISC）技术。而拥有数量有限且较简单指令集的微处理器使用了精简指令集计算机（Reduced Instruction Set Computer，RISC）技术。RISC 微处理器执行大部分指令的速度相比 CISC 微处理器要快,但完成同样的任务需要更多的简单指令。目前大多数台式计算机和笔记本电脑采用了 CISC 处理器,而移动设备（如智能手机和平板电脑）大多数采用的是 ARM（Advanced RISC Machines，高级 RISC 机器）处理器。

（7）微处理器的处理技术可分为串行处理技术、流水线处理技术与并行处理技术三种。串行处理技术只有在完成一条指令的所有步骤后才开始执行下一条指令；流水线处理技术可以在某些复杂指令完成前就开始执行下一条指令,以提高资源的利用率；并行处理技术则可以同时执行多条指令。流水线处理技术和并行处理技术都提高了微处理器的性能。

影响微处理器性能的因素也决定了单独进行微处理器升级是不明智的。只有当计算机中所有部件都高速运转时，微处理器才能发挥它最大的功效,而如果只单独对微处理器进行升级,计算机性能可能并不会有显著的提高,甚至还有可能产生相反的结果。

关于微处理器的性能，还有一个著名的定律——摩尔定律。1965 年，英特尔公司的联合创始人戈登·摩尔（见图 2-5）发现自从集成电路发明之后，每平方英尺（约 929.03cm^2）的晶体管数量会每隔两年翻一倍。之后他做出了一个非常著名的预测——这样的晶体管每隔两年翻一倍的趋势会至少持续 10 年。现在看来，已经过了 50 多年，晶体管的密度仍以每 18 个月翻一倍的速度增加着。

因为技术水平的不断突破，摩尔定律比其他具有创新性的预测影响的时间更为长久。大多数的专家，包括摩尔自己，也希望这样的趋势会继续保持。实际上，英特尔公司已经宣称其技术研发团队的任务就是继续克服困难，实现按照摩尔定律发展的 CPU。

有趣的是,其他的一些计算机元器件的发展同样遵循摩尔定律。例如，硬盘的存储容量大约每隔 20 个月翻一倍，芯片速度每隔 24 个月翻一倍。显然，摩尔定律的适用范围已经被扩大并被用来描述一个元器件的存储容量或速度翻一倍大约所用的时间长短。很多专家预测，因物理空间的限制，以及以当今的 CPU 制造技术来讲，被塞入芯片中的晶体管数量最终将不会再按照摩尔定律中的规律发展。

图 2-5　戈登·摩尔

2.1.3　内存

内存是内存储器的简称，又称主存储器。内存用来存放指令和数据，并由 CPU 直接随机存取。目前使用的内存可分为以下几种：随机访问存储器（Random Access Memory，RAM）、只读存储器（Read-Only Memory，ROM）、CMOS 和 EEPROM。

1. RAM

RAM（见图 2-6）不仅存放待 CPU 处理的原始数据、程序指令，还临时存放 CPU 处理后的结果。除此之外，RAM 还存放操作系统的指令，以控制整个计算机系统的基本功能。RAM 是随

图 2-6　RAM

机存取的，即可以直接根据地址存取任一单元中的数据，而不需要按照地址顺序遍历到该地址再进行存取。一旦计算机失去电力供应，存放在 RAM 中的数据就会立刻永久性消失。

RAM 又可分为 DRAM（Dynamic RAM，动态随机访问存储器）和 SRAM（Static RAM，静态随机访问存储器）。在通电的情况下，SRAM 中的数据可以长久保持，不需要刷新电路，存取速度较快。但 SRAM 的成本较高，主要应用于要求速度快但容量较小的高速缓存。DRAM 中的数据需要定时刷新才能维持，存取速度较慢，但成本较低。所以一般的 RAM 内存主要选用 DRAM。

随着计算机对内存存取速度的要求不断提高，又出现了 SDRAM（Synchronous DRAM，同步动态随机访问存储器）。SDRAM 具有更快的存取速度，且价格相对低廉。SDRAM 又可进一步分为 DDR1、DDR2、DDR3 等类别。目前市场上主流的 RAM 采用的是 DDR4 和 DDR5 技术。

RAM 的容量一般用 GB 表示。目前台式计算机和笔记本电脑一般具有 4GB ～ 32GB 的 RAM。其中，支持操作系统如 Windows 7、Windows 8、Windows 10、Windows 11 的基本运行需要至少 1GB 的 RAM。而要流畅运行游戏、图像视频处理应用程序，往往至少需要 4GB 的 RAM。

当 RAM 不够用时，操作系统会在硬盘上分配一块区域存储部分程序和数据，这部分区域称为虚拟内存。通过有选择地交换 RAM 与虚拟内存中的数据，计算机可以有效地获得更大的内存容量。不过由于从硬盘或其他存储介质中获取数据要比从 RAM 中获取数据慢很多，所以虚拟内存在某些情况下会显著降低计算机的性能。因此，在条件允许时，可以为计算机配置尽可能大的 RAM。

2. ROM

ROM（见图 2-7）主要存放系统引导程序、开机自检程序等。这些一般是在计算机出厂前由制造商写入的。ROM 中的数据一旦写入，只能读取，不能被改写。与 RAM 的易失存性不同，ROM 中的数据是永久的，即使断电也不会消失。

图 2-7　ROM

在打开计算机时，RAM 中是没有数据的，没有任何指令，因此需要 ROM。微处理器可以调用 ROM 中的程序及指令集，以访问硬盘、找到操作系统并加载到 RAM 中，加载完成后计算机便能借由 RAM 正常运行了。

3. CMOS 及 EEPROM

对于计算机运行时需要知道的诸如内存、显示器的配置等信息，ROM 和 RAM 都不适合存储——关机时 RAM 会被清空，而 ROM 中的数据是不可修改的，存放在 ROM 中意味着不能再更换内存、显示器等配置。因此，需要一种持久性介于 ROM 和 RAM 之间的存储器，可供选择的是 CMOS 和 EEPROM。

CMOS（Complementary Metal Oxide Semiconductor，互补金属氧化物半导体）中的内容可以随着计算机系统的配置或用户的设置而改变，CMOS 芯片可通过主板上集成的小型电池供电，因

此关机时其存储的信息不会丢失，主板上的 CMOS 电池如图 2-8 所示。

EEPROM（Electrically Erasable Programmable Read-Only Memory，电可擦可编程只读存储器）是非易失存的，它不需要电力就能存放数据，并且在更改计算机系统的配置时，它上面的数据也会更新。由于 EEPROM 不需要电力供应，因此其正在取代 CMOS 技术。EEPROM 示例如图 2-9 所示。

图 2-8　主板上的 CMOS 电池

图 2-9　EEPROM 示例

2.2　存储设备

2.2.1　存储器基础知识

存储器包括存储介质和存储设备两个部分。存储介质是指存储数据的物质，如光盘、磁盘等。存储设备是指在存储介质上读取、写入数据的机械装置，如光驱、硬盘驱动器等。

存储设备通过 RAM 与计算机进行交互：当需要数据时，存储设备会从存储介质上读取相关数据并将其复制到 RAM 中；数据被处理完后，计算机会选择合适的时间将数据从 RAM 送回存储设备，写入存储介质。

目前常用的存储技术可分为磁存储技术、光存储技术、固态存储技术、云存储技术等，每种存储技术都有其优缺点，衡量存储技术主要从耐用性、通用性、容量、速度、花费等方面考虑。

（1）耐用性是指受环境因素和人为因素影响的程度。

（2）通用性是指存储设备访问多种存储介质上数据的能力。例如，DVD 驱动器的通用性就比硬盘驱动器要强。DVD 驱动器可以读取 DVD、CD 等多种存储介质中的数据，而硬盘驱动器只能读取固定的磁盘盘片。

（3）容量是指存储在存储介质上的最大数据量，通常以 MB、GB、TB 来衡量。需要注意的是，大多数存储器厂商是以 1000 进位而不是 1024 进位来衡量容量的，即 1GB=1000MB 而不是 1GB=1024MB。所以诸如标明容量为 1TB 的硬盘，计算机识别出的容量其实不到 1TB（约 0.91TB）。

（4）速度可分为访问时间和传输速度。访问时间是指计算机查找存储介质上特定数据并读取该数据所消耗的平均时间。传输速度是指每秒钟存储介质能够传输到 RAM 的数据量，又可细分为读取速度和写入速度等。

（5）花费是指存储介质的价格，往往以每千兆字节（GB）存储介质的价格为度量。

2.2.2　磁存储技术

磁存储技术通过磁化磁盘或磁带表面的微粒来存储数据。可以通过指定微粒的朝向来表示"0"和"1"的序列（如微粒朝向阳极表示"0"，朝向阴极表示"1"）。

代表性的磁存储技术是机械硬盘。机械硬盘驱动器由一个或多个盘片及与每个盘片相关的读写头组成。盘片表面覆盖磁性铁氧化物，机械硬盘驱动器运行时，盘片会以每分钟数千转的转速绕固定轴旋转。读写头又称磁头，悬浮在每个盘片上方不到 1μm 处，可以通过磁化微粒写入数据，也可以通过感应微粒的磁极读取数据。机械硬盘的磁头和盘片如图 2-10 所示。

图 2-10　机械硬盘的磁头和盘片

机械硬盘的存储容量较大，单位容量的成本也较低，是比较经济实惠的选择。但机械硬盘的耐用性较差，受环境因素和人为因素的影响较大。存储在磁介质中的数据可能被外加磁场、温度、灰尘等因素改变；由于磁头离盘面很近，如果磁头碰到盘面上的灰尘颗粒，或者硬盘掉到地上，可能会使磁头碰撞盘面，对部分数据会造成损害；磁介质还会随着时间的推移逐渐失去磁荷，导致数据丢失。因此，使用机械硬盘时，最好每隔两年重新复制一下数据，避免数据丢失。

机械硬盘的性能通常以容量、访问时间和转速来衡量。盘片越多，磁微粒的密度越大，机械硬盘的容量也就越大。目前主流的机械硬盘有 500GB ～ 14TB 的容量。机械硬盘的访问时间普遍在 6 ～ 11ms。机械硬盘的转速越快，磁头定位到指定数据的速度也就越快。目前主流的机械硬盘转速为 5400r/min 和 7200r/min。机械硬盘的平均数据传输速度为 80MB/s ～ 160MB/s。

2.2.3　光存储技术

光存储技术通过光盘盘片表面的平坦程度来表示数据，盘片表面的平坦区域表示二进制数"1"，不平坦区域（又称凹点）表示二进制数"0"。凹点的直径小于 1μm，肉眼不可见。读取数据时，光驱动器的激光透镜可将激光束投射到光盘的下面，由于平坦区域和不平坦区域反射光的强度不同，便可读出"0"和"1"表示的二进制序列。刻录数据时，则以更大功率的激光将数据以平坦或不平坦的形式刻在光盘上。

光盘的表面涂有一层塑料，使光盘更持久耐用，不易受到外界环境影响。光盘本身不会受到潮湿、指纹、灰尘、磁场等因素的影响，但光盘表面的划痕可能会影响数据的识别与传输。出现划痕时，可以用牙膏对光盘表面进行抛光，便能在不损坏数据的前提下去除划痕。光盘的使用寿命较长，通常都在 30 年以上，部分光盘的理论寿命甚至可以达到 100 余年。

目前常见的光盘可以分为 CD、DVD、蓝光光盘三种。

（1）CD（Compact Disc，光盘）起初是为存放音乐设计的，但现在已可存放多种多样的数据。目前主流的 CD 容量为 650MB ～ 700MB。CD 驱动器的传输速度以 150KB/s 为单位（这是最初的 CD 驱动器的传输速度），以"X 倍速"表示。例如，52X CD 驱动器的传输速度为 7800KB/s。

（2）DVD 在诞生之初是 Digital Video Disc（数字视频光盘），是作为录像机的一种替代品而设计的。现在的 DVD 已经用于数据存储，其名称也变成了 Digital Versatile Disc（数字多功能光盘）。DVD 的凹点直径更小，存储密度更高，因此容量也更大。普通的 DVD 可存放 4.7GB 的数据，双层 DVD 可存放 8.5GB 的数据。DVD 驱动器的传输速度以 1350KB/s 为单位（最初的 DVD 驱动器的传输速度），以"X 倍速"表示。例如，24X DVD 的传输速度为 32400KB/s。

（3）蓝光光盘（Blu-ray Disc，BD）采用一种高容量光盘存储技术，因利用波长较短的蓝色激光读写数据而得名。普通蓝光光盘的存储容量达到25GB，双层的蓝光光盘可存放50GB的数据。在传输速度上，蓝光光盘的单倍 1X 传输速度为 36Mbit/s，即 4.5MB/s，允许 1X ～ 12X 倍速的记录速度，即每秒 4.5MB/s ～ 54MB/s 的记录速度。市场上蓝光刻录光盘的记录速度规格主要有 2X、4X、6X。

光盘采用的光技术也可分为三种：只读技术、可记录技术和可重写技术。

（1）只读技术可将数据永久地存储在光盘上，光盘中的数据不能再进行添加或修改，通常用于大规模生产中。市场上销售的软件、电影、音乐常采用这种技术。

（2）可记录技术（Recordable，R）是一种允许一次写入、永久读取的标准。数据一旦被记录就不能再改变（有些刻录工具支持刻录后再追加内容，不过需要在刻录前选择多次刻录选项且光盘还有剩余空间）。与只读技术的压制不同，可记录技术的光盘是用刻录机"烧制"而成的，目前市场上销售的空白光盘大多属于这一种。

（3）可重写技术（ReWritable，RW）采用相变技术，能够反复多次地改变盘片上的晶状体结构，因此可以多次重复写入、修改数据（一般可达几百次）。对于蓝光光盘，这一技术通常简写为 RE（Re-Erasable）。

根据光盘的分类和所采用的光技术，光盘可分为以下诸多的类别：CD-ROM、CD-R、CD-RW、DVD-ROM、DVD-R（或 DVD+R）、DVD-RW（或 DVD+RW）、BD-ROM、BD-R、BD-RE 等。看似繁杂的类别识别起来并不困难，只需要分别关注前后两个词的含义即可。

光盘的优点是它们的超大容量及便携性，而缺点是它们访问、保存、修改数据的速度较慢。为了提高数据存储容量，有许多光盘都被制成存储两层数据的圆盘，即双重光盘（也称为双层光盘），因此其存储容量几乎翻了一番。为了获取更大的容量，光盘正朝着多层发展。光盘也可以双面录制。然而，与硬盘不同，存储在光盘的两面的数据不能同时访问，要访问另一面上存储的数据时，需要将光盘翻转过来。双面光盘通常用于存储电影或其他预先录制好的内容，比如在 DVD 的一面存储录制好的宽屏电视的节目，另一面存储标准尺寸电视的节目。

与磁盘一样，技术人员不断地努力在不增加光盘大小的前提下提升其存储容量。例如，新的 BD 标准（BDXL）使用了更多的层数来提高数据存储容量，大约可以支持 128GB 的数据存储，足以支持 4K（超 HD）版本的电影。

光盘驱动器（见图 2-11）可以理解为是向下兼容的，即蓝光光驱向下兼容 DVD、CD；DVD 光驱向下兼容 CD，但不能读取蓝光光盘；而 CD 光驱只能读 CD，不能读取 DVD 和蓝光光盘。

图 2-11　光盘驱动器

2.2.4　固态存储技术

固态存储器有时也称为闪存，是通过存储芯片内部晶体管的开关状态来存储数据的。固态存储器不需要读写头，也不需要转动，所以耗电量小，且持久耐用，不会受到振动、磁场、高温等因素的影响。

固态存储器具有便携性强、存取速度快的特点，但单位容量的成本较高。目前的固态存储器可分为存储卡、固态硬盘和 U 盘等。

（1）存储卡可广泛应用于数码相机、媒体播放器等数码产品中。计算机使用读卡器能够读取并向存储卡中写入数据。多数的计算机内置了读卡器，如图2-12所示，这使得计算机和数码产品之间能够互相传输数据。存储卡的类型包括MMC卡、SD（Secure Digital，安全数字）卡、记忆棒等，如图2-13所示。

（2）固态硬盘（Solid State Drive，SSD）是一种可以替代硬盘驱动器的设备，它在接口的规范、定义、功能及使用方法上与普通硬盘完全相同，产品外形和尺寸上也完全与普通硬盘一致。固态硬盘的读写速度非常快，功耗低，且工作时没有噪声，广泛用作移动设备（如智能手机、平板电脑）的主存储设备，一些笔记本电脑和上网本也开始使用固态硬盘替代机械硬盘。固态硬盘如图2-14所示。

（3）U盘是一种便携式存储设备，它可以使用USB接口与计算机连接，无须驱动器。U盘的核心部分只有拇指大小，但容量很大，适合在计算机之间传输数据。目前主流的U盘有8GB、16GB的容量，部分U盘容量可以超过128GB甚至达到1TB。1TB的U盘如图2-15所示。

图 2-12　笔记本电脑的内置读卡器

图 2-13　多种多样的存储卡

图 2-14　固态硬盘

图 2-15　1TB 的 U 盘

2.2.5 云存储技术

云存储是在云计算概念上延伸和发展出来的一个新的概念，是指将网络中大量各种不同类型的存储设备通过应用软件集合起来协同工作，共同对外提供数据存储和业务访问功能的一个系统。云存储应用示例如图2-16所示。

图 2-16　云存储应用示例

云存储可以作为单独的数据存储存在，也可以作为云计算的一部分存在。例如，大部分的云应用（如Google Docs，可以提供网络相册的分享服务，以及Facebook等社交网站）都可以提供用于其应用的在线数据存储功能。也有一些网站的主要目标就是为用户提供网上数据存储功能，如Dropbox、Google Drive及Microsoft SkyDrive。通常情况下，云端存储网站拥有密码保护措施，并且允许用户通过电子邮件或链接的方式共享上传的文件。

随着越来越多的应用基于云存储，以及个人用户对于在任何地方、任何网络、任何设备（如笔记本电脑、平板电脑或智能手机）下，对获取数据的兴趣的增加，云存储的能力和重要性也在快速增加。云存储也更广泛地用于数据备份——很多网站有一个自动备份的选项，只要用户的计算机接入网络，用户就可以快速地上传文件到云端账户上。很多网站为个人用户提供免费的云存储服务，部分网站会收取相应的费用。

云存储技术也可用于商业目的，使用户根据自己需要的云存储空间和云数据处理能力支付相应的金额。例如，亚马逊的快捷存储业务（Amazon S3）收取的月租费包括每千兆字节（GB）的固有租金和本月上传数据的数量产生的费用。这个业务可以被单独使用，也可以结合亚马逊云计算方面的业务——亚马逊弹性计算业务（Amazon EC2）使用。除了这些公共的云存储服务，企业也可以创建私有云的数据存储。与一般的云存储不同，这种数据存储被设计为只能提供该企业指定的用户访问。

云存储也有缺点，如黑客可能会截获数据，使数据的安全和隐私受到损害；如果由于各种原因，云存储服务中断了，用户就不能存取数据了。

2.2.6　全息存储

全息存储是一种三维存储系统。经过多年的研究，全息存储已经成为现实。全息驱动器通常通过串行连接或光纤通道接口连接到计算机上。全息驱动器将发出的蓝色激光束分成两束［参照光束（或称参考光束）的角度用于识别存储数据所在的物理位置；数据光束（或称信号光束）则存储了数据］，将数据记录到一个全息光盘或全息盒上。数据光束通过空间光调制器，将由 0 和 1 存储的数据转化成相应的全息图，三维数据的表现形式是一个由参照光束和数据光束交叉组成的棋盘上的明暗像素点集。通过改变介质的光学密度，两道光束交叉而成的全息图的位置在介质中也会相应地变化。

存储在全息介质中的数据被分布到包含 1.5 万比特位的数据页上。一道光线的一闪，对应一个完整的数据页上的全部数据的存储，全息存储存储数据的过程如图 2-17 所示。因此全息存储十分快捷，而且由于全息图分布在整个介质的厚度上，在三维空间中，同样大小的全息光盘或全息盒可以比 CD、DVD 或蓝光光盘容纳更多的数据。事实上，数以百计的全息图在介质的相同区域以重叠方式进行存储，全息图之间拥有彼此不同的参照光束的角度或者不同的位置，因此数据的检索操作和读取操作的结果是唯一确定的。读取数据时，包含着所需数据的全息图的参照光束被投射到检测器上，检测器直接读取整个数据页。目前全息数据存储系统使用的是单个存储容量为 300GB～500GB 的可拆卸可录制全息光盘。大部分的系统可以容纳多张光盘来增加系统的存储容量。

由于目前的全息数据存储系统是只读类型的，它们一般会为需要大量数据存储的或快速数据检索的、几乎不修改数据的应用提供存储服务，如商业数据的存档、医疗记录、电视节目和传感器数据等。全息存储检索数据的过程如图 2-18 所示。与磁盘存储和光盘存储相比，全息存储除了大容量和快速访问的特性，还有存储时间长（至少 50 年）、耗能低（因为全息光盘不经常旋转）的优势。

图 2-17　全息存储存储数据的过程　　　　图 2-18　全息存储检索数据的过程

2.2.7 存储器比较

每种存储器都有其适用的情况，表 2-1 总结了常用存储器的优点和缺点。

表 2-1 常用存储器的优点和缺点

存储器类型	主流容量	单位容量花费	数据传输速度	可移动性	耐用性	技术
机械硬盘	500GB ～ 14TB	较低	较快	较低	中等	磁存储
CD	700MB	低	慢	高	较高	光存储
DVD	8.5GB	低	慢	高	较高	光存储
蓝光光盘	50GB	低	慢	高	较高	光存储
固态硬盘	120GB ～ 4TB	高	快	较低（内置）/较高（外置）	高	固态存储
U 盘	8GB ～ 256GB	较低	中等	高	高	固态存储

2.3 输入 / 输出设备

本节将介绍计算机常用的输入 / 输出设备，以及一些热门的或新兴的输入 / 输出设备。

2.3.1 输入设备

输入设备是计算机与用户或其他设备通信的桥梁，大多数计算机系统使用键盘和定点设备（如鼠标）进行数据输入。部分笔记本电脑和大部分移动设备配备了触摸屏。若要输入图形，则需要手写板、扫描仪、相机等设备；若要输入音乐，则需要传声器等设备。

（1）键盘可以分为机械式键盘、薄膜式键盘、电容式键盘等，现在的键盘大多是电容式的。键盘还可按外形来划分，分为普通标准键盘和人体工程学键盘。普通标准键盘的外形四四方方，而人体工程学键盘（见图 2-19）根据人体工程学原理，添加了手腕托盘，将主键盘区分为两部分。对经常进行文字处理工作的人来说，人体工程学键盘能减少操作中产生的疲劳，有利于健康。

（2）定点设备主要用于对屏幕上的指针或其他图形控件进行操作。常见的定点设备有鼠标、触控板、触摸屏、游戏控制器，以及 ThinkPad 上的跟踪点（见图 2-20）。

（3）手写板（见图 2-21）主要用于输入文字和绘画，也有一部分定位功能。手写板一般使用一支专门的笔，或者手指在特定的区域内书写文字。手写板可将笔或者手指走过的轨迹记录下来，然后识别为文字或者图画。对于不喜欢使用键盘或者不习惯使用输入法的人来说，手写板是非常有用的，因为它不需要学习输入法。手写板还可以用于精确制图，如可用于电路设计、CAD 设计、图形设计等。

图 2-19 人体工程学键盘

图 2-20 ThinkPad 上的跟踪点

图 2-21 手写板

除了常用的输入设备，还有一些热门的识别设备和技术值得介绍。

1. 条码读取器

条形码是通过具有不同宽度或高度的条格来表示数据的光学代码。最常用的两种条形码是 UPC（Universal Product Code，通用产品代码）和 ISBN（International Standard Book Number，国际标准书号）。UPC 主要应用于超市和零售商店商品的包装上，而 ISBN 常用于印刷的书籍上。企业和组织也可以创建和使用自定义条形码，以满足它们独特的需求。例如，航运组织（如联邦快递和 UPS）使用自定义条形码标记来跟踪包裹；零售商（如 Target 和沃尔玛）通过在用户收据上添加自定义条形码来为顾客返利；医院使用自定义条形码将患者的诊断单和药品相匹配；图书馆和音像店使用自定义条形码录入、检索书籍和电影。事实上，任何企业都可以使用条形码打印机和相应的软件创建自定义条形码，以用于对企业的产品或者企业内部的物品进行分类(如纸张文件、设备等)。

常规类型的条形码称为一维条形码,因为它们仅包含一个方向的数据。新型的二维条形码（简称"二维码"）把信息存储在水平和垂直两个方向，容纳的数据量比一维条形码大几百倍。其中最常见的二维码是 QR（Quick Response，快速反应）码，它用一个小正方形表示数据，如图 2-22 所示。目前，二维码主要应用于智能手机上。例如，用智能手机的摄像头扫描杂志、报纸、广告、海报或店铺展窗上的 QR 码后，智能手机加载相应的网页、发送短信（如参加比赛或进行捐赠）、显示视频短片或照片、下载优惠券和门票等。QR 码也可用于保存联系人信息到手机，或者在日历中添加一个事件。

图 2-22　二维码示例

条形码可通过条码读取器进行读取。条码读取器使用反射光技术或者图像处理技术，将条形码中的条格转换成其所代表的数字或字母，然后读取出与条形码相关联的典型识别码。例如，具有唯一标识的产品、邮寄的包裹，或可以被检索的其他产品。固定式条码读取器经常用于销售点终端。如今大多数智能手机和平板电脑都具有扫码的能力，这些设备可通过适当的应用程序来读取一维条形码和二维码。

2. RFID 阅读器

无线射频识别（RFID）技术可以存储、读取和传送位于 RFID 标签上的数据。RFID 标签（见图 2-23）包含了微型芯片和天线，它们可以贴到各种物体上，如产品、价格标签、运输标签、身份证、资产（汽车、计算机或其他贵重物品）等。使用 RFID 阅读器可以读取 RFID 标签内的数据。每当一个带有 RFID 标签的物品处于 RFID 阅读器范围内［2 英寸（约 5cm）～ 300 英尺（约 91m）或更远，这取决于 RFID 标签的类型和所使用的无线电频率］，RFID 标签的内置天线就会将 RFID 标签内的信息发送到 RFID 阅读器。与条形码不同,RFID 标签只需要 RFID 阅读器在一定范围内（而不是在视线之内）即可完成识别，这使 RFID 阅读器可以同时通过纸板和其他材料读取多个 RFID 标签内的数据，这一点在运输和库存应用中有明显优势。与条形码相比，其另一个优势是附加到每个物体上的 RFID 标签是独一无二的（与 UPC 不同，例如，同一种产品具有相同的 UPC），所以每个 RFID 标签可以被单独识别并且可以根据需要进行更新。目前，RFID 技术对于低价产品来说成本依然高昂，然而随着 RFID 技术成本的降低和其使用方法的简化，RFID 的众多优势将使其最终取代商品标签上的条形码。

图 2-23　RFID 标签

如今，RFID 技术被应用于许多场合。RFID 技术最初的一些应用是跟踪物品运动、管理商铺内的物品、标记宠物和牲畜等，这些应用中许多都使用 GPS 技术与 RFID 技术进行连接，来提供带有 RFID 标签的物体的位置信息。近几年，RFID 技术被用于电子收费（当一辆带有 RFID 标签的汽车驶过收费窗口时，收费系统将自动从车辆的支付账户中扣除高速公路通行费）、医院跟踪患者、提高效率的票务应用（如火车票、音乐会门票和滑雪缆车票）、在过境点加快识别旅客的过程等。

RFID 芯片可以在整个产品的生命周期内被更新（如产品的运输历史等），在需要时能进行信息的读取。RFID 技术正被药品生产企业使用以满足政府的要求——药品应该在其整个生命周期内都能被追踪到，RFID 技术也被用于跟踪食品的来源和运输过程。例如，所有在澳大利亚的牛、绵羊、山羊都要求有 RFID 耳环标记，这样动物可以从出生到屠宰都可以被追踪到，也可追踪到患病动物所来自的牧场。

各类 RFID 阅读器，包括手持式 RFID 阅读器、门式 RFID 阅读器和固定式 RFID 阅读器均可适用于当今的各种 RFID 应用。员工可以使用手持式 RFID 阅读器扫描 RFID 标签，或者在景区入口处扫描使用了 RFID 技术的门票；门式 RFID 阅读器适用于当密封包装箱通过门时，读取在包装箱中所有产品上的 RFID 标签；固定式 RFID 阅读器适用于收银台、边境口岸，以及需要稳定持续读取 RFID 标签的应用环境。

尽管 RFID 技术具有这么多的优点，但是其在零售行业的发展一直慢于最初的预期。这主要是因为成本太高和一些隐私、安全问题，比如担心他人读取自己衣服口袋中的护照或其他私人物品上 RFID 标签中的数据，或者通过智能手机进行欺诈性收费。对此产生了一些 RFID 防欺诈措施，比如使用 RFID 技术进行支付时，RFID 标签必须位于 RFID 阅读器的几英寸（1 英寸 = 2.54cm）范围内，同时要输入 PIN 码、签名，或其他类型的授权。

3. 近场通信

近场通信（Near Field Communication，NFC）是一种新兴的技术。使用了 NFC 技术的设备（如移动电话）可以在彼此靠近的情况下进行数据交换。NFC 技术是由非接触式 RFID 技术及互联互通技术整合演变而来的，通过在单一芯片上集成感应式读卡器、感应式卡片和点对点通信的功能，利用移动终端实现移动支付、电子票务、门禁、移动身份识别、防伪等应用。

4. 生物识别阅读器

生物特征识别是基于可测量的生物学特性来识别个体的科学。生物识别阅读器用于读取生物特征数据，使得个人的身份可以基于一个特定的、独特的生理特征（如指纹或面部特征），或个人特征（如语音或签名）来验证。生物识别阅读器可独立或内置于计算机、移动设备中，也可以内置于其他硬件中，如键盘、移动硬盘或 U 盘等。生物识别阅读器可以用于授权用户访问计算机或存储在存储设备上的数据，也可以用于电子支付、登录安全网站，或导入、导出工作中的数据。

随着条码读取器、RFID 阅读器、生物识别阅读器等众多新兴识别设备的出现，物联网时代正逐渐向人们走来（见第 12 章）。

2.3.2　输出设备

输出设备用于接收计算机输出的数据或信息，并将其以字符、语音、图像等形式表现出来。常见的输出设备有显示器、打印机、绘图仪等。

1. 显示器与显卡

显示器是计算机最主要的输出设备，目前常见的是液晶显示器、LED 显示器和 OLED 显示器。

（1）LCD（Liquid Crystal Display），也称液晶显示器，通过对显示器内部液晶粒子的排列组成不同的颜色和图像。液晶显示器机身薄、占地小、辐射小，但色彩不够鲜艳、可视角度不够大。

（2）LED（Light Emitting Diode，发光二极管）显示器通过控制半导体发光二极管来显示信息。LED 显示器色彩鲜艳、动态范围广、亮度高、寿命长、工作稳定可靠，正逐渐替代液晶显示器，应用于社会的很多领域。

（3）OLED（有机发光二极管）显示器用一层产生光的有机化合物薄层取代了 LED 显示器的背光技术。通过消除背光灯，OLED 显示器可以更薄，具有更高的电源效率和对比度。

可以从屏幕尺寸、点距、分辨率、色深、视角宽度、响应速率等方面评判显示器的好坏。

（1）屏幕尺寸是指显示器对角线的长度，以英寸为单位（1 英寸 =2.54cm）。屏幕尺寸依不同的设备而定：手持设备一般为 4 英寸（约 10cm），而有些会议一体机则达到 70 英寸（约 178cm），如图 2-24 所示。

（2）点距是指显示器上像素点之间的距离，以毫米为单位，点距越小意味着图像越清晰。目前显示设备的点距一般为 0.23 ～ 0.26mm。

（3）分辨率是指显示器上可显示的水平像素和垂直像素的总数目，是非常重要的性能指标。例如，1024 像素 ×768 像素的分辨率代表显示器显示的水平像素个数为 1024 个，垂直像素个数为 768 个。分辨率的宽高比通常为 4 ∶ 3（800×600）或 16 ∶ 9（1920×1080）。日常生活中常说的 720P 是指画面分辨率为 1280 像素 ×720 像素，而 1080P 则是指画面分辨率为 1920 像素 ×1080 像素。需要注意的是，分辨率不是一成不变的，计算机的显示器通常可以把分辨率调低，来达到放大图像的效果。

图 2-24　会议一体机

（4）色深是指显示器可以显示的颜色数量，以二进制位为单位。例如，常说的真彩色为 24 位色深，它可以表示 2^{24}=16777216 种色彩，十分接近肉眼所能分辨的颜色。

（5）视角宽度主要是衡量站在显示器侧面能看到屏幕图像的程度。170°或更大的视角宽度基本可以保证从多种位置清晰地观看屏幕。

（6）响应速率是指一个像素点从黑色变为白色再变回黑色所需要的时间。响应速率较小的显示器在显示运动物体时会产生拖影现象。10ms 以内的响应速率基本可以保证清晰的图像显示，而部分游戏则要求 5ms 以内的响应速率。

与显示器息息相关的是显卡。显卡是连接显示器和计算机的重要元件，承担着输出显示图形的任务。显卡一般含有图形处理单元（Graphics Processing Unit，GPU，微处理器的一种）和专用的视频内存（称为显存）。对于图形设计、三维建模、大型游戏等任务来说，一块好的显卡十分重要。

显卡可分为核芯显卡、集成显卡和独立显卡三种。

（1）核芯显卡可直接将 GPU 和 CPU 整合在同一块主板上，缩短了 GPU、CPU 和内存间的信息传递时间，有效地提升了处理效能，并大幅降低了芯片组的整体功耗，有助于缩小核心组件的尺寸。核芯显卡为笔记本电脑、一体机等产品的设计提供了更大选择空间。核芯显卡的显存可共享系统内存，系统内存的大小决定了可以共享给显存多大的容量。核芯显卡的缺点是难以胜任大型游戏、三维建模等任务。

（2）集成显卡可将 GPU 以单独芯片的方式集成在主板上，并且动态共享部分系统内存作为显存使用。集成显卡功耗和发热量小，部分集成显卡的性能已经可以媲美入门级的独立显卡，但是仍难以胜任大型游戏、三维建模等任务。

（3）独立显卡（见图2-25）是指将GPU、显存及其相关电路单独制作在一块电路板上，作为一块独立的板卡存在，它需占用主板的扩展插槽。独立显卡无须占用系统内存，有更好的显示效果和性能，且容易进行硬件升级，但功耗和发热量较大，需要风扇来散热。

衡量一块显卡的好坏，需要同时从GPU和显存等方面考虑，而不能只看其显存大小。建议在购买一块显卡前，先进行各项数据的比较。

图 2-25 独立显卡

2. 打印机

打印机是常用的输出设备之一，目前流行的打印机一般使用喷墨或激光技术，还可以胜任扫描仪、复印机和传真机的工作。一些特殊行业还会使用针式打印机。

（1）喷墨打印机使用很多个细小的喷嘴将墨滴喷射到纸上。彩色喷墨打印机的每个喷嘴都有自己的墨盒，分别装有几种不同的色彩（如青色、品红色、黄色、黑色等），这些色彩按照不同形式的叠加便可生成数千种颜色的输出。

（2）激光打印机利用激光扫描技术和电子照相技术进行打印。激光打印机的打印速度快、成像质量高，但成本较高，通常用作商用打印机。

（3）针式打印机是通过打印头中的24根针击打复写纸，从而完成打印的。在使用过程中，用户可以根据需求来选择多联纸，一般常用的多联纸有2联纸、3联纸、4联纸，也有的用户使用6联纸。多联纸一次性打印只有针式打印机能够快速完成，喷墨打印机、激光打印机无法实现多联纸打印。对于医院、银行、邮局、彩票、保险、餐饮等行业的用户来说，针式打印机是其必备产品之一，因为只有通过针式打印机才能快速地完成各项单据的复写，为其提供高效的服务。另外，还有一些快递公司，为了提高工作效率，使用针式打印机来取代以往的手写工作，大大提高了工作效率。

一般可以从分辨率、内存、打印速度、忙闲度、打印成本、可联网性、双面功能等方面来评判打印机的好坏。

（1）打印机的分辨率是指打印时横向和纵向两个方向上每英寸最多能够打印的点数，通常以"点/英寸"，即dpi（dots per inch）表示。一般分辨率越高，打印质量越好，但也要根据打印纸张而定，如果分辨率过高而纸张质量较差，纸张对墨水的吸收过于饱和，墨水连成一片，反而会使打印效果下降。对于文本打印而言，600×600dpi（可简写为600dpi）已经可以达到相当出色的线条质量，达到杂志的打印质量一般需要900dpi，而要打印画册则最好需要2400dpi或更高的分辨率。

（2）打印机使用内存存储要打印的数据。如果内存过小，则每次传输到打印机的数据就很少，有可能产生各种意想不到的情况，如数据丢失、文字变成了黑色块等。内存也是决定打印速度的重要指标，特别是在处理较大的文档时，更能体现内存的作用。

（3）打印机的打印速度一般以ppm（pages per minute，每分钟打印的页数）或cps（characters per second，每秒钟打印的字符数）来衡量。一般来说，彩色打印机的速度要比黑白打印机慢，文本打印的速度快于图片打印，激光打印机的速度快于喷墨打印机。

（4）打印机的忙闲度也称为打印负荷，一般以每月可打印的页数来衡量。例如，对一台打印负荷为9000页/月的打印机来说，平均下来每天最好打印不超过300页，否则可能会缩短打印机的寿命。

（5）打印成本是指更换打印机部件的成本，如墨盒、调色盒等消耗品的成本都要计算在内。

（6）可联网打印机可以便捷地完成网络范围内的打印请求，方便多用户使用。

（7）双面打印是指当打印机在完成纸张单面打印后，再将纸张送至双面打印单元内，在其内部完成一次翻转后重新送回进纸通道，以完成另一面的打印工作。双面打印也可手动完成，即打印完一面后手动翻转再送回打印机令其打印另一面，不过这样速度较慢且容易出错。

3. 新兴的输出设备

除了普通的显示器和打印机，还有一些新兴的输出设备值得介绍。

1）3D 显示器

传统的显示器是 2D 的设备，然而，由于平面显示技术和图形处理领域的进步，一些新兴的 3D 输出设备出现了，如用于计算机的 3D 显示器。传统的 3D 显示器，包括大部分 3D 电视需要特殊的 3D 眼镜来观看，而最新的 3D 显示器产品将滤波器、棱镜、透镜组，以及其他技术内置到显示器中来创建 3D 效果，这样做的好处是不再需要 3D 眼镜。有些 3D 显示器外观类似传统的显示器；另一些形状各异，如圆顶形的 Perspecta 3D 显示器（见图 2-26），这类显示器主要用于医疗成像。

图 2-26　圆顶形的 Perspecta 3D 显示器

2）可穿戴式显示器

对于大多数显示器，都需要在距离屏幕几英寸远的地方观看。目前，有一些显示器被设计成可穿戴式显示器。可穿戴式显示器通常可将移动设备（如智能手机或平板电脑）的影像投射到内置眼镜中的无线显示屏。通常情况下，该技术能够使用户看到的图像就好像是一个遥远的大屏幕显示器上的图像一样。许多可穿戴式设备可将投影的图像覆盖在用户实时所看到的东西上，以增强现实显示。例如，谷歌眼镜（见图 2-27）有一个微小的显示器位于它右侧的镜片上，用户可以在正常看到的画面前看到显示器上的投影内容。谷歌眼镜可通过蓝牙技术连接到智能手机，然后

图 2-27　谷歌眼镜

把内容（如文字信息、地图和导航、视频通话和网页）从手机传输到谷歌眼镜显示屏。谷歌眼镜也有一个内置的 Web 浏览器，在需要的时候可以直接连接 Wi-Fi 热点。谷歌眼镜右侧边框还有一个用来输入的触摸屏，并配备骨传导音频输出系统，使音频输出仅能被用户听到。除了具有娱乐、办公应用程序（如能够根据需要获取 GPS 定位或在会议期间检查 E-mail）的可穿戴式显示器，也有专为士兵和其他移动工作人员设计的可穿戴式显示器。

3）干涉式调制器（IMOD）显示器

另一个新兴的平板显示技术是干涉式调制器（IMOD）显示技术，最初该技术是为手机和其他移动设备设计的。IMOD 显示器本质上是使用外部光源（如太阳光或房间内的人工光源）来显示画面的一个复杂的镜面。由于 IMOD 显示器是在利用光，而不是像液晶显示器那样自己发光，因此即使在阳光直射下，其图像依然明亮清楚。而且，由于不使用背光灯，IMOD 显示器的功耗比液晶显示器要低得多。事实上，IMOD 显示器与电子纸类似，除非需要改变图像，否则采用

IMOD 显示器的设备甚至不需要使用电源，这使其在任何时候都能够保持开机状态却不用耗尽设备电池。IMOD 显示器最开始被应用于移动设备，但目前已应用于户外电视屏幕、大型数字标牌和其他一些户外显示设备。

4）3D 打印机

当需要 3D 输出时，3D 打印机（见图 2-28）可以用来打印一些新型建筑物或新型商品的 3D 模型。与打印在纸张上不同，这些打印机通常能够把塑料熔化并以一层一层的形式输出，如此反复移动来构建期待中的 3D 模型。由于材料是逐步添加的，所以这个过程称为加法制造，这与传统的减法制造中那样逐步削减的过程不同。一些打印机可以产生彩色输出，大部分打印机只能打印一种颜色，如果想要彩色输出，则需通过手工彩绘。3D 打印机有各种尺寸，有用来打印手机壳、玩具、珠宝和其他个人物品的个人打印机，也有用来打印产品原型或定制生产部件的专业打印机。3D 打印机甚至已经开始使用符合标准的 3D 材料来打印医疗植入物。3D 打印机具有巨大潜力的另一个应用领域是太空探索，为了使宇航员可以打印工具、备件、火箭组件，甚至用塑料线连接的小卫星。

2019 年，国际首例 3D 原位打印多层示范建筑在中国亮相，楼总高 7.2m，如图 2-29 所示。

图 2-28　3D 打印机　　　　图 2-29　国际首例 3D 原位打印多层示范建筑

2.4　其他设备

本节介绍与计算机相关的其他设备。

2.4.1　扩展槽和扩展卡

扩展槽（见图 2-30）是主板上用于固定扩展卡并将其连接到系统总线上的插槽，这是一种添加或增强计算机特性及功能的方法。例如，如果不满意集成显卡或核芯显卡的性能，可以在扩展槽上插装独立显卡以增强显示性能。

扩展卡又称适配卡、控制卡、接口卡、扩展板等，是一种小型的电路板。它可以使计算机具备控制存储设备、输入设备或输出设备的能力。例如，网卡（见图 2-31）可以连接计算机到网络；声卡可以记录和回放数字语音；电视卡可以使计算机能够播放电视节目；视频采集卡可以将视频信息数字化等。

图 2-30　扩展槽

图 2-31　网卡

2.4.2　接口和连接线

接口是主板边缘留置的用来与外接设备进行信息交流的插口，主板上多种多样的接口如图 2-32 所示。台式计算机的接口一般位于主机的背面及正面，笔记本电脑的接口一般位于其侧面。常见的接口如 USB3.0 接口用来连接多种多样的设备，VGA 接口、DVI 接口、HDMI 接口用来连接显示器，PS2 接口用来连接鼠标、键盘。

图 2-32　主板上多种多样的接口

对于一些需要很多 USB 接口来满足工作或生活需要的用户来说，可以使用 USB 集线器来扩展出更多的 USB 接口。USB 集线器可使用一个插头插到计算机的一个 USB 接口上，本身可提供多个 USB 接口，从而达到增加接口数量的目的。USB 集线器可分为有电源和无电源两种，无电源的 USB 集线器依靠总线供电，适用于功率小的设备，如鼠标、读卡器等；有电源的 USB 集线器依靠外部电源供电，适用于功率较大的设备，如外置硬盘、打印机等。

连接线，也称连接电缆、连接器，可以连通各种设备使之进行信息或能量交流。常见的连接线有 USB 线、VGA 连接线、HDMI 连接线、DVI 连接线，以及各种不同接口之间的转接线等。

2.4.3　总线

总线（Bus）正如其英文名称一样，负责沿着固定的线路来回不停地传输信息。总线是计算机各种功能部件之间传输信息的公共通信干线，是 CPU 与外部硬件接口的核心。计算机中比较重要的总线有主板总线、硬盘总线、通用串行总线、PCI 总线等。

评价一种总线的性能可从以下三个方面考虑。

（1）总线时钟频率，即总线的工作频率，以 MHz 为单位。时钟频率越高，总线的工作速度越快。

（2）总线位宽，即总线能同时传送的二进制位的位数，如 32 位、64 位。总线位宽越高，每次传输的数据量越大。

（3）总线带宽，或称总线的数据传输速度，指单位时间内总线上传输的数据量，以 MB/s 为单位。总线带宽 = 总线时钟频率 × 总线位宽 /8。

2.4.4 托盘

托盘（见图 2-33）是光驱中负责承载、弹入及弹出光盘的部件。目前绝大多数托盘采用电机驱动。按动光驱的弹出键后，电机收到信号，带动托盘出仓；托盘到位后，会反馈一个电信号给电机，电机便停止工作。

图 2-33　托盘

2.4.5 电源

计算机属于弱电产品，部件的工作电压比较低，一般在 ±12V 以内，且使用的是直流电。普通市电为 220V 的交流电，所以需要有一个电源部分将高电压转换为计算机可以使用的低电压。

台式计算机的电源（见图 2-34）一般安装在主机机箱的内部，而笔记本电脑除了电池，还配有电源适配器，以便通过市电供电。

2.4.6 冷却部件

台式计算机中部分产生热量较大的部件，如电源、CPU、显卡等，需要有专门的风扇来为其降温；对于大多数笔记本电脑来说，更需要风扇来为其散热。如果不对热量进行及时疏散，计算机长期在高温下工作，可能会引起死机、系统崩溃、突然断电等情况，过热的环境会加快计算机老化和报废的速度，甚至烧毁硬件。

图 2-34　台式计算机的电源

笔记本电脑中还配有散热管进行散热，笔记本电脑的风扇及散热管如图 2-35 所示。散热管一般由铜制成，内部充入适当的液体（如纯水），然后利用蒸发吸热的原理降温。

除此之外，台式计算机还可使用专门的水冷散热器（见图 2-36）进行散热。笔记本电脑则可以使用带有风扇的散热底座（见图 2-37）进行辅助散热。

图 2-35　笔记本电脑的风扇及散热管　　图 2-36　水冷散热器　　图 2-37　散热底座

2.4.7 通用计算图形处理器

通用计算图形处理器（General Purpose GPU，GPGPU），可以理解为带 CPU 处理能力的

GPU。适用于 GPGPU 的算法具有两个特点：数据并行和密集吞吐。数据并行意味着处理器可以同时处理不同的数据元素，密集吞吐意味着算法可以处理大量的数据元素，使并行处理可以广泛实现。通过利用这两个特点的优势，GPGPU 可以通过将数百个相互关联的小处理单元组合到一起来实现多数据同步处理，从而达到最佳表现。

　　不难想象，基于像素的应用（如计算机视觉、视频、图像处理）非常适合于用 GPGPU 技术来处理，很多这些领域的商业软件包都包含了 GPGPU 加速功能。依赖于偏微分方程及线性代数的物理仿真应用，同样非常适合 GPGPU 技术。除此之外，在渲染领域、光线追踪（一种用于高真实度图像合成的计算密集型算法）也使用 GPGPU 技术来计算光线交叉，从而实现实时光线追踪。

　　GPGPU 计算在很多应用领域对高性能计算产生了巨大冲击。在天气预报、分子运动、流体流量等领域广泛应用的高性能代码，正在通过 GPGPU 加速技术来进行升级。常见的商业、科学及工程技术的相关应用已经能够提供 GPGPU 加速，如 MATLAB 和 Ansys 软件，以及诸如 Amber、LAMMPS、NAMD 的开源系统，GROMACS 软件也开始使用 GPGPU 技术。除此之外，用于尖端科学和工程研究方面的代码开发已经广泛接受 GPGPU 技术。

小　结

　　本章详细介绍了计算机的硬件组成及影响计算机性能的诸多因素。

　　通过对本章的学习，读者应能够了解计算机的基本组成，能够通过产品参数来辨别计算机性能及设备性能的好坏，并能够根据自己的需要选择对应的设备来增强计算机的性能。

习　题

一、判断题

1. 内存就是 RAM。　　　　　　　　　　　　　　　　　　　　　　　（　　）
2. 主板主要由芯片组、扩展槽和对外接口三个部分组成。　　　　　　（　　）
3. 主板一般为矩形电路板，上面安装了组成计算机的主要电路系统。　（　　）
4. 微处理器等同于 CPU。　　　　　　　　　　　　　　　　　　　　（　　）
5. 对不同的指令，需要的时钟周期数从一个到多个不等。　　　　　　（　　）
6. 目前大多数个人计算机都采用了 RISC 处理器。　　　　　　　　　（　　）
7. 并行处理技术只有完成一条指令的所有步骤后才开始执行下一条指令。（　　）
8. 蓝光光驱不能读 DVD 光盘。　　　　　　　　　　　　　　　　　　（　　）
9. 固态存储器耗电量小，且持久耐用。　　　　　　　　　　　　　　（　　）
10. 可以根据显存的大小来衡量一块显卡的好坏。　　　　　　　　　　（　　）

二、选择题

1. _____是指微处理器每次能处理的位的数量。

A. 时钟速度　　　　　　　B. 总线速度　　　　　　　C. 缓存　　　　　　　D. 字长

2. _____技术可以增强微处理器的性能。

A. 流水线　　　　　　　　B. 并行处理　　　　　　　C. 串行处理　　　　　D. A 和 B

3. _____时间是指计算机查找存储介质上特定数据，并读取该数据所消耗的平均时间。

A. 寻道　　　　　　　　　B. 访问　　　　　　　　　C. 查找　　　　　　　D. 识别

4．以下存储器中，数据传输速度最高的是 _____。

A．机械硬盘　　　　　　　B．固态硬盘　　　　　　C．CD　　　　　　　D．DVD

5．根据摩尔定律，每 18 个月，单位面积内晶体管的数量将增加 _____。

A．41%　　　　　　　　　B．50%　　　　　　　　C．70%　　　　　　　D．100%

6．根据摩尔定律，每 18 个月，单位长度内晶体管的数量将增加 _____。

A．41%　　　　　　　　　B．50%　　　　　　　　C．70%　　　　　　　D．100%

7．计算机的配置信息一般存储在 _____ 中。

A．RAM　　　　　　　　　B．ROM　　　　　　　C．EEPROM　　　　　D．存储设备

8．16 位的色深代表显示器可以显示 _____ 种颜色。

A．16　　　　　　　　　　B．32　　　　　　　　C．256　　　　　　　D．65536

9．若想为计算机增加独立显卡，需要将显卡插在 _____ 上。

A．USB 接口　　　　　　　B．扩展槽　　　　　　C．总线　　　　　　　D．HDMI 接口

10．若想获得更多的 USB 接口，可以使用 _____。

A．USB 转接线　　　　　　B．USB 集线器　　　　C．扩展槽　　　　　　D．托盘

三、填空题

1．内存用来存放 _____ 和 _____，并能由 CPU 直接随机存取。

2．当 RAM 不够用时，操作系统会在硬盘或其他存储介质上分配一块区域存储部分程序和数据，这部分区域称为 _____。

3．衡量存储技术主要从耐用性、可靠性、通用性、_____、_____、花费等方面考虑。

4．_____ 是连接显示器和个人计算机的重要元件，承担着输出显示图形的任务。

5．_____ 是指处理器从内存中读取数据、指令和信息所花费的时间。

6．存储器包括 _____ 和 _____ 两个部分。

7．_____ 是指显示器上可显示的水平像素和垂直像素的总数目。

8．_____ 是指计算机查找存储介质上特定数据，并读取该数据所消耗的平均时间。

四、简答题

1．简要说明计算机的主板。

2．简要说明影响微处理器性能的因素。

3．简要说明计算机目前使用的内存的分类。

4．简要说明计算机的存储器。

5．简要说明计算机常用的存储技术。

6．简要说明计算机的输入设备和输出设备。

7．简要说明计算机的扩展槽和扩展卡。

8．简要说明计算机的接口和连接线。

9．简要说明计算机的总线。

10．简要说明计算机总线的评价标准。

第3章　计算机软件

本章将介绍计算机软件的基本知识，包括软件的定义与分类、App 和应用程序、常用的应用软件及办公套件。通过对本章的学习，读者应能够对计算机软件有一个全面的了解。

3.1　软件基础知识

本节将介绍软件基础知识，包括软件的定义和软件的分类。

3.1.1　软件的定义

在生活中，人们一般把软件和程序混为一谈。但实际上，软件是一个更为广义的概念，其定义随着人们对其认识的加深而不断被完善。在当下，软件是指计算机程序及与之相关的数据，还包含程序的开发文档和管理文档，如图 3-1 所示。

3.1.2　软件的分类

随着移动因特网的迅猛发展，软件的种类越来越多，而其分类也可依据不同的标准而不同。

图 3-1　软件的定义

根据其功能的不同，软件可以分为系统软件、应用软件与开发工具三大类。系统软件包括操作系统、设备驱动程序与实用程序，其功能是对计算机硬件进行统一的控制、调度和管理，并为应用软件提供基本的功能支持。例如，系统软件可以进行磁盘清理、配置因特网连接等。应用软件用来解决特定领域的具体问题，如远程教育、个人财产管理、影音娱乐、文档撰写、编辑照片等。开发工具用来编写系统软件与应用软件，常见的开发工具主要有 Visual Studio、Eclipse 等，开发语言则有 C++、Java、Python 等，另外还有 PHP、SQL 等脚本语言，以及调试器、负载测试等软件质量保证工具。

根据其运行载体的不同，软件可以分为桌面软件与移动软件。桌面软件运行在台式计算机或笔记本电脑上，其功能一般较为复杂，支持多种输入与输出。移动软件也称应用（App），运行在手持设备（如智能手机、平板电脑）上，功能较简单，且受限于移动性，一般以触摸方式或某个动作输入，以文字、图像等形式输出。随着手持设备性能的不断提高，桌面软件和移动软件在功能上的差距也在逐渐缩小。

根据其运行地点的不同，软件可以分为本地软件和云软件。本地软件安装在本地的计算机中，运行时由本地的计算机进行运算与处理。云软件也称云应用，这种应用主要利用因特网上大量的计算资源，可以理解在云端运行，用户只需要一个平台（如浏览器）即可进行数据输入和输出，利用云软件编辑文档示例如图 3-2 所示。云软件具有便于使用、无须下载安装，且可在多种操作系统上使用的特点，可以帮助用户大大降低使用成本，提高工作效率。

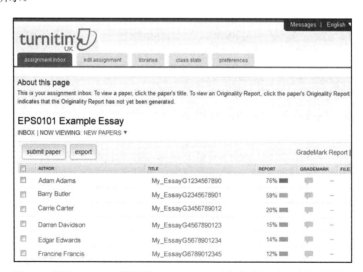

图 3-2　利用云软件编辑文档示例

3.2　App 和应用程序

3.2.1　Web App

　　Web App（Web 应用）是指能使用浏览器进行访问的一系列软件。与安装在本地的应用程序不同的是，Web App 的运行代码是随着 HTML 页面的下载而来的，并且在浏览器中被执行。一些 Web App 的项目代码也可能在远程服务器中运行。

　　实际上，Web App 就是移动云计算的一种。一些经常被用到的 Web App 有 Gmail、Google Docs 或者 Turnitin 等。目前，根据不同的应用场景，基本上都有相应的 Web App 供用户选用，这些 Web App 大大提高了用户的工作效率。通过 Turnitin 提供的 Web App 可以在线进行论文相似度检测，如图 3-3 所示。

图 3-3　通过 Turnitin 提供的 Web App 可以在线进行论文相似度检测

　　许多 Web App 常与用户信息联系在一起，如 Sherwin-Williams 网站中的 Color Visualizer 应用程序，通过这个 Web App，用户可以使用自己房屋的照片来帮助筛选涂漆颜色，如图 3-4 所示。其他的一些 Web App，如汇率转换器 XE Currency Converter，如图 3-5 所示，则有专门的站点，方便用户随时查询汇率信息。

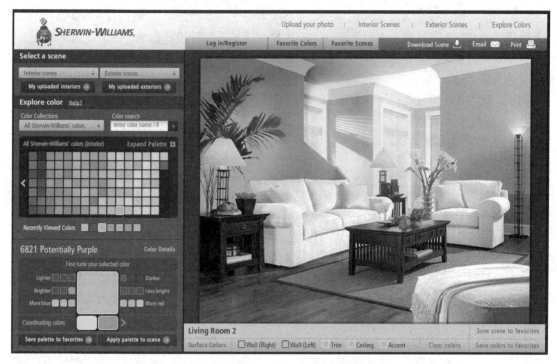

图 3-4　Color Visualizer 应用示例

图 3-5　XE Currency Converter 应用示例

对于 Chromebook 笔记本电脑的使用者来说，Web App 尤其重要，因为他们需要用 Web App 来代替在计算机中运行的几乎所有的软件。对于其他设备（如智能手表等）的使用者来说，Web App 也有一定的优势。大多数的 Web App 并不需要在用户的台式计算机或移动设备上安装完整程序，但是用户的设备必须有一个浏览器而且可以连接因特网。

要使用一个 Web App，需要通过浏览器访问其网站。在使用之前可能需要注册，然后使用注册的用户名和密码登录，才能访问相应的应用。在使用 Web App 时，浏览器会一直保持工作状态。

Web App 特别适合个人级别的任务，如一些基本的文字处理、表格创建、照片编辑、音频记录、视频剪辑、报告设计和个人财务管理等。尽管 Web App 可能没有提供一些专业人士需要的功能，但是其精密复杂的功能也在持续增加。除此之外，因为项目文件存储在网站而且很容易被共享，许多 Web App 允许几个人同时编辑同一个项目。但 Web App 也有缺点，如存放数据的网站如果关闭了，就不能访问应用程序或数据了；数据有可能曝光或丢失，最好能做备份。

3.2.2　移动 App

虽然几乎每种移动设备都有浏览器，但是目前在移动设备上使用 Web App 并不是最好的选择。在苹果公司的领导下，许多移动设备软件开发者都提供能够在智能手机或者平板电脑上进行本地安装的应用，即移动 App。

移动 App 是为某种手持设备而特定设计的，如智能手机、平板电脑或者高级媒体播放器。移动 App 通常是体积较小且专注于某一特定功能的应用程序，一般可以通过在线 App 商店获取。

大部分的移动设备能够同时使用 Web App 及移动 App。这两者之间的区别在于 Web App 的代码只有当使用时才会下载至移动设备，而移动 App 则是预先安装并存储在移动设备中，即使没有网络，大部分移动 App 也可以使用。

作为折中方案，一些移动 App 开始同时采用 Web App 和移动 App 两种技术。客户端可以从应用商店中下载，但是在使用时，数据则是从 Web 中获取的。这些混合应用只有当网络连接的时候才能够使用，并且常常会耗费大量的手机数据流量。

对于苹果系列产品，即 iPad、iPhone 和 iPod touch 来说，它们只允许从苹果官方应用商店中下载移动 App。当然，App 也可以从其他的来源下载，但是使用其他的来源下载之前需要先对设备软件进行一个非官方的授权变动，这个过程通常被称为"越狱"。在下载并安装了"越狱"软件之后，设备便能够安装来自不同应用商店的应用，而不仅仅是苹果官方应用商店。"越狱"会持续到用户下一次接受苹果官方的软件更新，更新会清理掉"越狱"软件，迫使有需求的用户重新"越狱"。

Android 手机并没有被限制只能在唯一的 App 应用商店下载，所以 Android 设备无须通过"越狱"来使用更多的手机应用。对于 Android 手机来说，一些手机服务提供商可能会预先加入诸多限制（如预装软件、限制用户权限等），对此，用户可以通过一个被称为 root 的过程来突破限制。

3.2.3　本地应用程序

本地应用程序是最传统的应用程序，即安装在计算机硬盘中的应用程序。程序运行时，程序代码会被复制到内存中，再被微处理器获取执行。大部分办公软件、大型游戏和一些专业软件都是本地应用程序。

对于苹果 Mac 机中的本地应用程序来说，它们往往以一个单独的可执行文件方式存储，文件后缀为 .app。实际上，这个文件内部包含了许多其他的文件和文件夹。对于微软 Windows 操作系统中本地应用程序来说，用户可以直观地看到其包含的诸多文件。其中主要的可执行文件是以 .exe 结尾的，如 Photoshop.exe，如图 3-6 所示，其他的文件通常被称为应用程序扩展（如 .dll），用来支持整个程序的运行。

图 3-6　Windows 操作系统中本地应用程序包含的文件

3.2.4　便携式软件

尽管整个数字世界正在向云端发展，但一些用户仍然对存储在 U 盘中的数据更加有安全感，因为它们被完全掌控在用户的手中，不会在本地计算机或因特网中留下任何记录。

针对用户的这种需求，便携式软件应运而生。便携式软件是可以在 U 盘等可移除设备中运行的软件，不需要在本地计算机上安装，也不会在本地计算机中留下任何配置数据。当包含便携式软件的 U 盘或移动硬盘被移除后，不会在本地计算机中留下任何痕迹。

除了隐私安全性上的优点，便携式软件的另一优点正如其名——便携。现在，越来越多的大型软件被设计成便携式软件的形式，一方面，它们可以以传统方式安装在本地计算机上；另一方面，它们可以被存储在可移除设备中"随插随用"。

3.3　常用的应用软件

本节将介绍一些日常工作、生活中常用的应用软件。

3.3.1　桌面出版软件

桌面出版软件主要用于生成高质量的印刷品。与文字处理软件相比，桌面出版软件可以随心所欲地放置图表、设置分栏与双页布局，以达到令人满意的排版效果。

常用的桌面出版软件有普通级的 Microsoft Publisher、商用专业级的 Adobe InDesign，以及 Quark 公司的 QuarkXPress 等。使用 Microsoft Publisher 可以设计宣传单等印刷品，如图 3-7 所示。

图 3-7　使用 Microsoft Publisher 可以设计宣传单等印刷品

3.3.2　音乐软件

音乐软件包括音乐播放软件及音频编辑软件。音乐播放软件种类繁多，如 iTunes、QQ 音乐等。音频编辑软件可以录制、编辑数字音频。如果要消除歌曲中的人声用于制作伴奏音乐，可以通过音频编辑软件完成。常用的音频编辑软件有 Cool Edit 及其升级版 Adobe Audition 等。使用 Adobe Audition 编辑音频示例如图 3-8 所示。

图 3-8　使用 Adobe Audition 编辑音频示例

3.3.3　图形软件

图形软件可以分为绘图软件及图像编辑软件。最简单的绘图软件有 Windows 操作系统中自带的"画图"程序，功能较为复杂的绘图软件有用来绘制矢量图形的 CorelDRAW、Adobe Illustrator，也有用于绘制三维图形的 AutoCAD 等，用这些绘图软件可以绘制出非常精确的设计图。

图像编辑软件有 Adobe Photoshop，它提供了强大的照片编辑、图像修补功能。该软件可以通过修改对比度和亮度、应用滤镜、增删图层等方式使图像达到用户想要的效果。使用 Adobe Photoshop 编辑图片示例如图 3-9 所示。

图 3-9　使用 Adobe Photoshop 编辑图片示例

3.3.4　视频软件

　　视频软件分为视频播放软件和视频编辑软件。

　　大部分操作系统都自带视频播放软件，如 Windows 操作系统中的 Windows Media Player 软件，但该软件不能支持所有的视频格式，这时需要下载解码包或使用第三方的视频播放软件。

　　视频编辑软件可以编辑视频，使用原始的连续镜头来制作视频、制作特效等，结合其他软件（如图像编辑软件），甚至可以从无到有地制作出用户想要的视频。常用的视频编辑软件有 Corel Video Studio（会声会影）和 Adobe Premiere（简称 Pr）、Adobe After Effects（简称 AE）等。使用 AE 编辑视频示例如图 3-10 所示。

图 3-10　使用 AE 编辑视频示例

3.3.5　地图应用和定位软件

地图应用可以显示卫星地图、航拍地图或街道地图，可用于确定位置、搜索两地间的距离及路线等。常用的地图应用有谷歌地图、高德地图、百度地图等。很多其他的地图产品都基于这些地图应用。

定位软件通常用于移动设备，其利用 GPS 等定位工具获取设备的当前位置，并将其显示在地图上，利用该位置向用户提供附近常用设施的位置。部分弱化了地图应用而强化了位置应用的软件（如查找附近的好友、基于位置的广告推送等）可以归类为基于位置的软件。

3.3.6　数学软件

数学软件利用计算机的计算性能为解决各个领域中的数学问题提供了求解手段。数学软件也是组成很多应用软件的基本构件。数学软件可以进行公式处理、数值计算、数学建模等工作。常用的数学软件有 MATLAB、Mathematica 等。利用 MATLAB 画出的函数图像如图 3-11 所示。

图 3-11　利用 MATLAB 画出的函数图像

3.4　办公套件

3.4.1　办公套件基础知识

办公套件是一整套方便办公使用的程序，通常包含文字处理、演示文稿和电子表格。部分办公套件还包含数据库、画图、邮件管理等模块。

比较常用的办公套件有 Microsoft Office、Apple iWork 等。随着移动因特网时代的到来，以及软件产业服务化逐渐深入人心，办公套件也逐渐向免费化或服务化发展，一些办公套件也纷纷提供在线云服务，如 Google Docs 和 Microsoft Office Online。

3.4.2　文字处理

文字处理软件用于计算机中文字的编辑、格式化和排版。文字处理软件的主工作区是一个表示一张白纸的区域，用户可以在上面进行文字编辑。主工作区周围则有各式各样的控件方便用户进行格式控制、文字校对等工作。

文字处理软件可以自动完成很多事情，从而可以使用户的精力集中于文字本身，而不用为繁杂重复的事情消耗过多时间。例如，文字处理软件可以自动换行，对每个新段落可以使用首行缩进，还可以进行文本的批量查找与替换。

文字处理软件还可以提高写作质量。大部分文字处理软件中包含语法检查器、拼写检查器，它们在用户进行文本编辑时会自动检查文本中是否有语法或拼写错误并提醒用户。一些文字处理软件中还包含同义词词典，可以找到各种词的同义词，从而使文章富于变化。

常用的文字处理软件有 Microsoft Word、Apple Pages 等。Apple Pages 界面如图 3-12 所示。

图 3-12　Apple Pages 界面

3.4.3　演示文稿

演示文稿软件可用于制作包含文字、图像、视频、语音等的幻灯片。用户可以在计算机屏幕或投影屏幕上展示这些幻灯片，并利用其进行工作汇报、企业宣传、产品推介、婚礼庆典、项目竞标、管理咨询等工作。

传统的演示文稿软件有 Microsoft PowerPoint、Apple Keynote 等。新型的演示文稿软件有 Prezi，利用 Prezi 可以做出令人耳目一新的演示文稿，如图 3-13 所示，该软件主要通过缩放动作和快捷动作让演示者的讲演变得更加生动有趣。

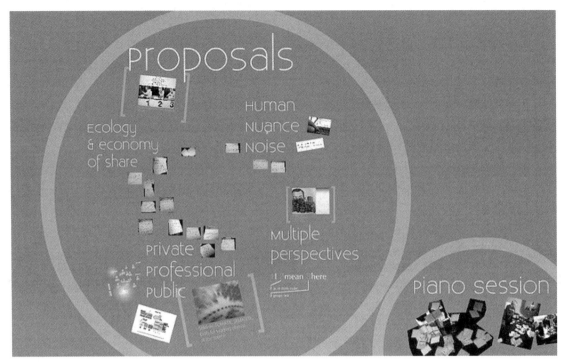

图 3-13　利用 Prezi 可以做出令人耳目一新的演示文稿

3.4.4　电子表格

电子表格软件可以帮助用户制作复杂的表格、进行数据统计与公式计算，还可以将大量枯燥无味的数据转换成可视性极佳、便于理解的图表并打印出来。电子表格软件可以极大地提高人们对数据的分析能力。对于需要大量重复计算的工作（如计算成绩、估算成本等），电子表格软件可以进行快速计算和批量操作。

一个电子表格是由多张工作表组成的，每张工作表可以理解成一张非常大的表格，表格中的每个单元称为单元格。电子表格软件提供了大量的默认公式供用户使用（如求和、求平均值、计算日期和时间等）。用户还可以根据实际需要，创建属于自己的公式。创建公式时，使用等号、单元格引用（如 A1、C3）、数字、运算符号，直接在单元格中输入即可（如 "=2+A1/C3"）。如果需要的话，还可以使用嵌套公式来解决复杂的计算问题。

在默认情况下，单元格的引用是相对引用，即在工作表被修改后，引用会自动更新。这样可以保证即使数据被移动，公式的计算结果也不会发生变化。例如，若在表格的第三行前插入一行，那么原本的 B4 单元格的相对引用会自动变成 B5 单元格。用户也可将单元格引用设置成绝对引用，绝对引用是指从不改变引用单元格的地址，即不管在何处插入、删除行或列，B4 单元格绝对引用仍然指向 B4 单元格。

电子表格软件可以将数据可视化。在表格的一个区域中首先填写需要被可视化的数据，然后插入所需要的图表（如饼图、柱形图、折线图、数据透视图），最后将数据源选定为该区域即可。

常用的电子表格软件有 Microsoft Excel、Apple Numbers 等。利用 Apple Numbers 可以制作出多种多样的绚丽的图表，如图 3-14 所示。

图 3-14　利用 Apple Numbers 可以制作出多种多样的绚丽的图表

3.4.5　数据库

　　一些办公套件中还包含简单的数据库管理软件，如 Microsoft Office 套件中的 Access 数据库。Access 2013 界面截图如图 3-15 所示。关于数据库的详细知识将在第 11 章介绍。

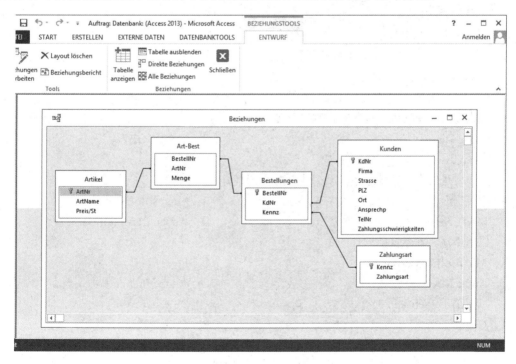

图 3-15　Access 2013 界面截图

小 结

本章主要介绍了计算机软件的基本知识，包括软件的定义与分类、App和应用程序，以及常用的应用软件和办公套件。通过对本章的学习，读者应能够了解与软件有关的基础知识，通过日常工作或学习机会，尽可能接触和运用多种软件。

习 题

一、判断题

1. 根据其运行载体的不同，软件可以分为桌面软件与移动软件。 （　　）
2. 桌面出版软件与文字处理软件没有什么区别。 （　　）
3. 图形软件可以分为绘图软件及图像编辑软件。 （　　）
4. 大部分文字处理软件中包含语法检查器和拼写检查器。 （　　）
5. 电子表格软件可以将数据可视化。 （　　）
6. 便携式软件无须经过安装过程，只需要把软件文件复制到需要运行的介质上即可。 （　　）
7. 软件就是程序。 （　　）
8. Web App的运行代码是随着HTML页面的下载而来的，并且在浏览器中被执行。 （　　）
9. 大部分的移动设备能够同时使用Web App及移动App。 （　　）
10. 便携式软件可以保护用户隐私。 （　　）

二、选择题

1. 以下说法正确的是 _____。

A. 软件就是程序
B. 移动软件就是云软件
C. 操作系统不是软件
D. 云软件无须安装

2. 以下 _____ 不是桌面出版软件。

A. Microsoft Publisher
B. Microsoft Word
C. Adobe InDesign
D. QuarkXPress

3. 若需要对一个视频进行剪辑，则可以使用 _____。

A. Cool Edit
B. CorelDRAW
C. AutoCAD
D. AE

4. 若需要进行复杂的数学建模及公式计算，则最好使用 _____。

A. 计算器
B. Microsoft Excel
C. MATLAB
D. Adobe Illustrator

5. 以下不属于演示文稿软件的是 _____。

A. Microsoft PowerPoint
B. Prezi
C. Apple Keynote
D. Adobe Premiere

6. 以下属于Web App的有 _____。

A. Gmail
B. Google Docs
C. Turnitin
D. 以上都是

7. 对于苹果产品，如果要从其他来源下载App，需要 _____。

A. 越狱
B. root

C．无法下载
D．无须任何操作

8．Mac 中的本地应用程序后缀为 _____。

A．exe
B．iso

C．app
D．dat

9．便携式软件可以安装在 _____ 上。

A．计算机主硬盘
B．U 盘

C．移动硬盘
D．以上均可

10．应用程序扩展的后缀可能是 _____。

A．dll
B．exe

C．app
D．以上均是

三、填空题

1．云软件也称云应用，利用因特网上大量的计算资源进行 _____ 和调度。

2．本地应用程序是传统的应用程序，即安装在计算机 _____ 中的应用程序。

3．Windows 操作系统中主要的可执行文件是以 _____ 结尾的。

4．定位软件利用 _____ 等定位工具获取设备的当前位置。

5．Web App 的运行代码是随着 HTML 页面的下载而来的，并且在 _____ 中被执行。

四、简答题

1．简述 Web App 和移动 App 的区别。

2．简述便携式软件的特征。

3．简述桌面出版软件相比于文字处理软件的优势。

4．简述地图应用和定位软件的作用。

5．办公套件是一整套的方便办公使用的程序，通常包含哪些部分？

第4章　操作系统和文件管理

本章主要介绍操作系统的相关知识及文件管理的方式与技巧，包括操作系统的功能、分类、加载过程及与操作系统相关的实用程序和驱动程序等。在文件管理方面，主要介绍文件管理的方法、隐喻、技巧，以及文件的物理存储模型。通过对本章的学习，读者应能够更好地对计算机进行管理。

4.1　操作系统基础知识

本节将介绍操作系统的相关知识，使读者能够对操作系统有一个整体且基础的了解。

4.1.1　操作系统的功能

操作系统（Operating System，OS）是计算机最基本的系统软件，它直接运行在计算机的"裸机"上，是系统中所有活动的总控制器，任何其他的软件都需要操作系统的支持才能运行。

操作系统的功能可以分为控制计算机资源和提供用户界面两大类。

1. 控制计算机资源

操作系统控制着计算机的资源并使其有序地为用户提供服务。

（1）处理器资源。处理器的每个时钟周期都是一种计算资源。在计算机运行时，会有很多进程（程序的执行过程）去"竞争"使用处理器的计算资源，这时便需要由操作系统来协调控制，在 Windows 系统的任务管理器中可以查看当前正在运行的进程，如图4-1所示。

现代操作系统可以使用多任务、多线程、多重处理等多种技术来保证处理器资源能够得到充分利用。其中，多任务提供了进程和内存管理服务，它允许两个或多个任务、作业、程序同时运行。多线程是指允许一个程序分为多个部分（称为线程）运行，比如一个线程可以等待用户输入，而其他线程进行后台的运算处理。多重处理则将计算任务平均分配到多核处理器的每个处理单元上。这些技术可以使得每个程序都能在可允许的时间范围内获得处理器的计算资源。

图 4-1　在 Windows 系统的任务管理器中可以查看当前正在运行的进程

（2）内存资源。如图4-2所示，内存可以为程序提供运行空间，微处理器所需要处理的数据和指令都存放在内存中。操作系统会为每个程序在内存中分配合适的空间，如果程序需要更大的内存空间，还可以向操作系统再次申请（前提是不超过物理内存及虚拟内存上限）。如果内存资源不足，有些程序不能获得足够的空间，便会运行得很慢甚至无法运行。还有一种情况是内存泄漏，即程序使用完的内存没有被及时释放，久而久之会耗尽所有的内存，这时需要终止相应程序或重启计算机才能解决问题。

（3）存储器资源。如图 4-3 所示，存储器类似一个档案馆，存储着用户的所有文件。操作系统类似档案管理员，它会对每个文件记录其文件名、存放地点、文件大小等信息，以便在用户需要的时候将其找出。操作系统还可对多且繁杂的文件进行"整理与归类"以获得更大的存储空间。当用户要放入新的文件时，操作系统还会为其提供合适的存放地点。

图 4-2　使用任务管理器监视内存的使用情况

图 4-3　存储器资源使用程度示例

（4）外部设备资源。如图 4-4 所示，与计算机连接的设备都可视为输入或输出资源。操作系统通过与该设备配套的驱动程序完成与设备的通信，以保障设备的正常使用。

2. 提供用户界面

用户界面是操作系统与用户进行交互的媒介，它实现了信息的内部形式与便于人类理解的形式之间的转换，用户可以通过用户界面实现几乎所有的操作。

早期的操作系统使用的是命令行界面，通常不支持鼠标，用户需要通过键盘输入指令（需要用户提前熟记），操作系统接到指令后予以执行。现代操作系统使用简便易用的图形用户界面，通过对屏幕上显示的图像进行操作，用户可以方便地使用计算机。

多数现代操作系统仍然允许用户访问命令行界面，通过命令行界面可以快捷地对计算机进行系统维护和故障检查。Windows 操作系统提供的命令行界面如图 4-5 所示。一些有经验的程序员也喜欢使用命令行界面来进行编程环境配置、系统控制与程序自动化运行等操作。

图 4-4　在设备管理器中可以查看连接到计算机的所有设备

尽管现代操作系统的种类多种多样，但其图形用户界面的组成元素是大体相同的。

（1）桌面。桌面是人机交互的主要入口，一般由常用程序图标、背景图片、任务栏等组成。

（2）图标。图标代表着程序、文件或硬件设备，一般双击图标可打开其对应的内容。

（3）窗口。窗口是容纳程序、控件或数据的矩形工作区。

（4）任务栏。任务栏一般显示正在运行的程序及一些系统控件。Windows 操作系统任务栏如图 4-6 所示。

（5）菜单栏。大多数软件都包含一个菜单栏，菜单栏包含软件提供的大部分功能。一些软件采用下拉菜单，另一些软件则采用功能区方式，如 Microsoft Word，其菜单栏和功能区如图4-7所示。

图4-5　Windows 操作系统提供的命令行界面

图4-6　Windows 操作系统任务栏

图4-7　Microsoft Word 中的菜单栏和功能区

（6）工具栏。工具栏包含各种方便用户快捷使用的工具，工具栏和功能区的差别正逐渐缩小，如图4-8所示。目前，微软公司的很多新产品都用功能区替代了工具栏。

图4-8　工具栏

（7）按钮。按钮存在于任务栏、菜单栏、工具栏、功能区中，用户单击按钮可调用相应的程序或控件。

（8）对话框。对话框提供各种按钮和选项，供用户进行选择、设置或确认。Microsoft Word 中的"修订选项"对话框如图4-9所示。

图4-9　Microsoft Word 中的"修订选项"对话框

4.1.2　操作系统的分类

操作系统按其应用领域来划分，可分为桌面操作系统、移动操作系统、服务器操作系统等。

（1）桌面操作系统。桌面操作系统是为台式计算机或笔记本电脑设计的个人用操作系统。它能够满足个人对计算机的几乎所有需求。在桌面操作系统中，用户可以同时运行多个程序并且在大屏幕与定点设备的支持下实现无缝转换。常见的桌面操作系统有 Windows、Linux、UNIX、macOS、Chrome OS 等。

（2）移动操作系统。移动操作系统是为手持设备（如智能手机、平板电脑）设计的，移动操作系统更加关注于操作便捷性和应用扩展性。常见的移动操作系统有 Android、iOS 等。

（3）服务器操作系统。服务器操作系统一般安装在 Web 服务器、数据库服务器、应用服务器等大型计算机上，具有很高的稳定性和安全性，处于每个网络的"心脏"部位。常见的服务器操作系统有 Windows Server、macOS Server、UNIX、Linux 等。

以下对几款比较常用的操作系统进行简单介绍。

1. Windows

Windows 是目前全球用户量最大的桌面操作系统。截至 2023 年 5 月，Windows（包括 Windows XP、Windows Vista、Windows 7、Windows 8、Windows 8.1、Windows 10、Windows 11）占据了全球约 82.43% 的市场份额，如图 4-10 所示。

Windows 的发展历程如表 4-1 所示，目前最新的 Windows 版本是 Windows 11。Windows XP 虽然已经于 2014 年 4 月 8 日正式退役，但仍有大量的用户在使用。Windows 7 虽然于 2020 年 1 月 14 日已停止支持，但仍然有大量的用户在使用。Windows 一般使用 Intel 处理器或与 Intel 处理器兼容的微处理器，最新的 Windows 系统支持 64 位运算。

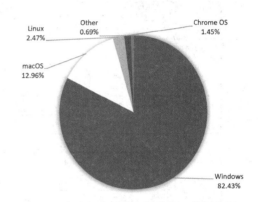

图 4-10　全球操作系统市场份额（数据来源：NetMarketShare，2023 年 5 月）

表 4-1　Windows 的发展历程

年代	Windows 版本	年代	Windows 版本
1983	Windows 诞生	2000	Windows 2000
1985	Windows 1.0	2000	Windows ME
1987	Windows 2.0	2001	Windows XP
1987	Windows 386	2002	Windows XP SP1
1988	Windows 286	2003	Windows Server 2003
1990	Windows 3.0	2004	Windows XP SP2
1991	Windows 3.0a	2006	Windows Vista
1992	Windows 3.1	2008	Windows Server 2008
1992	Windows for Workgroups	2008	Windows XP SP3
1993	Windows NT	2009	Windows 7
1993	Windows 3.11	2012	Windows 8
1995	Windows 95	2013	Windows 8.1
1996	Windows CE	2015	Windows 10
1998	Windows 98	2021	Windows 11
1999	Windows 98 SE		

Windows 具有易于使用的特点，随着版本的不断更新，其系统外观也变得越来越漂亮。在 Windows 上可运行的软件数量远大于其他操作系统，大部分游戏软件更是只能运行在 Windows 平台上。Windows 庞大的用户群使得其非常便于学习，书店中有大量的 Windows 基础教程，遇到问题可以在网络上找到大量的相关解决方案，这是 Windows 的优势所在。

Windows 的劣势在于其可靠性与安全性较差。Windows 相比于其他操作系统，经常会出现蓝屏或死机现象（Windows 8 之后这些现象的出现频率有了显著降低），在运行中还会弹出各种错误信息，使得用户在等待中浪费了大量时间。Windows 是目前公认的最容易受到计算机病毒与安全漏洞侵扰的操作系统，不过这可能是由其庞大的用户群所产生的利益诱惑引起的。

2. macOS

macOS 是运行在苹果 Macintosh 系列计算机（也称 Mac 机）上的操作系统，它是由苹果公司自行研发的基于 UNIX 内核的图形化操作系统。最新版的 macOS 是 macOS 13（Ventura），macOS 的发展历程如表 4-2 所示。

表 4-2 macOS 的发展历程

年代	macOS 版本	年代	macOS 版本
1978	Apple DOS 3.1	2007	Mac OS X 10.5(Leopard)
1984	System 1	2009	Mac OS X 10.6(Snow Leopard)
1985	System 2	2011	OS X 10.7(Lion)
1986	System 3	2012	OS X 10.8(Mountain Lion)
1987	System 4	2013	OS X 10.9(Mavericks)
1988	System 6	2014	OS X 10.10(Yosemite)
1991	System 7	2015	OS X 10.11(El Capitan)
1997	Mac OS 8	2016	macOS 10.12(Sierra)
1999	Mac OS 9	2017	macOS 10.13(High Sierra)
2001	Mac OS X 10.0(Cheetah)	2018	macOS 10.14(Mojave)
2001	Mac OS X 10.1(Puma)	2019	macOS 10.15(Catalina)
2002	Mac OS X 10.2(Jaguar)	2020	macOS 11(Big Sur)
2003	Mac OS X 10.3(Panther)	2021	macOS 12(Monterey)
2005	Mac OS X 10.4(Tiger)	2022	macOS 13(Ventura)

由于架构不同（macOS 采用 EFI 引导而不是普通 PC 的 BIOS 引导），所以普通的 PC 不能直接安装 macOS。但 Mac 机上可以安装 Windows，通过 Mac 机上提供的 Boot Camp 双启动实用程序，用户可以安装 Windows，并在 macOS 和 Windows 间自由切换。

macOS 的优势在于其易用性、可靠性和安全性高。macOS 是最早在商业领域获得成功的图形用户界面操作系统，即使是毫无使用经验的用户在经过短暂的摸索后也可熟练使用。苹果产品的设计理念也始终走在整个计算机设计领域的前列。

由于 macOS 继承了 UNIX 中强大的安全基础，且包含了工业级的内存保护功能，macOS 的可靠性和安全性非常高。在计算机病毒的数量方面，针对 macOS 的病毒远远少于针对 Windows 的。

macOS 的劣势在于其可用的软件相对于 Windows 较少。虽然一些主流的、常用的或热门的软件会有 macOS 版本，但其数量仍远远不如 Windows 平台的可用软件数。这一劣势在网络银行、大型游戏等领域体现得更加明显。

3. UNIX 和 Linux

UNIX 支持多种处理器架构，是一款强大的多用户、多任务的操作系统，它是在 1969 年由

AT&T 公司的贝尔实验室开发的。UNIX 一般用于大型计算机中。

　　Linux 是一款免费使用和自由传播的类 UNIX 操作系统，它是在 1991 年由芬兰学生 Linus Torvalds 开发的。Linux 是开源系统，其代码允许被修改，因此目前有许多种类的 Linux 发行版本，它们都包括了一个 Linux 内核和其他的程序、工具及图形界面。流行的 Linux 发行版本有 Ubuntu（见图 4-11）、Fedora、openSUSE、Debian、Mint、Slackware、Gentoo、CentOS 等。

　　Linux 保留了 UNIX 的许多技术特点，如多用户和多任务，Linux 的安全性和可靠性也很高。但是，Linux 较难上手，需要更多的专业知识，且可用的软件数量有限。Linux 一般作为服务器操作系统使用。

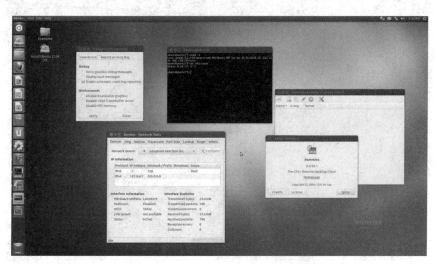

图 4-11　Ubuntu 是较易使用的 Linux 版本

4. DOS

　　DOS（Disk Operating System，磁盘操作系统）是微软公司开发的命令行界面下的操作系统，曾经拥有举足轻重的地位。现在，DOS 虽然已经让位给了图形用户界面的操作系统，但是在某些情况下仍有其用处。Windows 将 DOS 的功能保留到了命令提示符中。DOS 界面如图 4-12 所示。

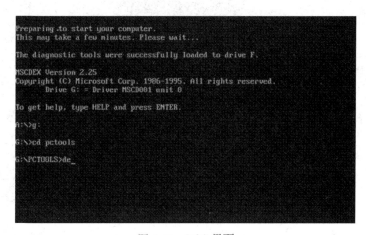

图 4-12　DOS 界面

5. Chrome OS

Chrome OS 是谷歌公司在 2009 年开始研发的基于 Linux 的一款操作系统，主要用于上网本等轻量级计算机或移动设备。它被定位于一款"瘦客户端"，在此客户端中运行的各种应用，实际上都是在远程服务器中进行处理的，客户端用来显示处理的结果，并且尽可能地接近本地运行的效果。Chrome OS 的理念是"浏览器即操作系统"，所有操作都可通过浏览器完成。Chrome OS 界面如图 4-13 所示。

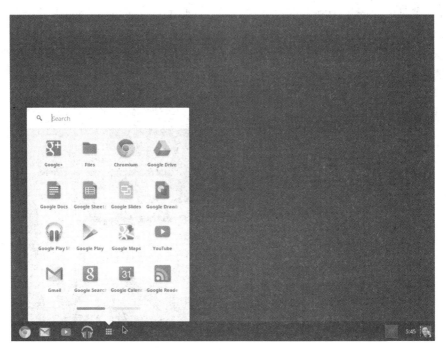

图 4-13   Chrome OS 界面

6. 移动操作系统

在移动操作系统中，Android、iOS 占据着比较大的市场份额，如图 4-14 所示。

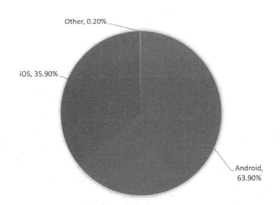

图 4-14   移动操作系统的市场份额（数据来源：NetMarketShare，2023 年 5 月）

（1）iOS 是苹果公司开发的移动操作系统，用于 iPhone、iPad 和 iPod touch 等移动设备。iOS 是一个开放的平台，可以安装第三方应用程序。iOS 相关程序可使用 Objective-C 或 Swift 语言进行开发。iOS 16 界面如图 4-15 所示。

（2）Android 是谷歌公司为移动设备，如平板电脑、智能手机、电子书阅读器开发的基于 Linux 的开源操作系统。由于 Android 的高度开放性，诸多厂商特别是国内厂商对其进行了各种定制，这在带来好处的同时也产生了兼容性和碎片化的问题，谷歌公司正在寻求解决方案以求统一

Android 平台的用户体验。Android 是为 ARM 处理器设计的。Android 的应用程序一般使用 Java 语言进行开发。Android 13 界面如图 4-16 所示。

图 4-15　iOS 16 界面　　　　　　　　图 4-16　Android 13 界面

4.1.3　虚拟机

人们常常认为操作系统是数字设备中不可变的一部分：普通 PC 总是运行着 Windows 操作系统，Mac 机总是运行着 macOS 操作系统，三星的手机则总是在运行着 Android 操作系统。有没有可能在 Mac 机上运行着 Windows 操作系统，或者在台式计算机中模拟出一个 Android 设备呢？答案是肯定的——虚拟机。

虚拟机（Virtual Machine）是指通过软件模拟出具有完整硬件系统功能的、运行在一个完全隔离环境中的完整计算机系统，它可以利用一台计算机的资源模拟出多台计算机，虚拟出来的每台计算机都可以运行与之平台相兼容的软件。

目前虚拟机软件主要有 VMware Workstation 和 Parallels Desktop，它们可以安装在绝大多数使用了 Intel 微处理器的计算机中。如图 4-17 所示，用户可以通过虚拟机软件安装体验不同的操作系统，并可在它们之间无缝切换，无须担心本机的操作系统会受到影响。

图 4-17　利用 Parallels Desktop 虚拟实现 Windows 和 macOS 操作系统的无缝切换

4.1.4 操作系统的加载

对于大多数计算机而言，操作系统存储在硬盘上。在计算机开机后，需要从硬盘上加载操作系统到内存中，并进行相应的处理，计算机才可以正常工作。这个从计算机开机到计算机准备完毕的过程，称为引导过程（或引导计算机）。

在引导过程中，操作系统的内核（提供核心服务的部分）会被加载到内存中。在计算机运行时，内核会一直保留在内存中，而操作系统的其他部分只在需要的时候才被加载到内存中。

引导过程是由存放在 ROM 中的引导程序完成的，可分为以下几个步骤。

（1）通电。电源开始给计算机电路供电。

（2）启动引导程序。微处理器开始执行 ROM 中的引导程序。

（3）开机自检。计算机对系统的关键部件进行诊断与测试。

（4）识别外部设备。计算机会尝试识别与之相连的外部设备（如外接的鼠标、键盘等），并检查其设置。

（5）加载操作系统。计算机将操作系统内核从硬盘加载到 RAM 中。

（6）检查配置文件，对操作系统进行定制。微处理器会读取配置文件，并执行相应操作（如启动用户自定义的开机自启动程序）。

引导过程完成后，用户便可以正常地使用计算机了。

4.1.5 实用程序与驱动程序

系统软件除了操作系统，还包括实用程序。实用程序专门处理以计算机为中心的任务，可以帮助用户对计算机硬件、软件、数据或操作系统进行分析、配置、优化或维护。

操作系统一般自带一套实用程序。在 Windows 操作系统中，实用程序大多在控制面板中；macOS 操作系统的实用程序在系统偏好设置中；移动操作系统一般可以在"设置"界面中找到实用程序。

常用的实用程序包括杀毒软件、备份软件、剪贴板管理器、加密与解密程序、压缩软件、数据同步软件、磁盘检查、磁盘清理、磁盘碎片整理、磁盘分区、文件管理、内存测试、二进制文本编辑器、网络设置、注册表清理、截屏、软件卸载、音量设置、键盘设置、电源监控等。这些一部分可能由操作系统自带的实用程序提供，如图 4-18 所示，另一部分则需要借助第三方的实用程序。

图 4-18 Windows 操作系统中部分实用程序

除实用程序外，驱动程序也与操作系统息息相关。驱动程序负责在操作系统和外部设备间建立通信，可以说是操作系统和外部设备间的接口。驱动程序至关重要，如果没有合适的驱动程序，操作系统便无法识别对应的外部设备；如果驱动程序没有正常安装或受到了损坏，对应的外部设备也无法正常工作。

　　操作系统安装时会安装一些自带的驱动程序，以保证硬盘、显示器、光驱、键盘、鼠标等基本硬件的正常运行，但其他硬件，如显卡、声卡、扫描仪、摄像头、网卡等，或是功能较多的鼠标、键盘等，就需要另外安装对应的专用驱动程序。这些驱动程序通常可以从设备附带的光盘或设备厂商的官网上获得。驱动程序可以通过 Windows 的设备管理器进行管理，如图 4-19 所示。

图 4-19　Windows 的设备管理器

4.2　文件基础知识

　　本节介绍与文件有关的知识，包括文件名和扩展名、文件目录和文件夹、文件格式。

4.2.1　文件名和扩展名

　　文件实质上是一段数据流。在操作系统中，文件的命名需要有一定的规范。

　　文件的名称包括文件名和扩展名。文件名可以帮助用户区分不同的文件，而扩展名代表文件的格式。扩展名通常由一个"."与文件名分开，放在文件名的后面。例如，"工作报告 .txt"中，"工作报告"是文件名，"txt"是扩展名，代表这是一个文本文件。

　　文件名需要符合文件命名规范。不同的操作系统有不同的文件命名规范，如 Windows 操作系统和 macOS 操作系统规定整个文件的路径（包括驱动器名、文件夹名、文件名、扩展名及它们之间的连接符号）不能超过 255 个字符，而且还对文件名中可以使用的字符做出了限制。不同操作系统的文件命名规范（部分）如表 4-3 所示。

表 4-3　不同操作系统的文件命名规范（部分）

文件命名规范	操作系统	
	Windows 操作系统	macOS 操作系统
是否区分大小写	不区分	不区分
是否允许空格和数字	允许	允许
禁止出现的字符	* \ : < > | " / ?	:
保留字（禁止使用的文件名）	aux、com_、con、lpt_、prn、nul（对任意的大小写组合均禁止，_ 代表 0 ～ 9 中的任意一位数字）	

4.2.2　文件目录和文件夹

　　文件目录是计算机对文件建立的索引，操作系统可以通过文件目录找到磁盘上对应的文件。文件目录是一个多级树形结构，可以分为根目录和子目录，子目录通常也称文件夹。在 Windows 操作系统中，每个磁盘驱动器都有一个根目录，如 C 盘的根目录是"C:\"（Windows 操作使用"\"分割目录，而其他操作系统使用"/"分割目录）。根目录中可以包含若干文件和子目录，而子目录还可进一步包含若干下一级的文件和子目录。

　　操作系统通过路径来定位一个文件。路径包含从驱动器到文件夹再到文件的定位路线，其中文件夹和文件名间用特定的分隔符区分，如路径"C:\Windows\System32\cmd.exe"中，"C:\"代表 C 盘的根目录，第一级文件夹是"Windows"，第二级文件夹是"System32"，文件名是"cmd"，扩展名是"exe"。通过路径可以便捷地从海量文件中找到自己需要的文件。

4.2.3　文件格式

　　文件格式代表存储在文件中的数据的组织排列方式。不同的数据类型（如音频和视频）采用不同的文件格式，同一种数据类型也会有多种文件格式（如图像可以存储为 BMP、PNG、JPEG 等格式）。

　　文件格式通常包括文件头和数据两部分，还可能包括文件终止标记。文件头处于文件数据流的开头，包含文件的一些诸如文件类型、文件大小、创建时间、修改时间的信息；数据是文件的主题内容；文件终止标记则代表文件的结束。

　　每种文件格式通常会有一种或多种扩展名用来识别，但也可能没有扩展名。扩展名可以帮助应用程序识别文件格式，但文件格式与扩展名并不相同。扩展名可以人为修改，而文件格式是固定不变的。注意，扩展名被修改并不能改变文件格式，但可能导致文件不能被正常识别与打开。

　　操作系统通过文件的扩展名来选取合适的程序打开文件，因此一个正确的扩展名十分重要。例如，"工作报告 .docx"，操作系统通过识别"docx"扩展名找到可以打开它的 Microsoft Word 应用程序，但如果将其重命名为"工作报告 .mp3"，操作系统则会通过音频播放器来打开，此时音频播放器很有可能会报错，因为这个文件的格式并不与"mp3"的扩展名对应，从而无法解析该文件。但由于文件格式没有改变，此时仍可以通过 Microsoft Word 强制打开"工作报告 .mp3"来获得完全不变的文本内容。

　　当文件无法被打开时，除上面说到的扩展名不匹配外，还有以下两种可能。

　　（1）文件已损坏。这可能是由于传输错误或存储介质上数据的丢失造成的。

　　（2）有些文件格式有多种变体，一些软件只能识别这种格式的一些特定变体，对于另外一些变体则无能为力，这时可换用其他软件尝试打开。表 4-4 列出了部分常用文件的扩展名。

表 4-4 部分常用文件的扩展名

文件类型	扩展名
DOS 下可执行文件	exe、com、bat
文本	txt、rtf、docx、pages
语音	wav、mp3、aac、m4p
图像	jpg、bmp、png、tif、gif
视频	swf、avi、mpg、mp4、mov、wmv
网页	html、aspx、php
压缩文件	rar、zip
其他	xlsx（Excel）、pdf（Acrobat）、pptx（PowerPoint）

用户可以通过程序的"打开"对话框来查看其可以打开的文件格式，如图 4-20 所示。由于扩展名只是一个指引，没有固定的标准，人们在设计属于自己的程序或特定的文件格式时，完全可以使用自己喜欢的扩展名（如把程序的更新文件扩展名命名为 UPDATE）。

图 4-20 Microsoft Word 可以打开多种多样的文件格式

尽管文件格式相对于扩展名来说固定不变，但也可以通过特定的方式转换文件格式。常用的转换方式是找到一个能同时处理原文件格式和目标文件格式的软件，用其打开原文件，另存为或导出为目标文件格式即可。更复杂的格式转换则需要借助于专业的格式转换软件。文件格式转换实际上是对整个文件的数据流进行了重新编码与排布。

4.3 文件管理

本节将介绍文件管理的相关知识，使读者能够熟练、有效地对文件进行管理。

4.3.1 基于应用程序的文件管理

大多数应用程序提供了打开和保存文件的方法。这些方法不仅可以完成存储器和程序间的数据交流，还可以对文件进行操作，如复制、删除、重命名等。一些程序还可以为文件提供更多的描述信息，如图 4-21 所示。

大多数应用程序都提供了"保存"和"另存为"两种方式对文件进行存储。其中"保存"是对原文件的简单覆盖，用文件的最新版本替代旧版本；"另存为"则是选择新的位置和文件名对文件进行存储，还可以进行文件格式转换。

图 4-21　Microsoft Word 的"另存为"对话框可以为文件提供更多的描述信息

4.3.2　文件管理隐喻

文件管理隐喻是对计算机存储模型的形象化描述，也可称为逻辑存储模型。关于文件管理有以下两种隐喻。

（1）文件柜式。计算机的存储设备相当于文件柜的一个个抽屉。文件夹放在抽屉中，文件则放在文件夹中或放在文件夹的外面。

（2）树形结构。"树"代表存储设备，"树干"相当于根目录，"树枝"相当于子目录。"树枝"还能分出更小的树枝代表多级子目录，"树枝"上的"叶子"代表文件。树形结构可以从 Windows 资源管理器中形象地看出，如图 4-22 所示。

4.3.3　Windows 资源管理器

Windows 资 源 管 理 器（Windows Explorer） 是 Windows 操作系统提供的一种用来进行文件管理的实用程序，也称文件资源管理器（File Explorer）。在 Windows 7 及之后的版本通过桌面上的"计算机"图标及其他多种方式都可打开资源管理器。

Windows 资源管理器的特点是其窗口的左边有一

图 4-22　Windows 资源管理器中的树形结构

个树形的导航窗格，可以用来快捷地转到想要查看的位置，对应位置的文件会显示在窗口右边的窗格中。在 Windows 资源管理器中可以方便地找到文件，并对其进行操作，如复制、剪切、粘贴、删除、移动、重命名、设置属性等，还可以同时处理几个文件。

　　Windows 7 及之后的版本提供了"库"这种方式，使用户更方便地组织和访问同类的文件夹，库可以通过导航窗格快捷进入。库中存储的并不是整个文件夹，而只是一个文件夹的链接，实际的 文 件 夹 仍 存 储 在 它 原 来 的 物 理 位 置。Windows 7 中默认创建了"视频"、"图片"、"文档"和"音乐"4 个库，用户还可以创建自定义的库。

图 4-23　对"库"操作添加文件夹位置

　　为库添加一个文件夹链接有两种方式：一种是在对应库的属性中添加，如图 4-23 所示；另一种是右击对应文件夹，在弹出的菜单中选择"包含到库中"命令。

　　当然，库也可以直接存储单一的文件，不过此时文件就是真正的物理存放在库中了。

4.3.4　文件管理技巧

　　操作系统提供的各种工具只能帮助用户进行文件管理，而要使文件井然有序地存储，在需要的时候可以快速找到，还需要有一些文件管理技巧。

　　（1）使用合适的文件名。文件名尽量采用可以描述其内容的名称，而不要使用不常用的缩写，如"a""111"等无意义的代号。

　　（2）显示文件的扩展名。通过扩展名可以得知文件的类型，便于选用正确的软件打开。显示扩展名还可在一定程度上保护计算机安全。

　　（3）将文件分类存储到文件夹中。例如，众多的音乐文件可以分类为"内地""港台""欧美"等。将文件有序地分装在不同的文件夹中，可以在需要的时候按其分类快速找到。

　　（4）使用文件夹的树形结构。多级的文件夹有利于进行分类与查找，如图 4-24 所示，如"欧美"音乐可进一步分成"摇滚""管弦""民歌"等，"摇滚"又可进一步分成"朋克""金属"等。

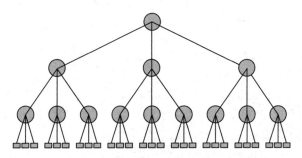

图 4-24　文件采用树形结构存储要比堆放在一起查找效率更高

　　（5）不要在根目录中存储文件，根目录中尽量只放置文件夹。

　　（6）定期备份。对重要文件要定期进行备份，以减小数据丢失的可能性。

4.3.5 物理文件存储

文件管理的文件柜式隐喻和树形结构隐喻只是为了方便用户的理解与使用。实际上，文件在存储器上的存储远比这要复杂。文件的物理存储模型描述了文件在磁盘或光盘上的存储方式。

磁盘由很多盘片组成，操作系统在初次使用磁盘时，会先将其格式化。格式化过程会把盘片分成很多磁道，再进一步把磁道分为扇区，如图 4-25 所示。通常情况下每个扇区的容量是 512B。磁盘驱动器以扇区为单位向磁盘读取和写入数据。

图 4-25　磁盘的存储模型（其中磁道是同心圆式的分布）

在磁盘上，操作系统是以"簇"为单位为文件分配磁盘空间的。硬盘的簇通常为多个扇区，这取决于磁盘的容量与操作系统处理文件的方式。每个簇只能被一个文件占用，即使这个文件只有几个字节，它也会占用一个簇的全部。当一个簇不够存放整个文件时，如果相邻的簇中没有数据，文件的剩余部分就会存储到相邻的簇中；如果相邻的簇不可用，操作系统会寻找其他的簇以存放文件的剩余部分。

操作系统使用文件系统来管理存储介质中的文件。不同的操作系统使用不同的文件系统。例如，Windows 使用 NTFS 和 FAT；macOS 使用 HFS+ 或 APFS；Linux 主要使用 Ext3fs。文件系统会为每个磁盘维护一个索引文件。索引文件中包含了磁盘上所有文件的名称和存放位置，还记录了哪些簇是空的，哪些簇是不可用的。有了索引文件，磁盘读写的过程就可分为查看索引文件、移动读写头到对应簇、进行读写三个步骤。索引文件至关重要，如果索引文件损坏，磁盘中的数据基本上就无法访问了，所以备份数据很重要。

当删除文件时，操作系统实际上只是把索引文件中的对应文件信息抹去了，而文件数据仍旧存留在磁盘中（前提是没有被其他数据覆盖），这也就是删除的文件还可以恢复的原因，只需借助专用的软件将索引文件中的信息恢复即可。要想彻底地删除磁盘上的数据，则需要借助专用的文件粉碎软件，向文件所在的簇中写入随机的 0、1 序列。

当计算机向磁盘写入文件时，文件往往会被分散在磁盘的不同簇中，这大大降低了磁盘的性能，读写头需要来回移动去寻找存放了文件不同部分的簇。所以每隔一段时间，可以使用 Windows 自带的磁盘碎片整理程序或其他的碎片整理实用程序，这些程序可以重新排列磁盘上的文件，使它们存储在相邻的簇中。磁盘碎片整理程序界面如图 4-26 所示。

图 4-26　磁盘碎片整理程序界面

小 结

本章主要介绍了操作系统和文件管理的基础知识,包括操作系统的功能与分类、实用程序与驱动程序、文件的基础知识、文件的管理及物理文件存储等。

通过对本章的学习,读者应能够更好地对计算机进行管理,并且能够对一些系统的报错进行理解与尝试性的修复。

习 题

一、判断题

1. 多线程是指允许一个程序分为多个线程运行。　　　　　　　　　　　　　（　　）

2. 内存泄漏时需要终止相应程序或重启计算机。　　　　　　　　　　　　　（　　）

3. 多数现代操作系统不再提供命令行界面。　　　　　　　　　　　　　　　（　　）

4. Windows 11 是服务器操作系统。　　　　　　　　　　　　　　　　　　（　　）

5. iOS 程序可使用 Objective-C 或 Swift 语言进行开发。　　　　　　　　　（　　）

6. 操作系统自带了一些实用程序。　　　　　　　　　　　　　　　　　　　（　　）

7. 扩展名为"bat"的文件是图像文件。　　　　　　　　　　　　　　　　　（　　）

8. 人们在设计属于自己的程序或特定的文件格式时,完全可以使用自己喜欢的扩展名。（　　）

9. 库中存储的并不是整个文件夹,而只是一个文件夹的链接,实际的文件夹仍存储在它原来的物理位置。　　　　　　　　　　　　　　　　　　　　　　　　　　　　（　　）

10. 在磁盘上,操作系统是以"簇"为单位为文件分配磁盘空间的。　　　　（　　）

二、选择题

1. ＿＿＿＿＿＿＿ 技术将计算任务平均分配到多核处理器的每个处理单元上。

A. 多任务　　　　　B. 多线程　　　　　C. 多重处理　　　　　D. 多核

2. 操作系统通过 ＿＿＿＿＿＿＿ 与外部设备进行通信。

A. 驱动程序　　　　B. 应用程序　　　　C. 实用程序　　　　D. USB 接口

3. ＿＿＿＿＿＿＿ 操作系统可以用于服务器。

A. iOS　　　　　　B. UNIX　　　　　C. Windows 8.1　　　D. Java

4. ＿＿＿＿＿＿＿ 是 Windows 的优势。

A. 安全性　　　　　B. 可靠性　　　　　C. 历史悠久　　　　D. 用户数量庞大

5. iOS 操作系统的优势是 ＿＿＿＿＿＿＿。

A. 用户数量大　　　B. 应用众多　　　　C. 邮件服务　　　　D. 都不是

6. 操作系统的引导程序一般存放在 ＿＿＿＿＿＿＿ 中。

A. RAM　　　　　　B. ROM　　　　　　C. EEPROM　　　　　D. 微处理器

7. 在 Windows 中,以下文件名中可以使用的是 ＿＿＿＿＿＿＿。

A. Question?　　　B. from->to　　　　C. lpt7　　　　　　D. com11

8. ＿＿＿＿＿＿＿ 扩展名代表的文件格式可以用 Microsoft Word 正常打开。

A. bat　　　　　　B. rtf　　　　　　　C. tif　　　　　　　D. mpg

9. 若一个"test.docx"文件被重命名为了"delete.mp4",则 ＿＿＿＿＿＿＿。

A. 文件已被损坏且无法打开　　　　　　　B. 文件可以通过播放器打开

C．文件未被损坏但无法打开　　　　　　　D．文件未被损坏且可通过 Microsoft Word 打开

10．如果操作系统的一簇是 4KB，一个文件的实际大小是 6144B，则它对存储空间的利用率是 _____。

A．50%　　　　　　B．75%　　　　　　C．100%　　　　　　D．150%

三、填空题

1．操作系统是所有计算机最基本的系统软件，它直接运行在计算机的"裸机"上，是系统中所有活动的 _____。

2．在计算机运行时会有很多进程去竞争使用处理器的计算资源，这时便需要由 _____ 来协调控制。

3．_____ 是操作系统与用户进行交互的媒介，它实现了信息的内部形式与便于人们理解的形式之间的转换。

4．计算机从开机到计算机准备完毕的过程，称为 _____ 过程或引导计算机。

5．磁盘由很多盘片组成，操作系统在初次使用磁盘时，会先将其 _____。

6．_____ 负责在操作系统和外部设备间建立通信，可以说是操作系统和外部设备间的接口。

7．文件的名称包括文件名和 _____。

8．_____ 是计算机对文件建立的索引，操作系统可以通过 _____ 找到磁盘上对应的文件。

9．_____ 提供了软件的源代码，在发行和使用上没有限制，可以进行销售和修改，但依旧受版权保护。

10．计算机向磁盘写入文件时，文件往往会被分散在磁盘的不同簇，这大大 _____ 了磁盘的性能。

四、简答题

1．简述操作系统的功能。

2．简述计算机包括的资源。

3．简述多任务和多线程的含义。

4．写出至少 4 种操作系统。

5．简述虚拟机的作用。

6．简述引导过程的步骤。

7．列举几个常用的实用程序。

8．简述文件无法被打开的原因。

9．列举几种文件管理技巧。

10．简述文件系统如何管理存储介质中的文件。

第5章 局域网

本章主要介绍局域网的相关知识，包括网络构建基础、有线网络和无线网络，以及局域网的应用。通过对本章的学习，读者应能够对局域网有一个全面的理解。

5.1 网络构建基础

本节主要介绍网络构建基础知识，包括网络分类、网络节点、网络拓扑结构、网络连接与通信协议，同时分析局域网的优点和缺点。

5.1.1 网络分类

计算机网络通常可以按照其规模和地理范围分为以下几类。

（1）个人网（Personal Area Network，PAN）是在个人的工作或生活的地方把属于个人使用的电子设备（如笔记本电脑、智能手机、平板电脑）通过无线技术连接起来，因此也称无线个人局域网。个人网的覆盖范围约 10m。

（2）局域网（Local Area Network，LAN）用于连接有限的地理区域之内的个人计算机（PC），可以采用多种有线和无线技术。校园网是很典型的局域网例子，很多学校为笔记本电脑、台式计算机接入局域网提供有线方式，而对平板电脑、智能手机接入局域网提供无线方式。很多家庭中还有自己的小型局域网。局域网的覆盖范围一般小于 10km。

（3）城域网（Metropolitan Area Network，MAN）可以在一座城市的范围内进行数据传输。本地的因特网服务提供商、电话公司等一般使用城域网。城域网的覆盖范围为 10～100km。

（4）广域网（Wide Area Network，WAN）可以跨越国界、洲界，甚至是全球范围。因特网是世界上最大的广域网。

对于公司来说，还可以组建内联网与外联网。内联网是面向公司内部员工的局域网，员工可以通过内联网进行合作与信息共享。外联网则面向公司外部的授权访问者，如消费者和商业合伙人，授权访问者可以通过外联网获取自己想要知道的与公司有关的信息。

覆盖范围更大的网络连通了较小型的网络，如城域网通常连接着政府机构局域网、医院局域网、公司企业局域网等。近年来，物联网逐渐兴起，但物联网很难归类为上述 4 种网络之一。关于物联网的知识将在第 6 章中介绍。本章主要关注于日常生活中常需要用到和配置的局域网。不同覆盖范围网络间的关系如图 5-1 所示。

图 5-1 不同覆盖范围网络间的关系

5.1.2　局域网的优点和缺点

局域网可以为一定范围内的设备提供连接，通常在家庭的房屋内、办公大楼、企业或学校内提供网络连接；局域网可以使用与因特网一样的网络技术，只不过规模要小得多；局域网具有拓扑结构；局域网使用通信协议来传送包；局域网需要通信线路（如电缆或无线信号）；局域网中还包含数据通信设备，如路由器和调制解调器；局域网可通过协议来进行分类，如分类为以太网和 Wi-Fi。

通过局域网可以轻松地进行设备间的信息与资源共享。局域网显著地改变了人们的生活方式。在局域网普及以前，人们一般需要将信息打印出来以便进行传播，而打印机也只能接入一台或少数几台计算机；但如今只需要轻轻一点鼠标，就可达到相同甚至更好的效果。局域网有以下的优点。

（1）支持协同工作。局域网可以使多人同时编辑一个文档、讨论一个项目或一起玩游戏。局域网减小了人们交流的地理隔阂。

（2）支持共用硬件、软件。通过局域网可以共享使用同一份软件副本、同一个硬件设备。例如，只要将打印机接入局域网，局域网中的所有人就都能方便地进行打印。

（3）支持共享数据。如果没有局域网，传递数据可能需要用 U 盘等便携设备间接传递，移动设备的信息传递会更加不便。局域网使得数据的共享变得非常简单，大大提高了效率。

（4）更方便地使用外部设备和服务。局域网允许多个设备、多个用户通过同一个因特网连接来访问因特网。局域网还使得设备间的相互操控不用再拘泥于形式，例如，通过一些特定的软件，可以利用智能手机来控制电视机、显示器或扬声器播放的内容。

局域网带来便利的同时，也有一些缺点。

（1）过于依赖网络互联设备。在无线局域网中，一旦路由器发生故障，所有的局域网连接都将被中断。一旦唯一的因特网连接中断，局域网中所有设备也将无法通过局域网访问因特网。

（2）不安全性。局域网的不安全性表现在两个方面：其一，由于无线信号的覆盖范围不可控，可能被覆盖范围内的计算机窃听，甚至不受限制地访问局域网中的内容；其二，如果接入因特网的局域网受到外来攻击，局域网中的所有设备也将受到影响。

总的来说，局域网的优点大于其缺点，在计算机有安全工具的保护时，局域网受到入侵的风险是很小的。

5.1.3　网络节点

在计算机网络中，每个连接点称作节点，节点可以是计算机、网络设备或网络化外部设备（简称外设）。

计算机接入局域网需要网络接口卡（Network Interface Card，NIC）。网络接口卡也称网卡或网络适配器，通常集成在计算机的主板中，或者以类似于独立显卡的方式插在主板插槽上。部分便携式网卡还可直接插在 USB 接口上。

网络设备是用于传播网络数据或放大网络信号的电子设备。常用的网络设备有集线器、网桥、网关、网卡、中继器、交换机、调制解调器、路由器等。其中集线器可通过添加额外端口的方式扩展有线网络；网桥可以连接两个类似的网络；网关可以连接两类不同的网络（如局域网和因特网）；中继器对线路上的信号具有放大再生的功能，用于扩展局域网网段的长度（仅用于连接相同的局域网网段）；交换机可以协助网络中多个设备进行通信；调制解调器可在数字信号和模拟信号间进行转换；路由器则是连接因特网中各局域网、广域网的设备，是网络的枢纽。路由器可以计算出信息传输的最佳路径并通过此路径将信息传输到指定的节点。

　　网络化外设是指可以直接连接到网络的设备。带有网络功能的打印机、扫描仪等都可看成网络化外设。网络化外设还包含网络附加存储（Network Attached Storage，NAS），它是一种可以直接连接到网络的存储设备，如图 5-2 所示。

　　图 5-3 描述了以路由器为中心节点的小型局域网模型。

图 5-2　网络附加存储

图 5-3　以路由器为中心节点的小型局域网模型

5.1.4　网络拓扑结构

　　计算机网络的通信线路在其布线上有不同的结构形式，而网络拓扑结构指的就是计算机网络中节点和链路所组成的几何图形。网络拓扑结构有多种，如图 5-4 所示，每种拓扑结构都有其优缺点。例如，总线型拓扑结构的链路长度较短，但在高峰时段的冲突情况可能更频繁；全互联型拓扑结构链路较长，但发生冲突的情况比较少。在实际应用中可以根据不同的指标，如可靠性、安全性、容量、可扩展性、可控制性、可监控性等来选择使用最适合的网络拓扑结构。

（a）总线型拓扑结构　（b）星型拓扑结构　（c）树型拓扑结构

（d）环型拓扑结构　（e）网状型拓扑结构　（f）全互联型拓扑结构

图 5-4　网络拓扑结构

5.1.5　网络连接

　　有线局域网通过电缆连接各个节点，数据在电缆中进行传输。

　　网络电缆也称双绞线，是用四对铜线缠绕而成的，线的末端接RJ45 接头，如图 5-5 所示。常用的网络电缆包括五类线（CAT5）、超五类线（CAT5e）和六类线（CAT6），它们最长支持 100m 的传输长度。

　　在城域网和广域网中，信号是在光缆中传输的。光缆由"细如头发"的光导纤维制成，数据在其中可以以光速传播。随着人们对网络速度的

图 5-5　RJ45 接头

要求日渐提高，"光纤入网"已经成为发展趋势。

人们用带宽来衡量网络的数据传输能力，带宽是指单位时间内可传输的最大数据量。数字数据的带宽常用比特 / 秒（bit/s）度量，而模拟数据的带宽则用赫兹（Hz）来度量，比如百兆网的带宽是 100Mbit/s。带宽较高的通信系统称为宽带，带宽较低的通信系统称为窄带。宽带和窄带的划分标准并不是固定的，目前常以 4Mbit/s 为分界线进行划分。

5.1.6　通信协议

数据在网络节点间传输时，需要遵守一系列的通信协议。通信协议可以理解为计算机之间进行相互会话所使用的共同语言，它定义了数据的编码 / 解码方式、传输顺序、电压高低、纠错方式等内容，以确保数据能够顺利地传输。最常用也是最著名的通信协议是 TCP/IP 协议，它是管理因特网数据传输的协议，已成为局域网的标准。

在数据传输过程中，计算机间需要进行多次的"握手"来建立连接。通信电路建立之后，计算机通过"握手"确定要使用的通信协议及相应参数，连接建立之后数据才开始传输。

数据通常是以电磁信号的形式在网络中传输的，传输过程中可能会碰到干扰（称为噪声），使得一部分数据被改变。这时通信协议有责任对其进行修复。比如若用 +5V 代表二进制数 1，用 0V 代表二进制数 0，如果某个噪声将原本代表 1 的 +5V 变成了 +4V，接收设备会对其进行判断，选择最接近的电压（+5V 相对于 0V 更接近 +4V）来修复错误。

在实际的数据传输中，整体的数据会被分割成一个个的"包"，以包为单位进行传输。每个包上都写有发送者地址、目的地地址和包的序列号。接收设备收到所有的包后，对其进行纠错、拼装以获得整体数据。以包为单位可以使大文件的传输变得简单，而且可以产生稳定的数据流。不同的包可以共用一条线路而不会阻断其他数据的传输，这种技术称为包交换技术。与之对应的是线路交换技术，这种技术传输整体的数据，会占用整条线路而不能进行其他数据的传输。

在网络中，最常用的地址是 MAC 地址和 IP 地址。包可以通过这些地址来进行定位发送。

MAC（Medium Access Control，介质访问控制）地址对于每个网卡来说是唯一的，它可以用来实现一些底层的网络功能，并在一定程度上确保网络安全。通过 Windows 命令提示符可以查询本机的 MAC 地址，如图 5-6 所示，MAC 地址是由 12 位十六进制数组成的。

图 5-6　通过 Windows 命令提示符可以查询本机的 MAC 地址

IP 地址也可以用来进行网络上设备的定位。IP 地址是可变的，但其在固定时间唯一。IP 地址一般由系统管理员或网络服务提供商分配，分配的 IP 地址是半永久的，即每次启动计算机时都保持一致；也可使用 DHCP（Dynamic Host Configuration Protocol，动态主机配置协议）来自动向 DHCP 服务器申请 IP 地址，通过此方式获得的 IP 地址仅限此次联网使用，断网后重新获得的 IP 地址很有可能是不同的。

5.2　有线网络

本节介绍有线网络基础知识，以及最普遍的有线局域网——以太网。

5.2.1　有线网络基础知识

有线网络通过实体的电缆连接网络设备，信息在电缆中传输。固定电话和有线电视接入都是有线网络广泛应用的例子，大部分局域网也是采用有线网络进行搭建的。

有线网络有以下优点。

（1）有线网络很容易进行配置。

（2）有线网络连接速度较快，在下载或传输大文件时，其优势很大。

（3）有线网络更安全，不用像无线网络一样担心网络覆盖范围内有人窃听。

但由于有线网络通过电缆进行信息传输，这也带来了一些缺点。

（1）电缆限制了设备的移动性。连接了电缆的笔记本电脑只能在小范围内移动。

（2）不是所有设备都有可供电缆插入的接口，一些移动设备要接入网络只能通过无线方式。

（3）如何铺设电缆也要考究。电缆铺设不好，轻则影响美观，积聚灰尘，重则产生安全隐患（如穿过供电线路、供暖管道等）。可以使用卡线钉对网线进行固定，如图 5-7 所示。

图 5-7　可以使用卡线钉对网线进行固定

5.2.2　以太网

以太网（Ethernet）是符合 IEEE 802.3 标准的有线局域网组网技术。以太网易于理解、实现与维护，且兼容性和灵活性较好。例如，它可以兼容 Wi-Fi 无线网络，以使得一个网络中可以混合接入有线设备和无线设备。

以太网会将数据包同时发向网络范围内的所有设备，但只有符合数据包上目的地址的设备才能够接收。

按照带宽和采用标准的不同，以太网可分为以下几类。

（1）标准以太网，采用了 IEEE 802.3 标准，带宽为 10Mbit/s。目前的标准以太网通常为 10Base-T 以太网，即单段网线长度小于 100m 的标准以太网。

（2）快速以太网，采用了 IEEE 802.3u 标准，带宽为 100Mbit/s。

（3）千兆以太网，采用了 IEEE 802.3z 标准，带宽为 1000Mbit/s。

（4）万兆以太网，采用了 IEEE 802.3ae 标准，带宽为 10Gbit/s。

（5）40G/100G 以太网，采用了 IEEE 802.3ba 标准，带宽为 40Gbit/s 或 100Gbit/s。

（6）200G/400G 以太网，采用了 IEEE 802.3bs 标准，带宽为 200Gbit/s 或 400Gbit/s。

多数笔记本电脑及台式计算机都内置了以太网端口用于接入以太网。若没有以太网端口，则可以使用以太网适配器（也称以太网卡），将其安装在计算机主板的扩展槽中；或者使用 USB 以太网适配器，将其插在计算机的 USB 接口上。

可以在操作系统提供的设备管理实用程序或网络连接实用程序中查看计算机的以太网适配器的速度，如图 5-8 所示。

图 5-8　在 Windows 操作系统的设备管理器中查看计算机的以太网适配器的速度

5.3　无线网络

本节介绍无线网络基础知识，以及两种常用的无线局域网技术——蓝牙和 Wi-Fi。

5.3.1　无线网络基础知识

无线网络可以采用射频信号、微波或红外线等多种数据传输技术，大多数无线网络通过射频信号（Radio Frequency Signal，RF Signal）传输数据。射频信号通常也称无线电波，可由无线电收发器（无线网卡）进行发送和接收。

无线网络有以下优点。

（1）可移动性。支持无线网络的设备可在网络覆盖范围内随意移动。

（2）减少了线缆的使用数量，可以使工作空间更整洁。

但由于无线网络的信号是在空气中传播的，这也带来了一些缺点。

（1）速度较慢。无线网络信号很容易受到一些常用设备的干扰，如微波炉、无绳电话等。一旦信号被干扰，数据就需要重新传输，消耗更多的时间。

（2）覆盖范围易受限制，且信号强度会随距离的增加而减弱，网速也会因此变慢。大型的障碍物尤其是金属制品会显著减小无线网络的覆盖范围。

（3）安全隐患。由于无线信号的覆盖范围不可控，可能被覆盖范围内的计算机窃听（如从房屋外入侵房屋内的无线网络），甚至不受限制地访问局域网中的内容。

（4）为避免影响诸如电视和无线电广播等信号的传播，无线网络只能使用特定的公用频率，即 2.4GHz、5.8GHz 等。众多无线网络挤在狭小的频率范围内会产生安全风险，比如微波炉的工作频率恰恰也是 2.4GHz，可能会产生信号干扰。

尽管无线网络的缺点看上去较多，但只要进行合理的配置与使用，无线网络依然可以方便地满足人们的轻量级网络需求（如浏览网页、文件共享等）。

目前比较流行的无线局域网技术有蓝牙、Wi-Fi 等。

5.3.2　蓝牙

蓝牙的名字源于 10 世纪的丹麦国王 Harald Bluetooth，将其首字母 H、B 用古北欧字母表示并结合起来，就是蓝牙的符号。蓝牙标志如图 5-9 所示。蓝牙是一种短距离的无线网络技术，可在两个具有蓝牙功能的设备间建立连接。蓝牙通常不用来建立局域网，而是主要用来将鼠标、键盘、耳机等设备连接到计算机，从而省去它们之间的连接线。

典型的蓝牙 3.0 规范的数据传输速率只有 24Mbit/s，覆盖范围只有 10m，因此其只适合于计算机或移动设备之间小文件的近距离传输。蓝牙 4.0 规范

图 5-9　蓝牙标志

将覆盖范围提升到了约 100m，蓝牙 5.0 规范进一步将覆盖范围提升到了约 300m。

蓝牙通过一个"配对"的过程建立连接。具有蓝牙功能的设备可以被设置为发现模式，两个处于发现模式的设备可以互相发现对方并进行配对。配对过程中会交换一个认证码，当双方都通过后就会建立起持续的连接。蓝牙配对过程如图 5-10 和图 5-11 所示。

图 5-10　蓝牙配对过程（发送请求方）

图 5-11　蓝牙配对过程（接收请求方）

蓝牙使用 2.4GHz 频段，目前绝大多数计算机都内置了蓝牙功能。如果计算机没有蓝牙功能，可以在 USB 接口插入蓝牙适配器以获得蓝牙功能。

5.3.3　Wi-Fi

Wi-Fi（Wireless Fidelity，无线保真）是在 IEEE 802.11 标准中定义的无线网络技术，通常使用 2.4GHz 或 5GHz（5GHz 是专为 Wi-Fi 预留的频段）的频率进行数据传输。Wi-Fi 兼容以太网，因此可以在同一个网络中使用这两种技术。

建立 Wi-Fi 的方式有以下两种。

（1）采用无线点对点协议，即处于网络中的所有设备都会直接向其他设备广播网络信号，如图 5-12 所示。无线点对点网络的安全性较差。

（2）采用无线集中控制协议，使用一个中心设备（如路由器）对信息进行中转传输，如图 5-13 所示。

Wi-Fi 可分为以下几代，每一代的标准和支持的最高传输速率都不尽相同。

（1）第一代采用 IEEE 802.11 标准，工作频率为 2.4GHz，最高传输速率为 2Mbit/s。

（2）第二代采用 IEEE 802.11b 标准，工作频率为 2.4GHz，最高传输速率为 11Mbit/s。

（3）第三代采用 IEEE 802.11g/a 标准，其中 IEEE 802.11a 工作频率为 2.4GHz，IEEE 802.11g 工作频率为 5GHz，最高传输速率为 54Mbit/s。

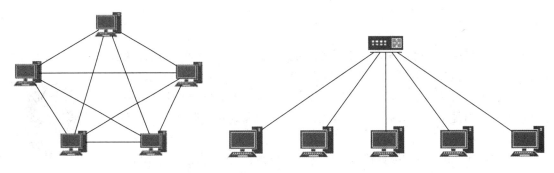

图 5-12　无线点对点网络　　　　　　　　　图 5-13　无线集中控制网络

（4）第四代采用 IEEE 802.11n 标准，可在 2.4GHz 和 5GHz 两个频段工作，目前业界主流传输速率为 300Mbit/s，理论最高传输速率为 600Mbit/s。

（5）第五代采用 IEEE 802.11ac 标准，工作频率为 5GHz，理论最高传输速率可达 6.8Gbit/s。

（6）第六代采用 IEEE 802.11ax 标准，可在 2.4GHz、5GHz 和 6GHz 三个频段工作，理论最高传输速率可达 9.4Gbit/s。

（7）第七代采用 IEEE 802.11be 标准，可在 2.4GHz、5GHz 和 6GHz 三个频段工作，理论最高传输速率可达 39Gbit/s。

图 5-14　具有 MIMO 功能的路由器通常有多根天线

Wi-Fi 标准中的最高传输速率只是理论上的最大值，在实际应用中，由于有各种干扰因素，数据传输速率与信号覆盖范围都会受到影响。可以采用 MIMO（Multiple-Input Multiple-Output，多入多出）路由器来提高数据传输速率和扩大信号覆盖范围。具有 MIMO 功能的路由器通常有多根天线，如图 5-14 所示。

大部分计算机都内置了 Wi-Fi 功能。如果没有 Wi-Fi 功能，或者内置的 Wi-Fi 速度较慢，可以使用 Wi-Fi 适配器来进行配置或升级。Windows 用户可以在设备管理器中查看计算机是否支持 Wi-Fi 和蓝牙，如图 5-15 所示。

图 5-15　Windows 用户可以在设备管理器中查看计算机是否支持 Wi-Fi 和蓝牙

5.4　局域网的应用

本节介绍局域网的应用——文件共享、网络服务器，以及网络诊断和修复。

5.4.1　文件共享

文件共享使得计算机可以访问局域网内其他设备上的共享文件，并对其进行操作（如查看、复制甚至修改）。

要查看网络中的共享设备，需要先开启网络发现功能。网络发现功能一般是默认开启的，如果需要关闭，可以在操作系统提供的网络实用程序中进行设置。开启网络发现功能后，可以在Windows 系统的"网络"面板或 macOS 系统的 Finder 程序中查看当前局域网中的共享设备，如图 5-16 所示。

图 5-16　在 Windows 系统的"网络"面板中查看当前局域网中的共享设备

要共享计算机上的文件，需要先开启文件共享功能。可以在 Windows 系统的网络和共享中心（见图 5-17），或 macOS 系统的系统偏好设置（见图 5-18）中开启。

图 5-17　Windows 系统的网络和共享中心

开启文件共享功能后，在 Windows 系统中可以通过以下方法对任意文件夹进行共享。

（1）右击文件夹，选择"共享"命令，在弹出的子菜单中选择要共享的用户。

（2）右击文件夹，选择"属性"命令，在弹出的对话框中选择"共享"标签进行设置。

（3）单击文件夹，在窗口上方的功能区中选择"共享"标签进行设置。

图 5-18　macOS 系统的系统偏好设置

在 macOS 系统中，可以通过以下方法共享任意文件或文件夹。

（1）在共享设置中添加需要共享的文件夹。

（2）把对应文件直接拖入用户的共享文件夹中。

为了保护文件和系统的安全性，需要限制文件的访问权限，这些权限包括"不允许访问""只读""只写""读写均可"等。文件的访问权限可以在 Windows 系统中的"共享"标签的"高级安全"中对文件夹属性进行设置，或在 macOS 系统中的共享设置中进行设置。设置了文件的访问权限后，用户的某些行为会受到限制，如图 5-19 所示。

图 5-19　设置了文件的访问权限后，用户的某些行为会受到限制

针对文件共享，Windows 7 以上的版本还提出了"家庭组"的概念，凡是在家庭组中的计算机可以自动共享文件和文件夹。

5.4.2　网络服务器

网络服务器通常不配备显示器和键盘，只由微处理器、内存、大容量硬盘和网络适配器组成。

目前家庭中较常用的网络服务器是文件服务器。文件服务器既可以是专业的服务器，也可以是淘汰了的旧计算机。

文件服务器能够存储与分享大量的文件，可以长时间地工作，所以用户能够随时访问到所需的文件，这对有多个设备的家庭用户来说十分实用，只需要把文件上传到文件服务器即可进行分享，而无须在各种设备之间进行文件传送。

文件服务器还可以提供备份功能，可以将多个设备的备份统一放在文件服务器中，而不用再为每个设备单独购买备份介质。

5.4.3 网络诊断和修复

在使用局域网的过程中不免发生各种网络问题。发生网络问题时，可以先尝试自己进行诊断和修复，如果不成功再请求专业人员的帮助。

在发生网络问题时，先要分析故障的来源。

（1）检查信号强度。信号强度过小时，网络连接可能不通畅，这时把设备移到离路由器较近的地方即可。

（2）检查密码是否正确。一些设备可能会记住局域网密码以自动连接，如果修改了局域网密码，这些设备便不能自动连接了。

（3）检查开关是否打开。开关分为物理开关与软件开关。物理开关有路由器电源开关等，软件开关有智能手机的无线网络开关等。

（4）查看是否有干扰。无绳电话、微波炉等都可能干扰到局域网。

（5）查看网络设备的有线连接是否稳固，以及路由器的工作指示灯是否在收发数据。

（6）如果只有一个有线连接的设备无法访问局域网，有可能是电缆发生了损坏，从其他设备上更换一条进行排查即可。

（7）检查网络设置，确保网络已启用和驱动程序安装正常。

操作系统也提供了一些实用工具进行网络故障的诊断与修复，如 Windows 系统的网络和共享中心中的疑难解答和 macOS 系统中的网络实用工具（见图 5-20）。在 Windows 系统下，还可以在命令提示符中使用 ping、netstat、ipconfig 等命令进行网络故障排查。

图 5-20 macOS 系统中的网络实用工具

除此之外，还可以使用第三方提供的网络诊断和修复的实用程序。一些网络问题可以通过重启网络来解决，而另一些问题如硬件故障就不是这么容易解决了。

小 结

本章主要介绍了网络构建基础、有线网络、无线网络及局域网的应用。

通过对本章的学习，读者应能够了解生活中常用的局域网，利用局域网的优势使生活更加便捷。

习 题

一、判断题

1. 城域网可以在一座城市的范围内进行数据传输。 （　　）

2. 如果接入因特网的局域网受到外来攻击，局域网中的所有设备也将受到影响。 （　　）

3. 在计算机网络中，节点只能是计算机。 （　　）

4. 网络电缆采用 RJ45 接头。 （　　）

5. 在数据传输过程中，计算机间只需一次"握手"即可建立连接。 （　　）

6. 无线网络可以使用任意频率进行传播。 （　　）

7. 路由器是网络设备。 （　　）

8. 网络只能以总线型拓扑结构布设。 （　　）

9. 网络服务器通常不配备显示器和键盘，只由微处理器、内存、大容量硬盘和网络适配器组成。 （　　）

10. 无绳电话、微波炉等不会干扰到局域网。 （　　）

二、选择题

1. 本地的电话公司一般使用 _____。

A. 个人网　　　　　　　　　　B. 局域网
C. 城域网　　　　　　　　　　D. 广域网

2. 通常来说，2MB/s 的网速属于 _____。

A. 宽带　　　　　　　　　　　B. 窄带
C. 百兆网　　　　　　　　　　D. 千兆网

3. 以下 _____ 说法是错误的。

A. IP 地址不是固定的　　　　　B. IP 地址不是唯一的
C. IP 地址不可以用来定位　　　D. MAC 地址对每个网卡唯一

4. 以太网是 _____。

A. 有线网络　　　　　　　　　B. 无线网络
C. 因特网　　　　　　　　　　D. 都不是

5. 以下 _____ 可能不是无线网络的工作频率。

A. 5GHz　　　　　　　　　　B. 2.4GHz
C. 5.8GHz　　　　　　　　　D. 120MHz

6. _____ 使用一个中心设备对信息进行中转传输。

A. 无线点对点网络　　　　　　B. 无线集中控制网络
C. MIMO　　　　　　　　　　D. NAS

7. 以下属于网络设备的是 _____。

A．集线器　　　　　　　　　　　B．网桥

C．交换机　　　　　　　　　　　D．以上都是

8．以下网络拓扑结构中，链路最短的可能是 _____。

A．全互联型拓扑结构　　　　　　B．树型拓扑结构

C．环型拓扑结构　　　　　　　　D．网状型拓扑结构

9．以下 _____ 访问权限是比较安全的。

A．完全控制　　　　　　　　　　B．修改

C．特殊权限　　　　　　　　　　D．读取

10．以下 _____ 不适合用于 Windows 命令提示符中以进行网络故障排查。

A．ping　　　　　　　　　　　　B．dir

C．netstat　　　　　　　　　　　D．ipconfig

三、填空题

1．_____ 是世界上最大的广域网。

2．一台服务器，有时称为 _____，控制着对网络上的硬件、软件和其他资源的访问，并且可为程序、数据和信息提供集中式的存储区域。

3．网络允许用户分享位于计算机上的资源和 _____，也允许访问网络中其他计算机中的共享资源。

4．局域网具有 _____ 结构。

5．局域网使用 _____ 来传送包，并且需要通信线路。

6．在计算机网络中，每个连接点称为 _____，_____ 可以是计算机、网络设备或网络化外设。

7．局域网可通过协议来进行分类，可分为以太网和 _____。

8．最常用也是最著名的通信协议是 _____ 协议，它是管理因特网数据传输的协议，业已成为局域网的标准。

9．网络中的计算机所发送的数据，被传送到 _____，然后由 _____ 将数据发送到网络节点。

10．每个网卡中都含有唯一的 _____ 地址，用来唯一地标识局域网中的每个设备。

四、简答题

1．计算机网络可以分为哪几类？

2．简述局域网的优缺点。

3．什么是网络设备？列举一些常用的网络设备。

4．什么是通信协议？

5．数据是如何以"包"的形式传输的？

6．简述有线网络的优缺点。

7．简述无线网络的优缺点。

8．简述蓝牙的用途。

9．蓝牙是如何进行配对的？

10．如何进行网络诊断？

第 6 章 因特网

本章主要介绍因特网的相关知识，包括因特网背景，因特网基础设施，数据包，因特网协议、地址和域名，因特网连接速度，以及因特网接入方式和因特网服务等。通过对本章的学习，读者应能够选择适合自己的因特网接入方式，并享受更加丰富的因特网服务。

6.1 因特网基础知识

本节主要介绍因特网基础知识，包括因特网背景，因特网基础设施，数据包，因特网协议、地址和域名，以及评判因特网接入的量化标准——因特网连接速度。

6.1.1 因特网背景

因特网是英语 Internet 的音译，又称互联网，是世界上最大的广域网。因特网始于 1969 年的美国，美国国防部高级研究计划署（Advanced Research Projects Agency，ARPA）建立了只有 4 个节点（加州大学洛杉矶分校、加州大学圣巴巴拉分校、斯坦福大学、犹他州大学）的名为 ARPANET（又称阿帕网）的网络。最初的 ARPANET 主要用于军事研究目的。

1986 年，美国国家科学基金会（National Science Foundation，NSF）利用 ARPANET 发展出来的 IP 通信，在 5 个科研教育服务超级计算机中心的基础上建立了 NSFNET 广域网。由于 NSF 的鼓励和资助，很多研究机构纷纷将自己的局域网并入 NSFNET，形成一个 "Internet"。而随着这种网络在世界范围内的持续发展，它的名字逐渐变成了 "Internet"，即我们现在所说的因特网。

因特网发展到如今已经异常庞大了，其某个时间段的数据流量如图 6-1 所示。2022 年 11 月 15 日，全球总人口数量达到 80 亿，因特网用户数量不断增长。截至 2022 年 1 月，全球因特网用户数量达到 49.5 亿，同比增长 4%，因特网用户占总人口的 62.5%，每个因特网用户平均每天使用因特网的时间是 6 小时 58 分钟，通过手机访问因特网的用户占了 92.1%。

现在全世界每天产生大约 2.5EB 的数据，大约是 250 万 TB。据 IDC（因特网数据中心）最近的一项研究表明，在 2025 年，全世界的云服务器和手机在内的数据总量将会超过 16 万 EB。

图 6-1　一个城市傍晚时的数据踪迹，细丝越密表示因特网活动越强烈

6.1.2 因特网基础设施

因特网的结构可以理解成一个繁杂且庞大的公路网，其中有城市中的普通公路，也有乡间小路，还有连接城市之间的高速公路。因特网主干网类似于高速公路，它由高性能的路由器和光纤通信

链路组成，为不同的子网络进行高速的数据交换。

主干网链路和路由器是由网络服务提供商（Network Service Provider，NSP）维护的。每个 NSP 都有自己的主干网，不同的主干网之间通过网络接入点（Network Access Point，NAP）连接以进行数据交流。

NSP 为大的因特网服务提供商（Internet Service Provider，ISP）提供因特网连接服务。ISP 再向普通用户、企业或较小的因特网服务提供商提供因特网接入服务。例如，在国外，比较知名的 NSP 有 AT&T、British Telecom、Sprint、Verizon 等，比较知名的 ISP 有 EarthLink、AOL、Comcast 等。在中国，NSP 和 ISP 的区分并不是特别明显。

ISP 有自己的路由器、通信设备和其他网络设备，用于用户和因特网间传输数据。ISP 还可能会提供多种服务，如电子邮件服务器、域名服务器、文件服务器等。

要连接到 ISP 提供的网络，需要使用调制解调器，或者有调制解调功能的路由器。调制解调器可以将信号在计算机需要的数字信号和通信传输需要的模拟信号间进行转换。调制解调器有多种类型，需要根据 ISP 提供的因特网接入类型进行选择。

总结一下，数据从因特网主干网到用户计算机需要经过如下的路径：因特网主干网→ NSP 路由器→ ISP 路由器→调制解调器→局域网路由器→局域网内的计算机。

6.1.3　数据包

在因特网中，信息都是被分成许多小块，以数据包的形式来传输的。每个数据包都包含发送者地址、接收者地址、包序号及信息。当数据包到达目的地时，它们会按照包序号的顺序重新组合起来。

这种通过将数据分成小块分别进行传输的方式称为分组交换，也称包交换。分组交换的优点是可以提高网络线路的利用率，同时避免某一因特网连接长时间占据整个网络线路。如果不将数据分成小块而是将整个数据文件统一传输，那么大体积数据文件的传输将会长时间占用整个网络线路，从而影响其他因特网用户的正常使用。

6.1.4　因特网协议、地址和域名

因特网可以使用多种协议进行不同形式的数据传输，常见的因特网协议有以下几种。

（1）TCP（Transmission Control Protocol，传输控制协议），负责创建连接并交换数据包。

（2）IP（Internet Protocol，因特网协议），为每个接入因特网的设备提供唯一的地址。

（3）HTTP（Hyper Text Transfer Protocol，超文本传输协议），主要用于浏览器和服务器间的数据传输。

（4）FTP（File Transfer Protocol，文件传输协议），负责在用户计算机和服务器间传输文件。

（5）POP（Post Office Protocol，邮局协议），将电子邮件从服务器传送到客户端。

（6）SMTP（Simple Mail Transfer Protocol，简单邮件传送协议），将电子邮件从客户端传送到服务器。

（7）VoIP（Voice over Internet Protocol，网络电话），负责传输语音消息。

（8）BitTorrent（比特流）协议，在分散的客户端之间传输文件。

众多的因特网协议中，TCP/IP 协议是最基本的。TCP/IP 是一个协议族，包括 TCP、IP、FTP、SMTP、UDP、ICMP、RIP、Telnet、ARP、TFTP 等协议。简单来说，TCP 协议负责传输数

据并发现传输中的问题，IP 协议负责为每个设备分配唯一的 IP 地址。

目前常用的 IP 地址有两类：IPv4 和 IPv6，如图 6-2 所示。

（1）IPv4 采用 32 位 4 字节二进制数表示地址，但通常它们写成十进制数的形式，而且被句点分为 4 个 8 位组，如 192.168.0.1。理论上 IPv4 的范围可以从 0.0.0.0 到 255.255.255.255，但实际上有一些范围是不能被使用的。即使按可表示的最大数量算（2^{32} 约为 43 亿），IPv4 也远远不能满足地球上众多人口的需要。

（2）IPv6 采用 128 位地址，通常写作 8 组，每组为 4 个十六进制数的形式，如 FE80:0000:0000:0000:AAAA:0000:0
0C2:0002。IPv6 最多可以表示 2^{128} 个不同的地址，完全可以满足地球上所有人的需求。

图 6-2 如果说 IPv4 是一颗小水滴的体积，那么 IPv6 就是整个地球

由于 IPv4 协议下的 IP 地址容量较小，IP 地址是动态的，只在用户需要时分发，以减小 IP 地址用尽的可能性。但也有一些 IP 地址是静态的。静态 IP 地址固定不变，一般用于 ISP、网站、服务器等，它们需要一直使用相同的 IP 地址以避免麻烦。

每个 ISP 都能支配唯一的 IP 地址，在用户需要连接因特网时，ISP 的 DHCP 服务器会发给用户一个临时的 IP 地址；当用户断开因特网连接后，这个 IP 地址会被"回收再利用"。因此，用户每次连接因特网获得的 IP 地址几乎不可能是完全相同的。一些 ISP 甚至还会在用户连网时随机改变其 IP 地址，这也使得用户很难在自己的个人计算机上架设网站或服务器。

可能出现的情况是，一些较小的 ISP 可供支配的 IP 地址较少，而同时连接因特网的用户数大于其可供分配的 IP 地址数量，这时便有一些用户因为无法获得 IP 地址而无法连接到因特网。

在人们访问网站时，更多使用的是域名而不是网站的 IP 地址。域名的全称是完全限定域名（Fully Qualified Domain Name，FQDN），是网页地址和电子邮件地址的关键部分。如网址 www.microsoft.com/download 和邮件地址 msbop@microsoft.com 中，域名是 microsoft.com。

域名由两个或两个以上的词构成，中间用"."分开。其中最右面的词称为顶级域名，顶级域名标识这个域名的所属国家或所属分类。顶级域名及其含义如表 6-1 所示。

表 6-1 顶级域名及其含义

顶级域名	含义	顶级域名	含义
com	商业机构	net	网络服务机构
org	非营利性组织	gov	政府机构
edu	教育机构	biz	商业机构
info	信息提供商	cn	中国大陆
us	美国	uk	英国
hk	中国香港	tw	中国台湾
mo	中国澳门	gu	关岛
li	列支敦士登	公司/网络/中国等	中文顶级域名

需要注意的是，网站的顶级域名与网站的功能并不一定是一致的。例如，个人也可注册 net 域名，即并不是所有的 net 域名都是网络服务机构。还有一些顶级域名可以有特殊的含义，如列支敦士登的"li"可以代表中国的姓氏"李"，一些人会申请 li 域名来建设能够表示自己姓名的个人网站。

浏览网络、收发电子邮件和聊天等日常网络行为都不需要有自己的域名，但如果想建设属于

自己的网站，就需要有域名了。域名是由因特网域名与数字地址分配公司（the Internet Corporation for Assigned Names and Numbers，ICANN）管理的。ICANN 监管着一些营利性质的授权域名注册机构，可以通过这些机构按年付费注册域名，如图 6-3 所示。万维网的域名注册价格（部分）如图 6-4 所示。

图 6-3　新网的域名注册

产品名称	新注价格				续费价格				转入价格
	1年	3年	5年	10年	1年	3年	5年	10年	含续费1年的价格
英文.com 域名	69元	227元	385元	780元	79元	237元	395元	790元	62元
英文.net 域名	75元	233元	391元	786元	79元	237元	395元	790元	72元
英文.cn 域名	29元	107元	185元	380元	39元	117元	195元	390元	29元
.info 域名	32元	270元	512元	1110元	120元	360元	600元	1200元	110元
.xin 域名	88元	259元	440元	880元	88元	259元	440元	880元	88元
.club 域名	15元	173元	331元	726元	79元	237元	395元	790元	69元
.xyz 域名	14元	164元	314元	689元	75元	225元	375元	750元	69元
.ltd 域名	11元	81元	150元	326元	35元	105元	175元	350元	32元
.co 公司域名	49元	425元	800元	-	188元	560元	900元		188元

图 6-4　万维网的域名注册价格（部分）

用户在浏览器地址栏中输入的域名需要被翻译成 IP 地址才能进行访问。每个域名都对应唯一的 IP 地址，这一对应关系存储在域名系统（Domain Name System，DNS）中。而存储域名系统的服务器就称为 DNS 服务器或域名服务器。

从用户输入网址到网页被返回可分为以下几步。

（1）用户输入网址如 http://www.**.com（这种形如"协议：// 域名"的地址称为 URL，即统一资源定位符）。

（2）ISP 将 http://www.**.com 路由到 DNS 服务器。

（3）DNS 服务器对 URL 进行解析，向 ISP 返回对应的 IP 地址，如 220.181.111.86。

（4）ISP 向用户返回 220.181.111.86，之后这个 IP 地址就会被附加到数据包上用于对网页的请求等。

ISP 会缓存热门的域名对应的 IP 地址，所以经常访问的网站一般不需要等待 DNS 服务器的解析，但访问一些冷门的网站就需要借助 DNS 服务器。一般热门网站的网页打开速度较快，而不常访问的网站需要等待一段时间才能打开。

需要注意的是，尽管 IP 地址和网站地址很相似，都用"."分隔，但并不是说 IP 地址和网站地址是分段对应的，IP 地址和网站地址是作为一个整体互相对应的。

DNS 是因特网的核心，但由于因特网过于庞大，需要有很多台 DNS 服务器才能完全覆盖，这一点会造成同步性的问题，即一个网站的 IP 地址更改后，会花上几个小时甚至一两天的时间才能传送到因特网中所有的 DNS 服务器，在这之前，一些区域对网站新的 IP 地址解析可能仍旧是原来的 IP 地址。Windows 用户可以通过命令提示符的"ping"命令查看目标网站的 IP 地址，如图 6-5 所示。

图 6-5　通过命令提示符的"ping"命令查看目标网站的 IP 地址

6.1.5　因特网连接速度

可以用延迟和网速来衡量因特网连接速度。

延迟是指数据从起点传输到终点，再传输回起点所用的时间。一般来说，200ms 以内的延迟可以保证大多数因特网应用的正常运行，而网络游戏最好需要 100ms 以内的延迟。延迟还与数据的通信距离有关，如国内的数据通信延迟一般较小，而国际的数据通信（如中国和美国的因特网用户进行视频聊天）延迟会显著增加。

网速是指单位时间内在用户计算机和 ISP 间所能传输的数据量，一般用 kbit/s、Mbit/s 衡量。网速与因特网接入类型有很大关系，如拨号连接网速最快为 56kbit/s，而宽带连接可以达到 20Mbit/s，甚至更高。

网速还可分为上行速度和下行速度。上行速度是指用户计算机向 ISP 上传数据的速度，下行速度是指将数据从 ISP 下载到用户计算机的速度。一般来说，家庭因特网连接的上行速度远比下行速度要慢，这可以阻止用户架设网络服务器。ISP 所标称的网速一般是指下行速度。

图 6-6　使用 tracert 命令记录包的往返路径和速度

当上行速度与下行速度不同时，因特网连接为非对称因特网连接；反之，因特网连接为对称因特网连接。

可以使用 ping、tracert 等命令查看网络延迟情况与包丢失情况。例如，使用 tracert 命令记录包的往返路径和速度，如图 6-6 所示。对于网速，可以使用第三方提供的网速检测实用程序进行检查。

6.2　固定因特网接入

本节主要介绍固定因特网接入方式，包括拨号连接和 ISDN、DSL、FTTH、有线电视因特网服务、卫星因特网服务、固定无线因特网服务，以及对它们之间的比较。

6.2.1　拨号连接和 ISDN

拨号连接是使用标准电话线和语音频带调制解调器进行数据传输的固定因特网接入方式。语音频带调制解调器使用 1070Hz 的音频表示二进制位 0，使用 1270Hz 的音频表示二进制位 1。拨号连接是非对称因特网连接，网速很慢，下行速度最快只有 56kbit/s。但由于电话线和语音频带调制解调器质量的限制，通常只能达到 44kbit/s，上行速度通常在 35Kbit/s 以下。

拨号连接时，语音频带调制解调器实际上是给 ISP 拨打了一个电话，ISP 接听后，用户计算机就和 ISP 建立起了连接。所以在拨号连接时，可能会听到一些类似于电话"嘟嘟"声的高低不同的音调，这组音调就相当于输入了 ISP 的"电话号码"。在"嘟嘟"声之后，可能还会有一些尖啸声和嘶嘶的声音，这是语音频带调制解调器在和 ISP 商谈通信协议。协商完成后，一切声音消失，就可以进行数据传输了。拨号连接的界面如图 6-7 所示。

图 6-7　拨号连接的界面

ISDN（Integrated Services Digital Network，综合业务数字网）使用数字电话网络进行数据传输。ISDN 的速度通常为 128kbit/s，虽然比拨号连接要快，但仍远远不能满足人们的需求。随着 DSL 技术的成熟与推广，ISDN 已被 DSL 取代。

6.2.2　DSL

DSL（Digital Subscriber Line，数字用户线路）也采用数字电话网络进行数据传输，它能将数字信号附加到普通电话线中未使用的频谱上，从而可以同时传输语音和数据。由电话线传出的语音信号和数据信号会在本地的电话交换站中分离，其中语音信号会被路由到普通的电话系统，而数据信号会被路由到 ISP。

DSL 又可分为 ADSL（Asymmetric DSL，非对称数字用户线路，即上行速度慢于下行速度）、SDSL（Symmetric DSL，对称数字用户线路，即上行速度等于下行速度）、HDSL（High-rate DSL，高速数字用户线路）、VDSL（Very high-rate DSL，极高速数字用户线路）等诸多类型。DSL 速度较快，下行速度随具体类型的不同可达 6Mbit/s ～ 100Mbit/s，传输速度会受到电话交换站距离的影响。DSL 信号会随着距离的增加而衰减。一般来说，连接点到本地电话交换站的距离不宜超过 5km。

DSL 网络通常需要有 DSL 调制解调器（见图 6-8）和 DSL 滤波器（见图 6-9）。尽管在数字电话网络中，无须数字信号和模拟信号的转换，但仍需要将计算机中的数字信号和 DSL 线路可传输的数据信号进行转换。进行这一转换就要使用 DSL 调制解调器。

图 6-8　DSL 调制解调器

图 6-9　DSL 滤波器

DSL 滤波器可防止语音信号干扰 DSL 信号。可以将所有使用电话线的设备都连接到 DSL 滤波器上。

6.2.3 FTTH

FTTH 指的是光纤到户（Fiber To The Home），顾名思义，就是使用光纤，而不是传统的同轴电缆或双绞线，连接到用户的家中。FTTH 的速度很快，上行及下行速度都可达到 1000Mbit/s。光纤电缆已经成为因特网的主干，因为其除了速度快，传输距离也要较其他有线方式大很多。光纤收发器如图 6-10 所示。

图 6-10 光纤收发器

6.2.4 有线电视因特网服务

有线电视因特网服务利用有线电视网络进行数据传输。有线电视的电缆具有足够的带宽，可以同时传输电视信号及多个上行和下行数据信号。有线电视因特网是非对称的，速度很快，下行速度可达 150Mbit/s，上行速度可达 10Mbit/s。但有线电视因特网会受区域内的用户数量影响。因为电缆只有固定的带宽，当一个区域内（如小区）用户数过多时，在高峰时段网络速度就会显著降低。有线电视因特网用户经常会发现这样的问题：他们的网速在白天通常较快，到了晚上就会变慢，而到了周末的晚上就几乎没有什么网速了。

通过有线电视线路接入因特网，实际上是连接到了有线电视网络的一个局域网中，通过这个局域网统一进行因特网访问。一个有线电视局域网覆盖了邻近地区的很多用户，这些用户甚至可以通过有线电视线路进行一些局域网的操作（如文件共享等）。

要使用有线电视因特网服务，需要电缆调制解调器，它可以将计算机的数字信号转换成可以在有线电视线路中传输的信号。出于安全的考虑，目前多数有线电视公司使用兼容 DOCSIS（Data Over Cable Service Interface Specifications，同轴电缆数据接口规范）技术的电缆调制解调器来阻止局域网内用户间的数据传输。

6.2.5 卫星因特网服务

卫星因特网服务通过碟形卫星天线在计算机和同步卫星（位于赤道上方）间进行数据传输。卫星因特网服务适合偏远地区的用户使用，它是非对称的，下行速度一般为 3Mbit/s，极限可达 15Mbit/s，上行速度一般为 100kbit/s ～ 400kbit/s。卫星因特网服务的不足有以下三点。

（1）不良天气会减慢甚至阻断网络连接。

（2）由于信号需要长距离的传送（同步卫星距赤道高度约为 36000km），网络延迟会很长。一般会有 1s 甚至更长的网络延迟。

（3）卫星的带宽也是所有用户共享的，用户越多，网速越慢。

接入卫星因特网除了需要碟形卫星天线，还需要卫星调制解调器，它能够将计算机的数字信号转换成能传输到碟形卫星天线的频带，再由碟形卫星天线转换成能传输到卫星的频率并将其放大发送。

需要注意的是，碟形卫星天线不支持电视信号和因特网信号的共同传输，即如果用户既想享受卫星电视服务，又想享受卫星因特网服务，那么至少需要两个碟形卫星天线。

6.2.6 固定无线因特网服务

固定无线因特网服务（也称无线宽带服务）可以通过广播数据信号向大范围内的用户提供因特网接入服务。固定无线因特网服务适合于 DSL 和有线电视网络不可用（距离电话交换站较远、没有有线电视线路）的地区，且其网络延迟比卫星因特网服务要短，适合于偏远地区需要高速上网的用户。

目前流行的固定无线因特网服务是 WiMAX（World interoperability for Microwave Access，全球微波接入互操作性）和 LTE，WiMAX 符合 IEEE 802.16 标准，因此也称 802.16 无线城域网。WiMAX 使用架设在发射塔上的 WiMAX 天线收发数据。一座发射塔可以为方圆 5km 内的非视距范围内的设备提供信号，5km 外的设备则需借助视距天线，信号覆盖范围最远可达 50km。

WiMAX 可以是对称的，也可以是非对称的，其理论速度可达 300Mbit/s，但在实际生活中，理想的速度只有 70Mbit/s，且还会受到距离、障碍物、天气和用户数量的影响，一般能达到 10Mbit/s 就已经是不错的效果了。

通过 WiMAX 接入因特网需要无线调制解调器，距离发射塔较远的用户可能还需要架设视距天线。

由于各个国家的频谱分配不等这一原因，WiMAX 在中国发展受限。

6.2.7 固定因特网连接比较

可以从以下几个方面衡量几种固定因特网连接的优缺点，如表 6-2 所示。

表 6-2　几种固定因特网连接的比较

项目	拨号连接	DSL	有线电视	卫星	FTTH
最快下行速度	56kbit/s	6Mbit/s ～ 100Mbit/s	10Mbit/s ～ 500Mbit/s	15Mbit/s	1000Mbit/s
最快上行速度	35kbit/s	1Mbit/s ～ 20Mbit/s	5Mbit/s ～ 50Mbit/s	400kbit/s	1000Mbit/s
实际下行速度	44kbit/s	1Mbit/s ～ 50Mbit/s	10Mbit/s ～ 200Mbit/s	3Mbit/s	250Mbit/s ～ 1000Mbit/s
网络延迟	100 ～ 200ms	10 ～ 20ms	10 ～ 20ms	1 ～ 3s	10 ～ 20ms
需要条件	电话线、语音频带调制解调器	电话线、DSL 调制解调器、距电话交换站 5km 以内	有线电视线路、电缆调制解调器	碟形卫星天线、卫星调制解调器、南方天空无遮挡（指向赤道方向）	光纤到户
安装支出	无	较便宜	较便宜	中等	中等
每月使用费用	便宜	中等	中等	中等	较贵

6.3　便携式和移动因特网接入

本节首先区分便携和移动的概念，接下来介绍便携式和移动因特网接入方式，包括 Wi-Fi、便携式 WiMAX 和移动 WiMAX、便携式卫星服务、蜂窝数据服务。

6.3.1 移动中的因特网

随着越来越多的人拥有移动设备，因特网也开始"移动"起来。其中，便携式因特网接入可以方便地从一个地点携带到另一个地点，它主要强调的是设备的便携性。Wi-Fi、便携式 WiMAX 和便携式卫星服务都是常见的便携式因特网接入方式。

与便携式因特网接入不同，移动因特网接入强调的是因特网覆盖范围内的设备移动性。用户可以在网络覆盖区域内自由移动，而网络连接不会被中断，且当用户从一个网络覆盖区域移动到另一个网络覆盖区域时，网络连接依然保持。Wi-Fi、移动 WiMAX 和蜂窝数据服务都是常见的移动因特网接入方式。

便携式因特网接入和移动因特网接入的差别并不是很大（Wi-Fi 甚至同属于两类），下面对其进行综合性的介绍。

6.3.2 Wi-Fi

Wi-Fi 热点是指提供了覆盖有 Wi-Fi 网络的区域，用户可以在区域范围内通过 Wi-Fi 网络访问因特网。Wi-Fi 热点常用于家庭、商店、学校、咖啡厅、机场等场所。

接入 Wi-Fi 热点的方式与接入无线局域网的方式相同，都是选择对应 Wi-Fi 的 SSID 并输入其网络安全密钥。不同的是，有些公众场所的 Wi-Fi 并没有设置网络安全密钥。

Wi-Fi 热点的因特网访问速度与所采用的固定因特网接入方式、信号强度及登录的用户数有关。一般来说，其速度可达 2Mbit/s ～ 8Mbit/s。

在公共场所登录 Wi-Fi 热点需要有强烈的安全保护意识，因为窃听者很有可能会轻易获取网络访问数据。因此，尽量不要使用公共场所的 Wi-Fi 热点登录关键且不设防的账户。在接入新的网络后，Windows 系统会提醒用户设置网络接入位置，如图 6-11 所示。在公共的 Wi-Fi 环境下，用户应尽量访问安全性较高的网站，如网上银行、网上支付网站，因为这些网站以 HTTPS 开头，窃听者一般无法获取信息。

图 6-11 在接入新的网络后，Windows 系统会提醒用户设置网络接入位置

Wi-Fi 的便携性很强，路由器可以很方便地移动，但 Wi-Fi 的移动性较弱，用户只能在覆盖范围内（通常为 45m）进行因特网访问，一旦出了覆盖范围就会导致网络访问中断；即使用户从一个 Wi-Fi 热点移动到另一个 Wi-Fi 热点且设备能自动切换，切换时也会有一小段时间的网络中断。

6.3.3 便携式 WiMAX 和移动 WiMAX

便携式 WiMAX 是指集成了天线的非视距调制解调器可以在发射塔覆盖范围内移动，从而可以达到在覆盖范围内的任何区域都可使用 WiMAX 接入因特网的效果。而装有 WiMAX 电路和天线的笔记本电脑甚至不需要调制解调器就可直接在覆盖范围内访问因特网。

移动 WiMAX 是由 ISP 和手机运营商部署的，它能够在不同的发射塔覆盖范围内提供无缝的因特网接入服务。

尽管便携式 WiMAX 和移动 WiMAX 很方便，但由于 WiMAX 在中国发展受限，所以支持便携式 WiMAX 和移动 WiMAX 的设备很少。

6.3.4 便携式卫星服务

便携式卫星服务通过便携的碟形卫星天线（见图 6-12）提供因特网接入服务，适合在人烟稀

少的区域使用。碟形卫星天线通常可以架设在车辆上，只要调整好其朝向（需要指向赤道上方卫星对应的位置）就可访问因特网。部分高端的便携式卫星系统还可以自动调整朝向以找到卫星信号。

便携式卫星服务与固定卫星服务类似，其因特网连接速度也受天气等因素影响。一般下行速度可达 5Mbit/s，上行速度可达 500kbit/s，网络延迟很长。

图 6-12　碟形卫星天线

6.3.5　蜂窝数据服务

蜂窝数据得名于其基站覆盖范围有如蜂窝状的正六边形分布。蜂窝数据服务是移动设备常用的因特网接入方式。

蜂窝技术目前可分为以下五代。

（1）1G（第一代）采用了模拟技术，只可以进行语音通信。模拟数据传输速度最高可达 14.4kbit/s。

（2）2G（第二代）用数字技术替代了模拟技术，能够进行窄带的数据通信（如短消息服务和文本消息服务）。常用的 2G 无线通信协议有 CDMA，以及基于 TDMA 发展出来的 GSM 两种。2G 的因特网访问速度较慢，一般下行速度不超过 240kbit/s，上行速度不超过 160kbit/s。

（3）3G（第三代）在 2G 的基础上发展了高带宽的数据通信（如多媒体消息服务），并提高了语音通话的安全性。常用的 3G 标准有 WCDMA、CDMA2000、TD-SCDMA 等。3G 的因特网访问速度较 2G 大幅度提高，一般下行速度可达 3Mbit/s（WCDMA 可达 14.4Mbit/s），上行速度可达 2Mbit/s（WCDMA 可达 5.76Mbit/s）。

（4）4G（第四代）的目标是为移动中的设备提供 100Mbit/s 的峰值数据传输速度，或者在设备静止时提供 1Gbit/s 的数据传输速度。4G 有 IEEE 802.16（WiMAX）和 LTE 这两种技术。LTE 使用得比较广泛，4G LTE 又可分为 TD-LTE 和 FDD-LTE。目前全世界绝大部分国家的运营商采用的是 FDD-LTE，而中国首先采用的是 TD-LTE。TD-LTE 的下行速度可达 100Mbit/s，上行速度可达 50Mbit/s；FDD-LTE 的下行速度可达 150Mbit/s，上行速度可达 40Mbit/s。

（5）5G 网络所指的就是在移动通信网络发展中的第五代网络，与之前的四代移动网络相比较而言，5G 网络在实际应用过程中表现出更加强化的功能，并且理论上其传输速度每秒钟能够达到数十吉字节，这种速度是 4G 移动网络的几百倍。对于 5G 网络而言，其在实际应用过程中表现出更加明显的优势及更加强大的功能。

除去以上标准，还有介于它们之间的 GPRS（相当于 2.5G）、EDGE（相当于 2.75G）等标准。总的来说，从 1G 到 5G，其因特网的访问速度逐代提高。

除了可以在移动设备上使用蜂窝数据服务访问因特网，其他设备也可通过以下方法受惠于蜂窝数据服务。

图 6-13　无线调制解调器

（1）利用移动设备的个人热点功能，可以将移动设备作为 Wi-Fi 热点，这时其他设备便可连接到其生成的无线局域网或直接通过有线方式连接到移动设备，通过移动设备的蜂窝数据服务访问因特网。

（2）笔记本电脑等设备可以使用蜂窝服务提供商提供的无线调制解调器（见图 6-13），从而通过蜂窝数据服务访问因特网。

无线调制解调器一般可插到计算机的 USB 接口中。

6.4 因特网服务

6.4.1 云计算

云计算是一种商业计算模型，是一种概念而不是具体的技术。云计算由位于网络上的一组服务器把其计算、存储、数据等资源以服务的方式提供给请求者，同时服务器管理者可以以最优利用的方式动态地把资源分给众多的请求者，以达到最大效益。

在云计算中，因特网中的服务器不再是单独的个体，而是被统一起来，形成一个"云"，以云为整体提供服务。云中的资源就像日常生活中的水、电一样，在请求者看来是可以无限扩展与随时获取的，请求者可以按需使用并按使用量付费。云计算的出现就好比从古老的单台发电机模式转向电厂集中供电模式，计算资源由此可以作为商品流通，这对请求方和服务方都有好处。

云计算可以认为包括以下几个层次的服务。

（1）基础设施即服务（Infrastructure as a Service，IaaS），即消费者可以从因特网的计算机基础设施中获得服务。一些大的 IaaS 公司包括 Amazon、Microsoft、VMware、RedHat、Rackspace 等。

（2）平台即服务（Platform as a Service，PaaS），是将软件研发的平台作为一种服务，如虚拟服务器和操作系统。一些大的 PaaS 提供商有 Google App Engine、Microsoft Azure 等。

（3）软件即服务（Software as a Service，SaaS），是指消费者通过因特网从云中获取软件，这些软件通常是基于 Web 的，可以用浏览器打开。

云计算的按需使用模式非常方便企业用户的使用，如图 6-14 所示。计算资源可以按需签约，并在不需要的时候解除合约，这能够让企业节省开支。网站管理员也无须再因偶尔的访问高峰更换更强大的服务器，它们只需要在高峰时多购买一些计算资源就可以了。

关于云计算的更多知识，将在第 12 章中介绍。

图 6-14 使用云服务进行企业计算

6.4.2 社交网络

提到社交网络，社交网站是最为常见的方式。社交网络的功能就像是一个由因特网在线用户组成的团体。通过网站的形式，这种在线团体的成员可以分享共同的兴趣爱好、宗教信仰、政治观点及生活方式。加入了社交网络后，用户可以开展社交活动，这些社交活动包括阅读其他用户的个人信息页面或者直接联系他们。

在线交友只是社交网络的诸多益处之一。社交网络的另一个好处就是多样性，因为世界各地的人们都可以接入社交网络。这意味着尽管你在中国，但是你可以与美国、丹麦或印度的居民建立在线的友谊。在这种情况下，收获的将不仅是友谊，还可以学到新的文化及新的语言。

正如上文所提到的，社交网络总是能将特定的个人或团体组织到一起。尽管有些社交网站有着特定的兴趣方向，但大多数都是"传统"的社交网站，这些网站一般都开放了会员制度，这意味着任何人都可以成为这个网站的一员，无论他们的爱好、信仰及观点如何。

因特网中有不同的社交网络，每个社交网络的兴趣方向都不尽相同，用户可以通过网络搜索的方式来确定适合自己的社交网络。关于社交网络更多的知识将在第 8 章中介绍。

6.4.3 网格计算

网格计算是指将网络上分布的计算机联系起来，组成一台超级虚拟计算机以执行一些大型计算任务。网格计算管理软件会将大型任务分成很多个小任务发送给网格中的计算机，网格中的每台计算机都运行网格客户端软件，它们可以利用计算机的空闲资源来处理这些小任务，处理后的计算结果会发给网格计算管理软件进行合并。

网格计算可以是公共的，也可以是私有的。普通用户也可以通过安装网格客户端软件来使他们的计算机成为网格计算网络的一部分，用以对一些庞大的科学计算任务做出小小的贡献。

6.4.4 FTP

FTP（File Transfer Protocol，文件传输协议）使得因特网中的计算机可以传输文件，或对远程的文件进行操作。在用户从网站上下载音乐、文档或其他程序时，实际上大部分都是 FTP 在起作用。

FTP 服务器会监听本机的 20 和 21 端口（计算机的虚拟端口），以响应来自其他计算机的请求。当服务器收到请求后，会检查用户的权限以防止非法访问；如果用户有足够的权限，服务器就会将其请求的文件传输给用户计算机，或对相应的文件进行修改。

可以通过浏览器或 FTP 客户端软件访问 FTP 服务器，如图 6-15 所示，Windows 资源管理器也可以直接访问 FTP 服务器，如图 6-16 所示。其中通过浏览器只能从 FTP 服务器上下载文件，如果想要上传文件到 FTP 服务器，则需要借助 FTP 客户端软件或 Windows 资源管理器。FTP 服务器的地址通常以 ftp 开头，而不是以 www 开头。

图 6-15　通过 FTP 客户端软件可实现对 FTP 服务器的高效管理

一些 FTP 服务器支持匿名 FTP，即用户可以在不注册的情况下，利用账号"anonymous"和任意密码（通常是用户的 E-mail 地址，以便于系统管理员记录）下载文件。并不是所有的 FTP 服务器都支持匿名 FTP，这需要系统管理员的设置。

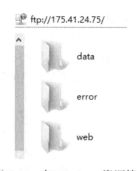

图 6-16　在 Windows 资源管理器中直接输入 FTP 地址也可访问 FTP 服务器

6.4.5　对等文件共享

对等文件共享允许因特网上的用户之间相互转发文件，常见的文件共享协议是 BitTorrent。

BitTorrent（简称 BT）协议允许每个下载者在下载数据的同时不断向其他下载者上传已下载的数据。在 FTP 或 HTTP 协议中，下载者之间没有数据交互，只是从服务器获取数据，但当非常多的用户同时访问或下载服务器中的文件时，由于服务器处理能力和带宽的限制，下载速度便会急速下降，有些用户可能根本访问不了服务器。而在 BT 协议中，服务器会将文件分成许多片，将这些文件片发送到众多下载者的计算机中，一旦所有文件片都发送完毕，服务器的工作就结束了，可以继续处理其他请求，而文件片会继续在下载者形成的"群"中进行互相的传输与转发，直到所有下载者都下载完完整的文件（使用对等技术）。由于每个下载者都将已下载的数据提供给其他下载者，充分利用了用户的上行带宽，所以下载的人数越多，下载速度越快。

常用的支持 BT 协议的软件有 μTorrent、BitComent 等。

6.5　物联网

讨论因特网的未来而不探讨物联网（Internet of Things，IoT）是不完整的，物联网有时也被称为工业网络。

因特网技术广泛应用于计算机、家用电器、汽车、医疗设备、公共事业系统、各种类型的机械装置，甚至衣服上，用来收集信息、连接因特网，并且用数据分析软件进行数据分析。物联网建立在射频识别技术基础上，并且随着低成本的传感器可用性的提高、数据存储费用的降低、可以处理万亿数据的"大数据"分析软件的发展，以及允许为所有新设备分配因特网地址的 IPv6 技术的实现，使物联网逐步成为可能。

如今，物联网主要用于远距离监视事物。例如：

（1）农场主通过牛身上的传感器来检测其生病和走失；

（2）穿戴式医疗技术允许医生监测患者的慢性疾病；

（3）家用电器上的传感器可以提醒制造商器械是否需要维护或修理。

物联网的功能将不仅仅局限于告诉用户物体的位置和情况，设备之间将会相互交流并且渐渐变得有"主见"。这就是常说的机器对机器（Machine to Machine，M2M）技术。举例而言：

（1）汽车可以实现自动驾驶；

（2）交通灯会自动响应交通拥堵或交通事故等情况，以引导车辆远离路况比较糟糕的区域；

（3）房屋会在房间中无人的情况下，自动关闭灯光和暖气。

物联网也存在缺点：隐私性、可靠性及数据控制方面的问题仍然亟待解决。但即使如此，物联网正随着技术的革新而不断发展。在可预知的未来，它也会像手机和键盘一样，成为生活的重要组成部分。

关于物联网的更多知识将在第 12 章中介绍。

小　结

本章主要介绍了因特网的相关知识，包括因特网的物理构成、协议、地址和域名，多种多样的因特网接入方式及评判它们好坏的方法，以及一些因特网的服务等。

通过对本章的学习，读者应能够选择适合自己的因特网接入方式，检测因特网的连接速度，并了解网址、域名、DNS 和 IP 地址间的关系，感兴趣的读者也可以查阅一些物联网应用技术资料，拓展自身的知识面。

习　题

一、判断题

1．最初的 ARPANET 主要用于军事研究目的。　　　　　　　　　　　　　　　（　　）

2．因特网是世界上最大的广域网。　　　　　　　　　　　　　　　　　　　　（　　）

3．调制解调器有多种类型，需要根据 ISP 提供的因特网接入类型进行选择。　（　　）

4．每个 ISP 都能支配唯一的 IP 地址。　　　　　　　　　　　　　　　　　　（　　）

5．家庭因特网连接的上行速度与下行速度相等。　　　　　　　　　　　　　　（　　）

6．在接入新的网络后，Windows 系统会提醒用户设置网络接入位置，如果连接的是公用的 Wi-Fi 热点，可选择公用网络以应用更高的安全等级。　　　　　　　　　　　　（　　）

7．2G 采用的是模拟技术。　　　　　　　　　　　　　　　　　　　　　　　（　　）

8．云计算可将计算资源作为商品流通。　　　　　　　　　　　　　　　　　　（　　）

9．要想访问 FTP，必须有对应账号。　　　　　　　　　　　　　　　　　　　（　　）

10．BitTorrent 协议中，下载人数越多，下载速度越慢。　　　　　　　　　　（　　）

二、选择题

1．1EB=_____B，1ZB=_____B。

A．240；250　　　　　　　　　　　　B．250；260

C．260；270　　　　　　　　　　　　D．270；280

2．顶级域名为 org 的网站是 _____。

A．非营利性组织　　　　　　　　　　B．商业机构

C．网络服务机构　　　　　　　　　　D．不确定

3．ISP 说的网速一般是指 _____。

A．上行速度　　　　　　　　　　　　B．下行速度

C．上行速度和下行速度的平均值　　　D．都可以

4．在拨号时会发出声音的接入方式是 _____。

A．拨号连接　　　　　　　　　　　　B．DSL

C．ISDN　　　　　　　　　　　　　　D．固定无线

5．以下没有使用电话网络的是 _____。

A．拨号连接　　　　　　　　　　　　B．DSL

C．ISDN　　　　　　　　　　　　　　D．固定无线

6. 南半球的卫星因特网用户最好将其碟形卫星天线指向 _____。

A．南方　　　　　　　　　　　　　　B．北方

C．正上方　　　　　　　　　　　　　D．都可以

7. 以下属于 3G 标准的是 _____。

A．WCDMA　　　　　　　　　　　　B．GPRS

C．GSM　　　　　　　　　　　　　　D．FDD-LTE

8. 以下不属于云计算服务的是 _____。

A．软件　　　　　　　　　　　　　　B．平台

C．基础设施　　　　　　　　　　　　D．网络

9. 以下属于物联网中机器对机器技术的是 _____。

A．穿戴式医疗技术　　　　　　　　　B．农场主通过牛身上的传感器来检测生病和走失

C．自动驾驶　　　　　　　　　　　　D．以上都是

10. 以下属于同步通信的是 _____。

A．论坛　　　　　　　　　　　　　　B．微博

C．维基　　　　　　　　　　　　　　D．实时消息

三、填空题

1. 因特网又称 _____，是世界上最大的 _____。

2. 在因特网中，信息都是被分成许多小块，以 _____ 的形式来传输的，这种传输方式称为 _____。

3. 最基本的因特网协议是 _____。

4. 因特网的连接速度可以由 _____ 和 _____ 来衡量。

5. 蜂窝数据目前可以分为 _____ 代。

6. Wi-Fi 热点的因特网访问速度与固定的因特网接入方式、_____ 和登录的用户数有关。

7. 用户从网站上下载音乐、文档或其他程序时，是 _____ 协议在起作用。

8. 最初的 ARPANET 的目的是 _____。

9. 常见的便携式因特网接入方式有 _____、便携式 WiMAX 和便携式卫星服务。

10. BitTorrent 是一种能够使 _____ 的作用分布于所收集的分散的计算机上的文件共享协议。

四、简答题

1. 简述数据从因特网主干网到用户计算机需要经过的途径。

2. 简述生活中常见的因特网协议。

3. 简述常见的固定因特网接入方式有哪几种。

4. 简述常见的便携式和移动因特网接入方式。

5. 云计算包括哪几个层次的服务？

6. 什么是光纤到户？网速能达到多少？

7. 注册的域名如果没有及时付费会被如何处理？

8. NSP 和 ISP 有什么区别？

9. 主干网链路和路由器是由谁维护的？

10. 计算机有哪些虚拟端口？

第7章 Web技术及应用

本章主要介绍 Web 的相关知识，包括 Web 技术，以及一些常用的 Web 应用——搜索引擎和电子商务。通过对本章的学习，读者应能够更加高效地使用 Web 资源。

7.1 Web 技术

本节主要介绍 Web 的概念、发展历程，以及一些相关的专业词汇，如 HTML、HTTP 和 Cookies 等，并简单介绍如何制作网页。

7.1.1 Web 基础知识

Web 是 World Wide Web（简写为 WWW），即万维网的简称。Web 是指能通过 HTTP 协议获取的一切因特网上内容的集合，如文本、图像、视频等。Web 依赖于因特网，但不等同于因特网，因特网是一个通信系统，而 Web 是指信息的集合。

Web 可按其发展历程大致分为 6 个时代。

（1）Web 1.0，2003 年以前的因特网模式，通过门户网站的内容吸引用户，利用点击量盈利。

（2）Web 2.0，始于 2004 年，由 Web 1.0 单纯通过网络浏览器浏览 HTML 网页的模式向内容更丰富、联系性与工具性更强的模式发展，由被动地接收因特网信息向主动创造因特网信息迈进。典型的例子如各类博客站点等。

（3）Web 3.0，于 2006 年被提出，强调网站内的信息可以直接和其他网站相关信息进行交互，能通过第三方信息平台同时对多家网站的信息进行整合使用。用户在因特网上拥有自己的数据，并能在不同网站上使用。

（4）Web 4.0，更强调智慧的连接，可以在任何时间、任何地点获取到想要知道的任何信息。

（5）Web 5.0，将建立数字空间中的虚拟社会。

（6）Web 6.0，物联网与因特网的初步结合。

从 Web 1.0 到 Web 6.0，这 6 个时代的划分标准并不是非常明显的，而是随着科技与理念的发展平滑地过渡的。

每个网页都有一个叫作 URL 的唯一地址。URL（Uniform Resource Locator，统一资源定位符）一般显示在浏览器的地址栏，形如"http://www.**.com/search/error.html"。其中，"http://"表示使用的是 Web 的标准通信协议，大多数浏览器默认为 HTTP 访问，所以可省略不写；"www.**.com"是该网站的 Web 服务器名；URL 的表示方法与文件路径非常相似，因为网站的页面通常也是分类存储于不同文件夹中的，如"error.html"页面（这其实也是一个文件，只不过是在远程的服务器上的）存储在网站主目录的"search"文件夹中。正如通过文件路径可唯一确定一个文件一样，通过 URL 也可唯一确定一个网页。

多数网站都有一个主页，充当网站导航的角色。主页的 URL 一般直接使用 Web 服务器名，如百度的主页可直接通过在浏览器地址栏输入"www.**.com"访问，甚至还可省去"www"直接输入域名访问。

7.1.2　HTML

HTML（Hyper Text Markup Language，超文本标记语言）是设计 HTML 网页时需要遵循的语言规范，只有遵循了 HTML 规范的网页才能被浏览器正确解读。HTML 有多个版本，HTML5 是最新的一个版本，这个版本目前仍在不断地修订、更新与发展。

HTML 网页（后缀名为 htm 或 html 的文本文件）中包含了 HTML 标记以指导相关内容的生成形式，这也是 HTML 被称为标记语言的原因——通过 HTML 标记来控制网页。HTML 标记通常成对出现，包括在尖括号中，与文档的主要内容共同书写。例如，"Welcome"中，""是开始标签，""是结束标签，代表加粗这两个标签之间的文字。最终在浏览器中显示的效果就是一个加粗的**"Welcome"**。

整个 HTML 文件便是由这样许许多多的标签和内容组成的，但这并不是我们最终看到的网页的样子。浏览器会对 HTML 文件进行解释，按照标签指定的格式，设置与放置对应的内容。HTML 文件相当于"剧本"，而最终呈现在我们眼前的是具体的"表演"。如果用户想要查看剧本，可以在任意网页空白处单击鼠标右键，在弹出的快捷菜单中选择"查看源文件"或类似的命令，即可看到浏览器解释之前的 HTML 文件。

7.1.3　HTTP

HTTP（Hyper Text Transfer Protocol，超文本传输协议）规定了浏览器和 Web 服务器之间互相通信的规则，通过 HTTP 协议可以将对应 URL 的 Web 资源（网页、文档、图形、视频等）获取到用户的本地计算机。

HTTP 规定了多种方法以帮助浏览器和 Web 服务器的通信，最常用的方法有 GET 和 POST。其中 GET 方式是向特定的资源发出请求，常用的搜索引擎的关键字搜索便是通过 GET 实现的；POST 方式是向指定的资源提交数据，常用于提交表单（如注册登录、填写信息等）。

HTTP 连接的建立需要一对套接字。套接字是 IP 地址和端口号的组合，在 HTTP 中通常关联到计算机的 80 端口。一次典型的连接过程是：浏览器打开计算机上的一个套接字，并连接到服务器的一个开放的套接字上，进行相应的请求；服务器返回请求的结果后，计算机的套接字关闭，直到下一次浏览器发送请求时再打开。

最初的 HTTP 协议使用短连接，即每次连接只能有一次请求和一次响应，之后如果再需请求，则需要重新建立连接。目前的 HTTP 协议默认使用长连接，即可以使用一次连接完成多个请求与响应。

在浏览网页时，有些网页会返回"404 NOT FOUND"，表示找不到对应资源，有些网站会在产生 404 错误时返回一个创意性的页面，如图 7-1 所示。其中"404"是一个 HTTP 状态码。Web 服务器的每次响应都会带有一个 3 位的 HTTP 状态码用于表示请求的完成情况，例如，代码 200 代表请求已满足，代码 403 代表拒绝执行，代码 500 代表服务器内部错误等。

当浏览器获取网页资源后，会将其中的一些材料作为临时文件存储在计算机的临时文件夹中。这些临时文件一般称为浏览器缓存或 Web 缓存。浏览器缓存能减少冗余的数据传输。当用户再次访问相同的网页时，可以直接从缓存中找出对应资源，而无须再次向 Web 服务器请求。但浏览器缓存也会造成潜在的隐私问题，缓存尽管每隔一段时间会被系统删除，但仍有可能会被他人查看，因此最好增加缓存的自动清除频率，或定期手动清除缓存。

图 7-1　有些网站会在产生 404 错误时返回一个创意性的页面

7.1.4　Web 浏览器

Web 的入口通常是 Web 浏览器，简称浏览器。浏览器能够通过单击超文本链接（简称链接，在传统的屏幕上，当鼠标指针指向链接，通常为带有下画线的或带有颜色的文本时，鼠标指针就会变成手的形状；针对触摸屏，只有通过轻敲或猛击才能发现链接）或输入 URL 的方式访问指定网页。访问时，浏览器向对应 URL 的 Web 服务器发出请求，服务器收到请求后，将信息进行处理并以浏览器可以理解的方式传输回用户计算机。

截至 2023 年 5 月，主流浏览器包括 Chrome、Safari、Microsoft Edge 等，如图 7-2 所示。目前常用的浏览器都可分为多个标签用来同时浏览多个网页并方便地在网页间进行切换。

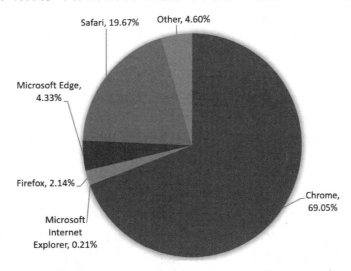

图 7-2　浏览器全球市场占有率（数据来源：NetMarketShare，2023 年 5 月）

浏览器有时候需要安装一些插件（也称加载项，或扩展程序）来实现一些本身并不能完成的功能。例如，浏览 PDF 文件需要安装 Adobe Reader 插件，播放动画需要安装 Adobe Flash Player 插件，登录网上银行需要安装对应的安全插件等。Chrome 用户可以在"扩展程序"中打开 Chrome应用商店并浏览可用的扩展程序，如图 7-3 所示。

图 7-3　Chrome 应用商店

7.1.5　Cookies

Cookies 是由 Web 服务器生成后存储在用户的本地计算机中的一段数据。由于 HTTP 是无状态协议，不会记录用户浏览过的页面、输入的内容或选择的商品，这在某些场合（如网上购物）是非常不方便的。Cookies 就是为了满足这种连续性的需求而产生的。Cookies 可以记录用户的账号和密码（这通常是加密的）、购物车信息、访问日期、搜索过的信息等多种内容，有了 Cookies 后，相应的网站便可通过对其进行调用来实现自动登录、购物车支付、有选择的广告投放等功能。

一个典型的 Cookies 生命周期是：当浏览器访问需要设置 Cookies 的网站后，会收到服务器发出的"设置 Cookies"请求，其中包含 Cookies 的内容及到期时间。浏览器会将 Cookies 存储在本地计算机的硬盘上，当该网站需要时，可以向浏览器请求该 Cookies 并对其进行修改或删除。

当 Cookies 到了设定的到期时间时，浏览器会自动将其删除。而没有设置到期时间或到期时间特别长的 Cookies 就会长久地存放在用户的硬盘中，用户可以选择定期清空 Cookies，不过清空后所有网站的自动登录功能都会被重置，一些网上商城的购物车也会受到影响。

7.1.6　网页制作

要制作一个静态的 HTML 网页有多种方式。

（1）使用 HTML 转换实用程序，将 HTML 标记添加到文本的合适位置以产生相同的布局。例如，可以利用 Microsoft Word 将文本文件另存为 HTML 格式，生成的网页文件会与原来的文本文件非常相似。不过 HTML 并不是支持 Microsoft Word 中文本的所有格式的，有些文件的转换会出现问题。

（2）使用网页制作软件（如 Adobe Dreamweaver）来制作网页，这些软件提供了很多实用的工具，可以非常高效地进行网页设计。

（3）使用在线的网页制作工具，可以通过浏览器以可视化的方式制作网页。

（4）直接使用文本编辑器进行网页源代码的编辑，编辑后用浏览器打开查看。

一个 HTML 文件是由头部和主体两部分构成的，其中头部包含 <!DOCTYPE> 和 <head> 标记，可以定义全局信息、网页标题等内容；主体包含在 <body> 标签中，是网页的主要内容，如图 7-4 和图 7-5 所示。

图 7-4　一个简单且典型的 HTML 文件　　　图 7-5　用浏览器打开的效果

表 7-1 展示了一些常用的 HTML 标记。

表 7-1　一些常用的 HTML 标记

标记	用途	举例
<b>	加粗	<b>bold</b>
<h1>、<h2>、…、<h6>	设置字号，h1 最大	<h1> 第 7 章 </h1>
 	换行符	row1 row2
<hr/>	绘制一条水平线	7.1.6<hr/>
<p>	段落符号	<p> 一个段落 </p>
<ahref="URL">	链接	<ahref="baidu.com"> 百度 </a>
<imgsrc="FilePath">	添加图像	<imgsrc="dog.png">

制作完成的网页只能在本地计算机上访问，要想让因特网中的每个人都能访问到自己的网页，需要将网页上传到自己的 Web 服务器上，还需要拥有自己的域名。之后，便可以通过网址访问了。

7.1.7　交互式网页

标准的 HTML 网页是静态的，即只能查看，没有与用户交互的功能。例如，只用 HTML 编写的表单是无法登录或提交信息的。要想设计成交互式网页，可以在 HTML 的基础上借助由其他语言编写的脚本实现。一些网页的 URL 中带有问号，通常说明这是一个交互式网页，如图 7-6 所示，但这并不意味着 URL 中不带问号的网页就不是交互式网页。

图 7-6　一些网页的 URL 中带有问号

HTML 脚本可以嵌入 HTML 文件中用来完成与用户的交互，或验证一些信息。脚本分为服务器脚本和客户端脚本两类。

（1）服务器脚本运行在服务器上，负责接收表单提交的信息，并生成定制化的网页。有了服务器脚本，网页的显示效果就变得多种多样了。对于同样的 URL，不同的人访问得到的页面是不同的。常用的服务器脚本语言有 PHP、Java、C# 等。

（2）客户端脚本运行在浏览器上，负责进行简单的交互，或利用本地计算机的资源进行计算，如验证表单是否填写完整、计算利息等。常用的客户端脚本语言有 JavaScript、VBScript 等。

客户端脚本除了直接写在 HTML 文件中，还可以引用一些工具来实现更多的功能。

（1）可以通过 <object> 标签引用一个 Java 小程序，浏览器会将其临时下载并执行它的指令。Java 小程序只会与引用它的网站进行交流，而不会对用户隐私与安全造成威胁。

（2）可以使用 ActionScript 语言创建从网页启动的 Flash 文件进行交互。

（3）可以引用 ActiveX 控件，浏览器会下载引用的控件并执行。由于 ActiveX 控件的功能很强大，可能会对用户安全及隐私造成威胁，因此安装前需要确认，如图 7-7 所示。合法的 ActiveX 控件中包含数字证书以增强其安全性，通过数字证书可以验证控件来源的身份。

图 7-7　ActiveX 控件安装前通常需要用户进行确认

关于网页制作及网站制作的更多知识将在第 9 章中介绍。

7.2　搜索引擎

本节关注于搜索引擎，包括其原理与应用，以及如何更高效地利用搜索引擎查询到自己想要的信息。

7.2.1　搜索引擎基础知识

搜索引擎是一种能为用户提供检索服务，并将检索到的相关信息展示给用户的系统。它能根据一定的策略从因特网上搜集信息，并对信息进行加工和处理。

人们常将搜索引擎和搜索引擎网站混为一谈，然而它们是有一些不同的。搜索引擎是一个系统，而搜索引擎网站是提供搜索引擎访问的网站。一些网站如百度、谷歌使用的是完全由自己开发的搜索引擎；还有一些网站的搜索引擎借用了第三方的搜索技术，如微软公司的必应搜索引擎借用了雅虎搜索引擎的技术；另外一些网站则使用搜索引擎技术进行站内搜索。淘宝的搜索引擎只能用于搜索淘宝网内的信息，如图 7-8 所示。

图 7-8　淘宝的搜索引擎只能用于搜索淘宝网内的信息

典型的搜索引擎系统包含以下 4 个部分。

（1）爬网程序（Web Crawler），也称蜘蛛程序（Web Spider）。爬网程序能自动对因特网上的网站进行访问、记录与更新。它一般从一个 URL 列表开始，将对应网站内容有选择地保存完毕后，会查找网站中的链接并加入 URL 列表。如此不断循环，像滚雪球一样获得越来越大的网页覆盖量。爬网程序对查询性能要求很高，通常需要尖端的算法来保证搜索结果不会重叠或陷入死循环。高性能的爬网程序每天能访问数亿个网页，尽管如此，但仍很难覆盖整个因特网。例如，谷歌每月能对 30 万亿个网页累计记录 100 万亿次，但其覆盖量仍不足整个因特网的 20%，而从存储的文件大小来看更是只有 0.004%。爬网程序并不会从需要密码的网页或动态网页中收集信息，当网页被限制（如有密码或是动态网页）时，爬网程序不会保存快照，如图 7-9 所示。它对一个网页记录的更新频率取决于这个网页的更新频率和受欢迎程度。例如，门户网站和新闻网站可能每天都会被爬网程序访问，而访问量比较小的个人博客，可能每隔一周甚至更长的时间才会被爬网程序访问一次。可以通过第三方工具软件查看网站的链接数、收录情况和流量排名等信息，如图 7-10 所示。

图 7-9　当网页被限制（如有密码或是动态网页）时，爬网程序不会保存快照

图 7-10　可以通过第三方工具软件查看网站的链接数、收录情况和流量排名等信息

（2）索引器。索引器可以处理爬网程序收集来的信息，取出网页中的关键字并存储在数据库中。这些关键字可以方便地对网页进行分类与查询。

（3）数据库。数据库存储了索引器处理后的索引结果。

（4）查询处理器。当用户进行搜索时，查询处理器会在数据库中查找满足要求的索引，并将其排序，生成一个网页返回给用户。排序的标准有关键字的相关度、网页的受欢迎程度、网页中链接的质量，以及竞价排名等。一些网站为了在搜索结果中更靠前而添加了许多与网站内容无关的关键字，这是不道德的行为，目前很多搜索引擎也针对添加无效关键字做了优化。

搜索引擎的爬网程序发现一个新的网站可能会需要较长时间，网站管理员可以通过手动提交的方式将网站加入爬网程序的 URL 列表，以使网站能尽快地被搜索引擎收录。百度提供的"URL 提交"工具如图 7-11 所示。

图 7-11 百度提供的"URL 提交"工具

搜索引擎一般通过赞助链接的方式盈利。在用户进行搜索时，与关键字相关的赞助链接也会出现在搜索形成的页面上，如图 7-12 所示。

图 7-12 赞助链接（一般出现在搜索列表的最上方，或搜索页面的右边栏）

7.2.2 搜索引擎使用技巧

多数搜索引擎通过关键字进行查询，但如何快捷地查到自己想要的信息也需要一些技巧。

（1）增加或减少关键字的数量可以显著地影响搜索结果的数量。如果搜索结果过少，可以减少一些关键字重新搜索；如果搜索结果过多，可以增加一些关键字来限定搜索范围。

（2）关键字的排列顺序也会影响搜索结果，如果搜索结果与想要的信息差别过大，可以更改关键字的顺序后进行尝试。

（3）搜索引擎会自动地判断关键字的同义词或单复数形式进行模糊搜索，但尽管如此仍有可能遗漏相关信息，因此在搜索不到想要的信息时可以将关键字替换成同类的其他词语。

（4）使用搜索运算符或特定的语法等进行辅助搜索，表 7-2 列出了一些常用的搜索运算符及搜索语法。

（5）使用搜索引擎网站提供的高级搜索功能，对搜索范围进行更多的限定。百度提供的高级搜索功能如图 7-13 所示。

表 7-2　常用的搜索运算符及搜索语法

符号或语法	功能
通配符（*、?）	"*"代表任意数量的字符，"?"代表一个任意字符
AND	搜索结果需同时满足 AND 两边的两个关键字
OR	搜索结果只需满足 OR 两边的其中一个关键字即可
NOT	搜索结果中不能包含 NOT 后的关键字
""	引号中的关键字不会做任意形式的变换，常用于精确搜索
+、-	加号后的关键字必须出现在搜索结果中，而减号后的关键字不能出现
intitle: 标题	搜索范围限定在网页标题中
site: 站名	搜索范围限定在特定站点中
inurl: 链接	搜索范围限定在 URL 链接中
filetype: 文档格式	搜索限定文档格式的内容

图 7-13　百度提供的高级搜索功能

需要注意的是，搜索引擎会记录用户的查询关键字，虽然不会保存用户的姓名，但会为每个用户指定唯一的 ID 号，并记录用户计算机的 IP 地址、查询日期和时间、搜索内容等信息。这个 ID 号存储在计算机的 Cookies 中，所以如果不想让搜索引擎记录自己太多的信息，可以定期清空 Cookies，或者阻止特定的搜索引擎网站保存 Cookies，这样每次搜索时搜索引擎都会分配不同的 ID 号。

7.2.3　使用基于 Web 的素材

当使用 Web 上的素材（如文本、图片）时，最好注明引用源以确保其他人能找到素材的来源。常用的注明引用源的格式有 MLA 样式（Modern Language Association Style，现代语言协会样式）、APA 样式（American Psychological Association Style，美国心理学协会样式）和芝加哥样式（Chicago Style）等。这些样式会规定格式化的脚注、尾注或文中引文，对于基于 Web 的素材，通常需要包含文档标题、作者、发布日期、URL 等信息。

一些网站会明确地限定网站中素材的使用方式，这些限定通常可以在网站使用条款中找到，如图 7-14 所示。例如，一些网站的使用条款会明确素材的版权，允许用户访问、使用和一定程度的再创作等。对于超出使用条款限制的素材的使用方式，需要联系版权所有者，经过版权所有者允许后才可使用。

> **网站使用条款**
>
> 如果您在本网站访问或购物，您便接受了以下条件。
>
> **> 版权**
>
> 本网站上的所有内容诸如文字、图表、标识、按钮图标、图像、声音文件片段、数字下载、数据编辑和软件都是本网站提供者的财产，受中国和国际版权法的保护。本网站上所有内容的汇编是本网站的排他财产，受中国和国际版权法的保护。本网站上所使用的所有软件都是本网站或其关联公司或软件供应商的财产，受中国和国际版权法的保护。
>
> **> 许可和网站进入**
>
> 本网站授予您有限的许可进入和个人使用本网站，未经本网站的明确书面同意不许下载（除了页面缓存）或修改网站或其任何部分。这一许可不包括对本网站或其内容的转售或商业利用、任何收集和利用产品目录、说明和价格、任何对本网站或其内容的衍生利用、任何为其他商业利益而下载或复制账户信息或使用任何数据采集、robots或类似的数据收集和摘录工具。未经本网站的书面许可，严禁对本网站的内容进行系统获取以直接或间接创建或编辑文集、汇编、数据库或从名地址录（无论是否通过robots、spiders、自动仪器或手工操作）。另外，严禁为任何未经本使用条件明确允许的目的而使用本网站上的内容和材料。未经本网站明确书面同意，不得以任何商业目的对本网站或其任何部分进行复制、复印、仿造、出售、转售、访问，或以其他方式加以利用。未经本网站明确书面同意，您不得用设计或运用设计技巧把本网站或其关联公司的商标、标识或其他专有信息（包括图像、文字、网页设计或形式）据为己有。未经本网站明确书面同意，您不可以meta tags或任何其他"隐藏文本"方式使用本网站的名字和商标。任何未经授权的使用都会终止本网站所授予的允许或许可。您被授予有限的、可撤销的和非独家的权利建立链接到本网站主页的超链接，只要这个链接不以虚假、误导、贬毁或其他侵犯性方式描写本网站、其关联公司或它们的产品和服务。

图 7-14 网站使用条款

7.3 电子商务

本节介绍电子商务的相关知识，包括其分类、网站技术和在线支付需要注意的事项等。

7.3.1 电子商务基础知识

电子商务是指在网络上以电子交易的方式进行的商业活动和营销过程。电子商务的商品可以是有形的商品，这些商品在购买后会通过物流送达购买者指定的地址；也可以通过电子商务进行数字产品交易，如软件、音乐、视频等，消费者购买后可以直接将其下载到本地计算机中；服务也可以是商品的一种，如远程教育、在线咨询、定制商品等。

电子商务可以分为以下几种常见的商业模式。

（1）B2C（Business to Consumer，企业对消费者），消费者可以向企业直接购买商品。大型的B2C电子商务网站有京东商城、天猫商城、亚马逊等。

（2）C2C（Consumer to Consumer，消费者对消费者），用户之间可以互相买卖、竞拍商品，甚至可以进行司法拍卖，如图 7-15 所示。目前，淘宝网站在 C2C 领域的领先地位无可撼动。

图 7-15 通过 C2C 网站可以进行司法拍卖

（3）C2B（Consumer to Business，消费者对企业），与 B2C 不同，C2B 强调以消费者为中心，

即先有消费者提出需求，后有生产企业按需求组织生产。常见的 C2B 网站有"要啥网"等。

（4）B2B（Business to Business，企业对企业），企业之间进行商品交易的平台，常见的 B2B 网站有阿里巴巴等。

（5）B2G（Business to Government，企业对政府），企业与政府间进行交易的平台，如政府部门建立的网上采购平台。

（6）B2T（Business to Team，企业对团队），即通常所说的团购，许多互不相识的消费者组成团队与商家谈判，以求得到最优的价格。

电子商务的优势是运营成本很低，通过利用因特网和计算机资源，可以有效地降低人力资源的成本和租用实体店铺的成本。成本降低了，便可通过降低商品价格的方式来增强商品的竞争力。例如，有些银行通过网上银行转账的手续费要比去营业网点转账的手续费低一半甚至更多；一些商品通过 B2C 网站购买要比在实体商店中购买便宜 20% 左右。

电子商务卖家还可以在网站中设立广告位，进行广告位招商，以获取更多的利润。常见的广告类型有横幅广告、浮动广告和弹窗广告。横幅广告一般位于网页的固定位置，如各页面的最上方和最下方；浮动广告在页面上悬浮，只有用户单击关闭按钮后才会隐藏；弹窗广告通过独立窗口弹出新页面来展示。广告位通常以点击量多少的方式收费，这固然可以增加电子商务卖家的收入，但如果网站的广告太多反而会引起消费者的反感，一些消费者还会选择使用广告拦截软件来拦截广告。

电子商务模式对商家和消费者都有利，商家可以出售一些不太常见的商品，而消费者可以用更低的价格购买到商品。

7.3.2　电子商务网站技术

通过电子商务网站购买商品的流程就像去附近的超市一样：进入网站，选择中意的商品放入购物车内，对购物车内的商品付费。不同的是，在网站通过在线支付方式付款完毕后，商品是由物流公司送达指定地址的，而不需要用户自己动手。电子商务网站需要收集用户的信息（如手机号、邮箱、收货地址等）以确保商品准确无误地送达用户手中，所以用户需要提前注册一个账号，填好其中的信息，才能进行购买。

B2C 网站是由单独的商家运营的，企业拥有自己的产品库存，而 C2C 网站是由许多的个体卖家组成的，他们可以独立地维护自己的网店页面。但无论是 B2C 网站还是 C2C 网站，都具有以下共同点。

（1）库存。每件商品都会维护库存信息，以确保消费者购买时不会缺货，如图 7-16 所示。

图 7-16　商品的库存量

（2）购物车。B2C 网站和 C2C 网站都支持对整个购物车中的商品进行统一购买。购物车使用了 Cookies 技术，但使用方式不尽相同。一些网站是将购物车中的所有商品信息都存入 Cookies 中，而另一些网站只是将唯一的购物车编号存入 Cookies 中，再将购物车编号和商品信息一起存入网站的数据库中。无论采用哪种方式，都能达到记录购物车中商品的效果。

除共同点外，B2C 网站和 C2C 网站还有一些不同点。

（1）B2C 网站的商品库存通常较大，而 C2C 网站的商品库存通常较小。

（2）B2C 网站的库存多是由系统自动控制的，商品入库时增加一个库存量，售出时减少对应的库存量；而 C2C 网站的库存则是由卖家手动控制的，卖家可能会根据商品的情况频繁地修改库存，系统只负责在商品售出时自动减少库存。

（3）C2C 网站支持买家与卖家间的实时沟通，如图 7-17 所示，买卖双方可以通过在线沟通来商谈交易的具体细节。

图 7-17　C2C 网站支持买家与卖家间的实时沟通

7.3.3　在线支付与 HTTPS

常见的在线支付方式包括使用各个银行的网上银行系统付费或使用快捷支付的方式付费，如图 7-18 所示。

图 7-18　常见的在线支付方式

当消费者确认对购物车中商品进行付费后，网站会生成一个安全连接进行付费操作。常用的安全连接技术有 SSL/TLS 和 HTTPS。

SSL（Secure Socket Layer，安全套接层）和 TLS（Transport Layer Security，传输层安全）可对计算机和服务器间传输的数据进行加密。SSL/TLS 协议使用计算机特定的端口（通常是 443 端口）建立安全连接，而不是普通 HTTP 通信使用的 80 端口。

HTTPS（Hyper Text Transfer Protocol Secure，超文本传输安全协议）是 HTTP 和 SSL/TLS 的结合，能为关键操作提供安全连接。使用了 HTTPS 协议的网页最显著的标志是它的 URL 是以 https 开头的，而不是 http，如图 7-19 所示。

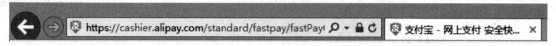

图 7-19　URL 以 https 开头

通过判断网页的 URL 可以得知该网页是否安全，如果支付页面的 URL 不是以 https 开头的，那么就需要提高警惕了。浏览器也会辅助检查网站的安全性，比如浏览器会检查服务器的安全证书是否过期、是否有可能是钓鱼网站等。如果网站不安全，那么浏览器会给出提示，不同浏览器的提示方式不同，但通常是对地址栏的颜色或一些标志符号的改变。

7.3.4　O2O 平台

O2O（Online To Offline，线上到线下）平台是指将线下的商务机会与因特网结合，让因特网成为线下交易的平台。O2O 平台通过打折、提供信息、服务预订等方式，把线下商店的消息推送给因特网用户，从而将他们转换为自己的线下用户，这特别适合于必须到店消费的商品和服务，如餐饮、健身、美容美发等。

与传统的消费者在商家直接消费的模式不同，在 O2O 平台商业模式中，整个消费过程由线上和线下两部分构成。线上平台为消费者提供消费指南、优惠信息、便利服务（预订、在线支付、地图等）和分享平台，而线下商户则专注于提供服务。

通过 O2O 平台，商家和消费者可以达到双赢。对于商家而言，O2O 平台有以下优点。

（1）可以获得更多的宣传和展示机会，吸引更多新用户到店消费。

（2）推广效果可查、每笔交易可跟踪。

（3）可以掌握用户数据，大大提升对老用户的维护与营销效果。

（4）通过与用户的沟通、释疑，可以更好地了解用户的心理。

（5）通过在线预订等方式，可以合理安排经营、节约成本。

（6）可以更加快捷地拉动新品、新店的消费。

（7）可以降低线下实体对黄金地段旺铺的依赖，大大减少租金支出。

对于用户而言，O2O 平台同样可以使他们获益。

（1）用户可以获取更丰富、更全面的商家及其服务的信息。

（2）用户可以更加便捷地向商家在线咨询并进行预购。

（3）用户可以获得相比线下直接消费更为便宜的价格。

对于 O2O 平台本身而言，同样具有巨大潜力。

（1）由于 O2O 平台与用户的日常生活息息相关，并能给用户带来便捷、优惠与消费保障，因此其可以吸引大量高黏性用户。

（2）O2O 平台对商家有强大的推广作用，推广效果可衡量，可吸引大量线下生活服务商家加入。

（3）O2O 平台可以使其获得数倍于 C2B、B2C 的现金流。

（4）O2O 平台具有巨大的广告收益空间，形成规模后，还有更多潜在的盈利模式。

小　结

本章主要介绍了 Web 的相关知识，包括 Web 中常见的技术，以及 Web 中的一些应用——搜索引擎和电子商务。

通过对本章的学习，读者应能够在上网时更加了解网页的本质，并能够更加合理、安全、有效地利用 Web 资源。

习　题

一、判断题

1. HTML 标记可以控制网页的格式。　　　　　　　　　　　　　　　　　　（　　）
2. 浏览器有时候需要安装一些插件来实现一些本身并不能完成的功能。　　（　　）
3. HTTP 是能记录状态的协议。　　　　　　　　　　　　　　　　　　　　（　　）
4. 如果 URL 中没有问号，网页就不是交互式网页。　　　　　　　　　　　（　　）
5. 爬网程序不会从需要密码的网页或动态网页中收集信息。　　　　　　　（　　）
6. 关键字的排列顺序不会影响搜索结果。　　　　　　　　　　　　　　　　（　　）
7. 团购属于 B2C。　　　　　　　　　　　　　　　　　　　　　　　　　　（　　）
8. C2C 网站支持买家与卖家间的沟通。　　　　　　　　　　　　　　　　　（　　）
9. SSL/TLS 协议使用计算机的 80 端口进行连接。　　　　　　　　　　　　（　　）
10. O2O 是"线上‐线下"商务的简称。　　　　　　　　　　　　　　　　　（　　）

二、选择题

1. 可以通过 _____ 唯一确定一个网页。

A. IP 地址　　　　　　　　　　　　　　B. 域名

C. URL　　　　　　　　　　　　　　　D. Web 服务器名

2. 服务器内部错误的状态码是 _____。

A. 200　　　　　　　　　　　　　　　B. 403

C. 404　　　　　　　　　　　　　　　D. 500

3. HTML 中的 _____ 标记可以用来控制字号。

A.
　　　　　　　　　　　　　　B. <hr/>

C. <h1>、<h2>、…、<h6>　　　　　D. <b>

4. 以下不属于服务器脚本语言的是 _____。

A. C#　　　　　　　　　　　　　　　B. JavaScript

C. Java　　　　　　　　　　　　　　D. PHP

5. 若只想搜索特定站点的网页，可以使用 _____。

A. intitle:　　　　　　　　　　　　　B. inurl:

C. site:　　　　　　　　　　　　　　D. filetype:

6. 天猫商城属于 _____ 模式。

A. B2C　　　　　　　　　　　　　　B. B2B

C. C2C　　　　　　　　　　　　　　D. B2T

7. 购物车使用了 _____ 来保存信息。

A. 缓存   B. Cookies

C. 加载项   D. 直接在网页上保存

8. _____ 代表这是一个安全连接。

A. https   B. http

C. ftp   D. html

9. 团购属于 _____ 模式。

A. B2C   B. C2C

C. B2T   D. C2B

10. SSL/TLS 协议通常使用计算机的 _____ 端口。

A. 21   B. 80

C. 443   D. 3306

三、填空题

1. Web 是指能通过 _____ 协议获取的一切因特网上内容的集合。

2. Web 服务器是指连接到 _____ 能够接收浏览器请求的计算机。

3. HTTP 常用的帮助浏览器和 Web 服务器通信的方式有 _____ 和 POST。

4. HTTP 代码中，_____ 代表找不到对应资源。

5. 电子商务是指在网络上以 _____ 的方式进行的商业活动和营销过程。

6. 电子商务最大的优势是 _____，可以有效地降低人力资源的成本和租用实体店铺的成本。

7. 常用的安全连接技术有 _____ 和 HTTPS。

8. 在 O2O 平台商业模式中，整个消费过程由 _____ 和线下两部分构成。

9. SSL 和 TLS 可对计算机和服务器间传输的 _____ 进行加密。

10. 用户可以通过在任意网页空白处单击鼠标右键，在弹出的快捷菜单中选择 _____ 或类似的命令，即可查看 HTML 文件。

四、简答题

1. 简要说明 Web 的发展历程。

2. 列举三种以上制作 HTML 网页的方式。

3. 怎样才可以让自己制作的网页通过网址访问？

4. 典型的搜索引擎包括哪些部分？

5. 通过搜索引擎进行数据查询时有哪些技巧？

6. 简述电子商务几种常见的商业模式。

7. 电子商务中的 B2C 和 C2C 有哪些相同点？

8. 电子商务中的 B2C 和 C2C 有哪些不同点？

9. O2O 对商家而言有哪些优点？

10. O2O 对用户而言有哪些优点？

第8章　社交媒体

本章主要介绍社交媒体的相关知识，包括社交媒体基础、内容社区、社交媒体形式与在线交流。通过对本章的学习，读者应能够全面地了解社交媒体。

8.1　社交媒体基础

本节主要介绍与社交媒体有关的基础内容，包括社交媒体基础知识、社交媒体演进与基于地理位置的社交网络。

8.1.1　社交媒体基础知识

社交媒体（Social Media）指的是因特网上基于用户关系的内容生产与交换平台。目前，全球有数十亿的人参与到了社交媒体中，日常生活中常见的网站，如 Facebook、Twitter、Flickr、新浪微博、微信等，都属于社交媒体。

不同的社交媒体网站都有其独特的术语，例如，"朋友"的概念可以被命名为"关注者"或"联系人"，"喜欢"的概念可以被命名为"赞"或"+1"，等等。当加入一个新的社交媒体后，用户最先需要做的就是熟悉这些术语，这样可以更快地融入其中。

在很多社交媒体中，用户都会拥有个人主页，用来展示自己的好友、图片、个人资料等公共信息。一个精心设计的个人主页往往会为用户吸引更多的关注者，如图 8-1 所示。

图 8-1　个人主页示例

一个典型的社交媒体网站常常会包含以下元素。

（1）内容发布工具。内容发布工具往往是一个简单的文本编辑器，并允许用户插入表情、图片和视频等多媒体资源，如图 8-2 所示。

（2）联系人。用户可以查看自己的联系人，例如，在新浪微博中，可以单击"关注""粉丝"按钮来查看自己的联系人，如图 8-3 所示。

图 8-2　内容发布工具　　　　　　　　　　　　　图 8-3　查看"联系人"

（3）个人主页。用户可以查看、编辑并预览自己的个人主页。

（4）内容查看工具。内容查看工具往往占据着社交媒体网站的大部分空间，用来展示用户的联系人发布的信息，如图 8-4 所示。

图 8-4　新浪微博的内容查看工具

（5）评论。对于用户本人或其他人发布的每条信息，有权限的参与者都可以进行评论、转发或点赞。

8.1.2　社交媒体演进

现在，社交媒体被 Facebook、新浪微博等网站"统治"着，但社交媒体是一个发展和淘汰非常快的领域，我们也很难预测十年后，谁是下一个社交媒体巨头。

事实上，社交媒体的历史可以追溯到因特网还未诞生的 20 世纪 60 年代，那时的一些在线服务公司，如 CompuServe、AOL，允许用户付费使用公司专用的讨论组和电子邮件等功能，CompuServe 提供的早期在线交流服务如图 8-5 所示。进入 20 世纪 90 年代后，因特网与 Web 的诞生推动了社交媒体的迅猛发展。2003 年前后，MySpace、LinkedIn 等社交媒体巨头的诞生真正将社交媒体带向了全球化。

图 8-5　CompuServe 提供的早期在线交流服务

8.1.3　基于地理位置的社交网络

随着智能手机的普及，社交媒体也融合了手机的优势，发展出了新一代的基于地理位置的社交网络。

在基于地理位置的社交网络中，社交媒体网站或社交媒体 App 可以通过手机获取用户的当前位置，并允许用户利用这一信息查找相关用户。例如，微信的"摇一摇"与"附近的人"等功能允许用户查找附近同样在使用微信的潜在联系人；新浪微博的"周边"功能允许用户查看周边用户发布的微博。

一些社交媒体网站在提供基于地理位置的社交网络时，也会收集用户的地理位置信息以完善自身功能。例如，社交媒体网站可以根据用户所在地提供精准投放的广告，而通过对用户地理位置信息的大数据分析，社交媒体网站可以更好地为用户提供相关信息。

8.2　内容社区

本节主要介绍社交媒体中内容构成的内容社区。

8.2.1　社区中的内容

无论在哪个社交媒体网站中，内容永远占据着网站主要位置。因此，如何管理和展示这些内容，成为社交媒体的主要工作。

很多大型社交媒体网站都提供了自己开发的搜索引擎，以帮助用户更好地搜索信息。例如，新浪微博的搜索引擎提供了找人、搜图片、寻找兴趣主页等多种搜索功能，如图 8-6 所示。

图 8-6　新浪微博的搜索引擎

除了简单的内容搜索，管理内容的另一大利器便是元数据标签。元数据标签常常是一个关键字，用来描述有关内容本身的信息，在新浪微博中，元数据标签被称为"话题"，其形式为 # 话题

内容 #。例如，如果用户想要发表关于电影《疯狂动物城》的内容，就可以在发布的内容中添加一个《疯狂动物城》的话题，如图 8-7 所示。如果对话题感兴趣的话，用户还可以进一步搜索这个话题，获取全站用户发表的有关该话题的内容，如图 8-8 所示。

图 8-7　在微博中添加话题

图 8-8　在新浪微博中搜索特定话题内容

8.2.2　知识产权

在社交媒体中，知识产权是一个纷乱复杂的话题，不同的社交媒体网站对于知识产权有不同的处理方式。例如，在与新浪微博有关的《新浪网络服务使用协议》中，对于知识产权是这样说明的：

"对于用户通过新浪网络服务（包括但不限于论坛、BBS、新闻评论、个人家园）上传到新浪网站上可公开获取区域的任何内容，用户同意新浪在全世界范围内具有免费的、永久性的、不可撤销的、非独家的和完全再许可的权利和许可，以使用、复制、修改、改编、出版、翻译、据以创作衍生作品、传播、表演和展示此等内容（整体或部分），和／或将此等内容编入当前已知的或以后开发的其他任何形式的作品、媒体或技术中。"

而在知乎网站中，对于知识产权、个人隐私与侵权举报都有更加详细的界定，如图 8-9 所示。

用户在知乎中回答问题时，可以勾选"未经许可，禁止转载"复选框以保护自己的知识产权，如图8-10所示。

> 知乎是一个信息获取、分享及传播的平台，我们尊重和鼓励知乎用户创作的内容，认识到保护知识产权对知乎生存与发展的重要性，承诺将保护知识产权作为知乎运营的基本原则之一。
>
> 用户在知乎上发表的全部原创内容（包括但不仅限于回答、文章和评论），著作权均归用户本人所有。用户可授权第三方以任何方式使用，不需要得到知乎的同意。
>
> 知乎上可由多人参与编辑的内容，包括但不限于问题及补充说明、答案总结、话题描述、话题结构，所有参与编辑者均同意，相关知识产权归知乎所有。
>
> 知乎提供的网络服务中包含的标识、版面设计、排版方式、文本、图片、图形等均受著作权、商标权及其他法律保护，未经相关权利人（含知乎及其他原始权利人）同意，上述内容均不得在任何平台被直接或间接发布、使用、出于发布或使用目的的改写或再发行，或被用于其他任何商业目的。
>
> 为了促进知识的分享和传播，用户将其在知乎上发表的全部内容，授予知乎免费的、不可撤销的、非独家使用许可，知乎有权将该内容用于知乎各种形态的产品和服务上，包括但不限于网站以及发表的应用或其他因特网产品。
>
> 第三方若出于非商业目的，将用户在知乎上发表的内容转载在知乎之外的地方，应当在作品的正文开头的显著位置注明原作者姓名（或原作者在知乎上使用的账号名称），给出原始链接，注明「发表于知乎」，并不得对作品进行修改演绎。若需要对作品进行修改，或用于商业目的，第三方应当联系用户获得单独授权，按照用户规定的方式使用该内容。
>
> 知乎为用户提供「保留所有权利，禁止转载」的选项。除非获得原作者的单独授权，任何第三方不得转载标注了「禁止转载」的内容，否则均视为侵权。
>
> 在知乎上传或发表的内容，用户应保证其为著作权人或已取得合法授权，并且该内容不会侵犯任何第三方的合法权益。如果第三方提出关于著作权的异议，知乎有权根据实际情况删除相关的内容，且有权追究用户的法律责任。给知乎或任何第三方造成损失的，用户应负责全额赔偿。
>
> 如果任何第三方侵犯了知乎用户相关的权利，用户同意授权知乎或其指定的代理人代表知乎自身或用户对该第三方提出警告、投诉、发起行政执法、诉讼、进行上诉，或谈判和解，并且用户同意在知乎认为必要的情况下参与共同维权。
>
> 知乎有权但无义务对用户发布的内容进行审核，有权根据相关证据结合《侵权责任法》《信息网络传播权保护条例》等法律法规及知乎社区指导原则对侵权信息进行处理。

图8-9　知乎网站中关于知识产权的说明

图8-10　"未经许可，禁止转载"复选框

8.3　社交媒体形式

8.3.1　博客

博客是使用特定的软件，在网络上出版、发表和张贴个人文章的人，或者是一种通常由个人管理、不定期张贴新文章的网站。博客上的文章通常以网页形式出现，并根据张贴时间，以倒序排列。

博客所有者发表文章后，其他人可以进行阅读与评论。常见的博客网站有新浪博客、网易博客、CSDN 博客（见图 8-11）等。

图 8-11　CSDN 博客界面

8.3.2　微博

微博是指一种不超过 140 个字符的在线发表的消息。用户发布的微博一般是对所有人可见的，也可设置权限只对特定用户可见。微博用户可以关注他人的微博，以及时获取其发布的最新消息。随着微博用户越来越多，以及微博消息的实时更新性，微博已经形成了一个自媒体平台。常见的微博有新浪微博、Twitter（见图 8-12）等。

图 8-12　Twitter 网站界面

8.3.3 维基

维基（Wiki）是一种在网络上开放且可供多人协同创作的超文本系统，由美国人沃德·坎宁安于 1995 年首先开发。维基通常被用作数字化的档案馆，包含对某些主题的讨论或介绍。维基的内容由其用户自发进行管理与维护，每个人都可以发表自己的意见，或对共同的主题进行扩展与探讨。维基既可以对因特网大众开放，也可以只局限于一个组织或公司的内部用来维护其自身的知识库。常见的维基有百度百科（见图 8-13）等。

图 8-13　百度百科

8.3.4 微信

微信是腾讯公司于 2011 年推出的一个为智能终端提供即时通信服务的免费应用程序，其界面如图 8-14 所示。微信支持跨通信运营商、跨操作系统平台通过网络快速发送免费语音短信、视频、图片和文字，同时，也可以使用"朋友圈""视频号""直播"等功能。

图 8-14　微信界面

8.3.5　Podcast 和 Webcast

Podcast（播客）是一个由一系列剧集组成的音频或视频节目。用户可以从因特网上下载并使用计算机或 MP3 播放器收听。播客涵盖各个方面，如幽默、诗歌、研究、八卦、采访等。一个拥有计算机和良好网络连接的人可以创建和传播播客。通常情况下，这些创作者将内容上传到一个网站，因此，用户可以观看/收听或下载它们。

Webcast（网络广播）是一种向许多听众或观众发布的媒体演示。它可以是直播，也可以按需创建。网络广播过程涉及通过因特网直播视频。它允许网络广播者和观众实时交流。因此，这项技术在组织中被广泛使用，因为它有助于与客户直接沟通，并讨论他们的问题。

播客是一系列的数字音频或视频文件，用户可以下载以查看或收听。网络广播是一种通过因特网分发的媒体演示，使用流媒体技术将单一的内容源分发给许多同时收听或收看的听众或观众。这些定义解释了播客和网络广播的根本区别。

播客不是实时的，换句话说，它没有实时流媒体。网络广播是实时的，因为它有现场直播。这是播客和网络广播的主要区别。

访问是播客和网络广播的另一个区别。播客文件被放置在网络上，订阅的用户可以获得下载的机会。网络广播文件是实时流媒体文件，用户可以通过单击网站的 URL 访问它们。

播客和网络广播的主要区别是，播客中没有直播，而网络广播中有直播。如果有人想分发内容，如教程、脚本节目等，那么最好的选择是播客。如果有必要实时发布内容，那么最好的选择是网络广播。

8.3.6　短视频

短视频是指在各种新媒体平台上播放的、适合在移动状态和短时休闲状态下观看的、高频推送的视频内容，几秒到几分钟不等，是一种因特网内容传播方式，一般是在因特网新媒体上传播的时长在 5min 以内的视频。短视频的内容融合了技能分享、幽默搞怪、时尚潮流、社会热点、街头采访、公益教育、广告创意、商业定制等主题。由于短视频的内容较短，因此其可以单独成片，也可以成为系列栏目。

8.3.7　电商直播

电商直播是运用直播平台对产品或服务进行直播、展示的一种营销行为。电商直播的种类很多，既包括直播者利用直播推销产品或服务，也包括在社交直播平台上直播者通过直播向其他平台的电商企业引流等。

8.4　在线交流

8.4.1　电子邮件

1. 电子邮件概述

电子邮件（E-mail）是用电子手段进行信息交换的方式，是因特网中应用最广的服务之一。

通过电子邮件系统，用户可以以非常低廉的价格和非常快速的方式与世界上任何一个角落的网络用户联系。

一封完整的电子邮件由消息头和消息正文构成。其中，消息头指明了电子邮件的主题、日期、发送方和接收方，消息正文则包含了文本信息和附件。

电子邮件系统的核心是电子邮件服务器。电子邮件服务器是处理邮件交换的软件和硬件设施的总称，它可以为每个用户提供电子邮箱账户，并将本机上的邮件分发到其他电子邮件服务器，或者接收从其他服务器传来的邮件再分发给对应用户。

用户的电子邮箱账户具有唯一的电子邮件地址，电子邮件可以根据这个唯一的地址准确地找到接收方。电子邮件地址形如"friend@me.com"，以"@"为界分为两部分：前一部分是用户的 ID；而后一部分是用户账户所属的电子邮件服务器的域名。

用户在注册电子邮箱账户时，"@"之后的域名是无法改变的（一般就是电子邮箱账户所属网站的域名），而"@"之前的用户 ID 可以自由命名，不过要保证其唯一性和合法性。用户 ID 最好有一些代表性，如姓名的简称等，以免在进行正式邮件交流时影响邮件接收方对自己的印象。用户也可以申请多个不同的电子邮箱账户，对不同的邮件交流需求应用不同的用户 ID。

正如可以根据域名判断网站的大概类型一样，也可以根据电子邮箱地址的第二部分判断用户所属的企业或学校，比如域名为 microsoft.com 的电子邮箱地址可能属于微软公司的员工。用户无法决定域名，但可以在多个不同域名的服务器上建立电子邮箱账户以满足不同的需求。

要使用电子邮件系统，除需要电子邮箱账户和因特网连接外，还需要电子邮件客户端。可以通过电子邮件客户端进行邮件的发送、接收与管理。电子邮件客户端又可分为基于本地客户端的本地电子邮件和基于浏览器的 Web 电子邮件。

2. 本地电子邮件

本地电子邮件采用了"存储－转发"技术，当用户未连接至因特网时，收到的电子邮件会先存储在电子邮件服务器上，用户连网后，电子邮件会通过本地电子邮件客户端下载到用户的计算机中。

本地电子邮件采用了多种协议以确保电子邮件在本机和服务器间的准确传输。

（1）POP3（Post Office Protocol version 3，邮局协议第 3 版）用于管理接收的邮件，本机从服务器上将邮件下载完毕后，服务器上的邮件会被删除。

（2）IMAP（Internet Message Access Protocol，因特网消息访问协议）同样用于管理接收的邮件，但与 POP3 协议不同，无论本机是否下载了邮件，邮件始终在服务器上保留，直到用户手动删除。

（3）SMTP（Simple Mail Transfer Protocol，简单邮件传送协议）用于处理发出的邮件。

根据协议的不同，电子邮件服务器也可以具体划分为 SMTP 服务器、POP3 服务器和 IMAP 服务器，其中 SMTP 服务器负责发送邮件，而 POP3 服务器或 IMAP 服务器负责接收邮件。

本地电子邮件的优势有以下两点。

（1）对因特网的要求不高，用户只需在需要时连网进行邮件的发送或接收，其他时候可以在离线状态下编辑或阅读邮件。

（2）可控性高。由于邮件存储在本地，不必担心服务器发生意外情况导致邮件丢失。

常见的本地电子邮件客户端有 macOS 系统自带的 Mail 和 Windows 系统中的 Microsoft Outlook，还有诸如开源的 Mozill Thunderbird 软件等。本地电子邮件客户端的设置一般需要提供以下内容。

（1）姓名、电子邮件地址、密码等最基本的登录电子邮箱账户所需的信息。

（2）SMTP 服务器和 POP3 服务器（或 IMAP 服务器）的地址及端口号。网易 163 邮箱提供的各种协议的端口信息如图 8-15 所示。一些电子邮件服务器在连接本地电子邮件客户端时会自动提供这些信息，而在不提供或无法获得这些信息时，需要用户手工填写。

（3）服务器是否需要安全认证及服务器所使用的安全措施类型等。

网易163免费邮箱相关服务器信息：

服务器名称	服务器地址	SSL协议端口号	非SSL协议端口号
IMAP	imap.163.com	993	143
SMTP	smtp.163.com	465/994	25
POP3	pop.163.com	995	110

图 8-15　网易 163 邮箱提供的各种协议的端口信息

图 8-16 展示了 Microsoft Outlook 的电子邮件设置界面。

图 8-16　Microsoft Outlook 的电子邮件设置界面

3. Web 电子邮件

Web 电子邮件（如谷歌的 Gmail，微软的 Hotmail，网易的 163）通过浏览器来访问相应网站的电子邮件服务，对邮件的所有管理全部在浏览器中完成。Web 电子邮件和本地电子邮件是兼容的，可以同时使用 Web 电子邮件和本地电子邮件管理同一个电子邮箱账户。

Web 电子邮件的优势在于其便捷性，不必安装相应的客户端，只要有因特网就可以访问电子邮箱账户，且移动设备也可以通过 Web 电子邮件进行邮件的收发、编辑与删除。多数 Web 电子邮件是免费的。但 Web 电子邮件也有以下不足。

（1）安全风险。在公共计算机上使用 Web 电子邮件是有安全风险的，在登录前最好重启计算机，使用完之后要注销账户。一些网站的 Web 电子邮件服务会提供安全检查，如图 8-17 所示，如果有安全隐患，建议尽早修复。

（2）免费的 Web 电子邮件服务可能会有广告。广告服务器可以搜索用户电子邮件中的内容，从而有针对性地投放用户可能感兴趣的广告。

图 8-17　一些网站的 Web 电子邮件服务会提供安全检查

4. 电子邮件附件

最初的电子邮件只支持 ASCII 格式的正文，即正文中只能输入普通不带格式的文字，而其他形式的内容需要通过附件发送。现在的电子邮件的正文支持文本、图片、语言等多种形式的输入，但是附件还是具有不可替代的作用，比如在通过邮件正文无法详细表述清楚的情况下，需要通过添加附件的方式做进一步的说明，附件可以是任何形式的文件。

电子邮件系统可以将附件通过一种叫作 MIME（Multipurpose Internet Mail Extensions，多用途因特网邮件扩展）的方式转换成 ASCII 格式的文本，然后就可以正常地和电子邮件一起在因特网中传输了。电子邮件头中带有相应的消息，接收方可以通过分析此消息按照对应的方式将附件还原。

在使用附件时，需要留意以下问题。

（1）不要发送太大的附件。如果收件方的网速不是很快，太大的附件需要消耗很长时间才能下载完毕。尽管一些电子邮件系统支持上传很大的附件，但最好不要这样做，如图 8-18 所示。

图 8-18　一些电子邮件系统支持上传很大的附件

（2）不要轻易打开收到的附件。在打开前最好检查一下发件人的身份，以及是否对附件有说明，还可以先对附件进行扫描杀毒。

（3）发送附件时对其进行说明。在邮件正文中对附件的内容进行说明是一个良好的习惯。

5. 网络礼仪

电子邮件和普通的纸质信件一样，都需要注意场合和礼仪。朋友之间的电子邮件交谈可以随便一些，如使用表情符号、词语简写等，但正式的电子邮件交流就需要注意礼仪了，以下列举了一些撰写电子邮件时应注意的基本礼仪。

（1）邮件标题要能概括邮件的主要内容，一定不能是空白标题，且标题要简明扼要，使收件人能够清楚地知道邮件内容。

（2）一封电子邮件最好只针对一个或少数几个主题，每个主题最好分段说明。不要在一封邮件内谈及很多事情。

（3）发送前检查是否有拼写错误或语法错误，一些电子邮件客户端软件会提供这些功能。

（4）对于附件，要在正文中说明其内容。

（5）正文中要恰当地称呼收件人并使用问候语，正文内容要文明礼貌。

（6）牢记电子邮件是有安全风险的，有可能被任何人看到。所以电子邮件中最好不涉密。

（7）可以使用一些大写字符（如 ATTENTION）、特殊字符（如感叹号）或字符格式（如加粗、倾斜）来突出重点内容，但不要过度使用。

（8）回复电子邮件时（系统默认标题，在原标题前加 "RE" 或类似前缀，这样如果双方回复的次数过多，标题会非常难以辨认）可以根据回复内容来更改标题，以便收件人能够注意。

（9）如果收件人过多，可使用 "密送（Bcc）" 功能。密送的收件人不会被其他收件人看到，即每个收件人所看到的收件人地址只有自己一个；而如果不使用密送，收件人会看到一长串的收件人地址。

（10）除非有需求，否则不要轻易使用 "回复所有人" 的功能，因为它会对所有收件人、发件人进行统一回复，在发送回复前也最好检查收件人是否有很多个，以免造成误会。

8.4.2　实时消息

通过实时消息系统可以实现因特网上用户间的互发信息。一对一的实时消息称为即时通信（Instant Messaging，IM），而多人之间的实时消息称为聊天。目前在因特网上常用的实时消息系统有 QQ、微信、Microsoft Skype 等，多数的实时消息系统支持文字、语音、视频等多种形式的信息传输。

大部分实时消息系统是基于客户端 / 服务器模式的。用户登录客户端软件，输入消息后，软件会按照消息协议将消息分成包，然后根据网络连接的稳定情况，将包传输到服务器进行分发，或直接将包发送给接收者。

8.4.3　VoIP

VoIP（Voice over Internet Protocol，IP 电话）可以将语音信号数字化，并以数据封包的形式在因特网上进行实时传递。它可以代替普通电话系统，利用因特网进行电话通话。

VoIP 需要通话双方同时处于因特网中，但如果运营商支持，它也可以有多种方式：可以通过 VoIP 接听由手机或固定电话打来的电话，也可以通过 VoIP 给手机或固定电话打电话。这些扩展方式一般是收费的。

VoIP 需要有良好的因特网连接质量，网速、抖动和丢包都会影响 VoIP 的通话质量。抖动是指网络延迟的变化性，剧烈的延迟变化会产生不稳定的数据流，影响通话效果。丢包是指数据在传输过程中丢失，造成通话双方信息不对称。一般来说，抖动不宜超过 40ms，丢包率不宜超过 8%。

小　结

本章主要介绍了社交媒体的相关知识，包括社交媒体基础、内容社区、社交媒体形式与在线交流。

通过对本章的学习，读者在使用社交媒体时会更加得心应手。

习 题

一、判断题

1．新浪微博不属于社交媒体。　　　　　　　　　　　　　　　　　　　　　（　　）

2．社交媒体的历史可以追溯到 20 世纪 60 年代。　　　　　　　　　　　　　（　　）

3．在基于地理位置的社交中，社交媒体网站或社交媒体 App 可以通过手机获取用户的当前位置。　　　　　　　　　　　　　　　　　　　　　　　　　　　　　　　　（　　）

4．用户在知乎中回答问题时，可以勾选"未经许可，禁止转载"复选框以保护自己的知识产权。　　　　　　　　　　　　　　　　　　　　　　　　　　　　　　　　　　（　　）

5．一条微博的消息长度不受限制。　　　　　　　　　　　　　　　　　　　　（　　）

6．在维基中，用户无法对内容的真实性进行讨论。　　　　　　　　　　　　　（　　）

7．微信只能在国内使用。　　　　　　　　　　　　　　　　　　　　　　　　（　　）

8．POP3 协议是用于发送邮件的协议。　　　　　　　　　　　　　　　　　　（　　）

9．必须安装电子邮件客户端才可以管理电子邮件。　　　　　　　　　　　　　（　　）

10．VoIP 的通话质量只受网速的影响。　　　　　　　　　　　　　　　　　　（　　）

二、选择题

1．以下属于社交媒体的有 _____ 。

A．Facebook
B．Twitter
C．Flickr
D．以上都是

2．以下属于社交媒体网站元素的有 _____ 。

A．内容发布工具
B．个人主页
C．联系人
D．以上都是

3．元数据标签通常是 _____ 。

A．一个字
B．一个关键字
C．一句话
D．一行代码

4．如果想要不定期发布文章，可以使用 _____ 。

A．博客
B．微博
C．维基
D．微信

5．微博的消息长度限制为 _____ 。

A．无限制
B．1MB 大小
C．140 个字符
D．视用户等级而定

6．在微信中可以发送 _____ 信息。

A．语音
B．图片
C．视频
D．以上均可

7．以下属于电子邮件发送协议的是 _____ 。

A．IMAP
B．POP3
C．SMTP
D．HTTP

8．以下网络礼仪中恰当的是 _____ 。

A．使用空白标题
B．发送涉密附件
C．发送前检查拼写错误和语法错误
D．随意使用全部大写的单词

9．以下属于实时消息系统的有 _____ 。

A．QQ
B．Microsoft Skype
C．Apple iChat
D．以上都是

10．影响 VoIP 通话质量的因素是 _____ 。

A．网速
B．抖动
C．丢包
D．以上都是

三、填空题

1．社交媒体是指因特网上基于 _____ 的内容生产与交换平台。

2．社交媒体是一个发展与淘汰非常 _____ 的领域。

3．所有的社交媒体网站中，都是 _____ 占据着主要位置。

4．社交媒体的主要工作是 _____ 内容。

5．大型的社交媒体网站会提供自己开发的 _____ 以便于用户更好地搜索信息。

6．知识产权是指权利人对其智力劳动所创造的成果享有的财产 _____ 。

7．博客一般根据张贴时间，以 _____ 排列。

8．微博是一种不超过 _____ 个字符的短消息。

9．微信是 _____ 公司推出的为智能终端提供即时通信服务的免费应用程序。

10．Web 电子邮件通过 _____ 来访问相应网站的电子邮件服务。

四、简答题

1．一个典型的社交媒体网站通常包括哪些元素？

2．列举几种常见的社交媒体形式。

3．本地电子邮件有哪些协议确保电子邮件在本地和服务器之间的准确传输？

4．本地电子邮件有哪些优势？

5．本地电子邮件客户端的设置一般需要提供哪些内容？

6．Web 电子邮件有哪些不足？

7．简述 VoIP 的工作原理。

8．VoIP 通话有哪些方式？

9．简述丢包的含义及危害。

10．简述维基。

第9章 多媒体和 Web

本章主要关注基于 Web 的多媒体，包括其概念、应用与优缺点，讨论在 Web 上常见的多媒体形式和多媒体网站的设计与开发。通过对本章的学习，读者应能够对多媒体有一个基本的了解，并能够加深对 Web 的理解。

9.1 多媒体和 Web 基础

9.1.1 基于 Web 的多媒体基础知识

这里的媒体可以指文本、图片、视频、动画和音频。虽然本章的重点着眼于 Web 上的多媒体，但无论是否在网络环境中，多媒体都被广泛应用于多种类型的应用中。

虽然多媒体指的是由多种媒体形式组成的整体，但基于 Web 的多媒体（也称富媒体）主要指的是页面上的文本和图片，以及声音、视频或动画。这些页面本身是可交互的，它们会展示通过链接请求的信息。除此之外，页面上也包含一些可以直接与用户进行交互的页面元素，比如可以播放、暂停的视频，可以被用户控制的 3D 物体，或者游戏等。

过去，受到因特网的连接速度较慢的影响，Web 上的多媒体的发展一直都被严重地限制。现在，高处理速度的计算机和宽带连接的出现，促进了 Web 上的多媒体技术快速规范地发展。事实上，目前绝大多数的网站都包含多媒体内容，比如网页上常见的广告（如图片、视频片段形式的广告标语），网站上常见的内容（如电视节目、播客），或由用户提供并上传到网站上的内容（如上传到 YouTube 网站上的视频及上传到 Facebook 网站上的照片）。

多媒体已经成为因特网不可或缺的一部分。无论是企业还是个人都可以创建网站并给网络上的用户提供内容，因此了解不同形式的媒体元素，以及如何让这些元素在网站中发挥作用是很重要的。举例来说，视频被广泛应用在网站中，然而在给网站添加视频之前，与网站相关的企业或个人都应该慎重考虑创造或获取视频内容所需要付出的成本，以及访问者获取视频内容所需要花费的流量。从技术角度来说，潜在的用户是可以通过任何类型的设备来获取视频的，因此我们必须考虑他们的设备类型及视频文件格式。通过智能手机向视频网站上传视频或者给其他人发送照片或视频片段的个人，同样也必须知道流量限制和有效的视频文件格式，才能保证视频可以被用户观看。（针对通过网站观看在线电影、电视节目或其他视频内容的用户，还需要考虑视频格式及大小的问题，要尽可能采用压缩比高且画质清晰的视频格式，如 FLV、MP4 等格式。）

9.1.2 基于 Web 的多媒体应用

在 Web 上，我们可以看到大量的多媒体应用，特别是视频内容对于带宽要求很高，所以因特网连接环境的好坏可能会极大影响使用这些多媒体应用的用户数量。举例来说，大多数流视频网站对于标准清晰度的视频会要求最慢 500kbit/s 的连接速度，对于高清晰度的视频则需要更快的连接速度（比如对于 HD 质量的视频需要 5Mbit/s）。另外，如果用户的因特网服务提供商有流量限制，那么观看和下载视频会很快使流量超过配额。例如，看 1h 的标准清晰度的电视节目大概需要 200MB 的流量。因此，如果用户想要获取因特网多媒体的内容，那么熟悉因特网服务提供商的带宽配额和因大量下载而会导致的超额费用是非常重要的。

以下将会对一些最为常见的多媒体应用进行讨论。

1. 信息传递

在网站上，多媒体被广泛应用于传递各种类型的信息。例如，产品制造商会使用照片、视频和在线用户手册来向访问者传递它们产品的信息；新闻网站会利用视频片段、照片和"播客"给它们的访问者带来更新的新闻消息，如图 9-1 所示；餐厅可以利用照片描绘它们提供的菜肴，并提供地图帮助访问者找到餐厅的位置。

多媒体同时是基于 Web 教育（Web-Based Training，WBT）的重要组成部分，可以通过多媒体网站进行在线授课和在线学习，如图 9-2 所示。

图 9-1　新闻网站通过多媒体的方式提供新闻

图 9-2　通过基于 Web 的多媒体进行在线学习

2. 电子商务

多媒体也经常被应用在电子商务的网站上，用来描绘那些在网站进行交易的产品的信息。例如，销售多媒体内容（如音乐、电影）的网站经常提供多媒体元素（如样例歌曲或电影片段）给消费者，使他们在选择产品前可以试听或试看。销售其他类型产品的网站会提供在线产品目录以便访问者可以在网站上找到他们想要的产品，这些产品目录几乎都会包含产品图片，并且访问者还可以对这些图片进行操作（如缩放、平移）来更好地观看产品。一些电子商务网站还允许访问者对产品图片进行重新涂色，以展示他们心目中的制成品（如一辆车或一件服饰）。一些服装零售网站还允许买家通过给他们自定义的虚拟模特（通过选择体型、身高、体重、发型、发色等）"试穿"，以便更直观地了解他们选择的服饰穿在他们自己身上时的样子，如图 9-3 所示。同时会有一些电子商务网站利用虚拟现实（Virtual Reality，VR）技术来展示环境情况或产品（如一辆车或一栋房子）在真实世界中的样子。

另一种为手机用户准备的、充满可能性的虚拟现实技术是增强现实（Augmented Reality，

AR）技术。它通过将计算机生成的图片叠加在手机实时显示的图片之上来实现。这些应用通常使用 GPS、摄像头、数字方位仪，以及其他从手机上收集到的信息，并将合适的数据放置在手机上以模拟出虚拟现实的效果。利用增强现实技术模拟出的三维空间如图 9-4 所示。

图 9-3　虚拟模特　　　　　　　　　　　图 9-4　利用增强现实技术模拟出的三维空间

3. 娱乐

基于 Web 的多媒体最广泛的应用领域是娱乐网站。现在人们可以通过 Web 找到大量的电视节目、电影和娱乐资源。很多网站也会提供独具网页特色的网络游戏，这些游戏通常会整合背景音乐、声效、图片、动画效果、剧情、角色对白、视频片段，或者其他类型的多媒体元素。

4. 社会化媒体和虚拟世界

在社会化媒体的活动中，通常也整合了大量的多媒体。例如，很多人会通过社交网站或博客上传图片或视频片段。

虚拟世界是另一种基于多媒体的 Web 应用。这些网络虚拟世界（如《第二人生》这款游戏，如图 9-5 所示）允许用户利用自己在虚拟世界中的"替身"同其他人见面、讨论、玩游戏、拜访充满异域风情的虚拟景点，给他们的替身买衣服或其他物品，或者创造自己的物品并卖给其他用户的替身。在这些虚拟世界中，注册通常是免费的，但用户需要通过现实世界的货币购买这些虚拟世界中的货币。

图 9-5　游戏《第二人生》中的画面

9.1.3　基于 Web 的多媒体的优缺点

在为商业目的或个人创建的网站中，使用 Web 多媒体既有缺点也有优点。相比其他途径，多媒体网页可以传递更多种类的内容（如网络电视、网络音乐），这可能是 Web 多媒体最大的优势。另一个重要的优势是，Web 多媒体可以带来新的学习方式。例如，我们称通过视觉可以达到最好学习效果的人为视觉学习者，称通过听觉可以达到最好学习效果的人为听觉学习者，同时有些动觉学习者通过实际操作能达到最好学习效果。有一种观点认为，单一媒体形式的学习方式也许适合一部分用户，但其他用户或许会因为这种学习形式不适合他们，而在学习过程中无法获得完整的知识。但多媒体却可以利用多种方式来表达教材内容以获得更大的优势。例如，Web 上的练习可以通过文字、图片、旁白和实践活动等形式来开展，这样在理论上能够增加用户在学习过程中学到知识的机会。

除此之外，Web 多媒体还有一个优势是，它可以以一种更加有趣、更容易吸引人的形式来表现我们需要展示的内容，并且很多想法也能够通过多媒体轻松地表达出来。例如，通过多媒体教用户剪纸要比文字形式的说明更有效果。

在个人或商业网站中加入多媒体的缺点包括开发过程所花费的时间和费用。多媒体网站通常要比以文字为主的网站花费更多的时间和精力去制作。虽然网站的多媒体元素可以在数个小时内完成（只要掌握制作技能、有制作经验和合适的媒体制作软件），但是很多企业却会选择把多媒体网站的开发工作外包给专业制作公司这种更耗费资金的方式。

除此之外，存储和传输多媒体内容的花费也是需要好好考量的。如果网站上的某个视频在 Web 上火热起来，访问网站观看视频的用户可能瞬间增长数百倍，网站为应对网络阻塞所消耗的费用就有可能大幅增长。另外，限制多媒体网站使用的是连网速度慢或流量配额较小的用户，这些用户可能完全无法观看网站上的多媒体内容。以上这些因素都是设计或制作一个多媒体网站时需要考虑的。

9.2　多媒体元素

9.2.1　文本元素

文本实际上是所有网站中最重要的一部分。文本通常会被用在网站的基础内容、文本菜单和超链接上，同时按钮、图标、横幅及网页图片也会加上文本。

文本可以以各式各样的字体、颜色、大小和样式表现出来。字体是由拥有同样设计的字符文本组成的集合，如 Times New Roman、Arial、宋体及黑体等。字体可分为衬线字体和无衬线字体，如图 9-6 所示。衬线字体（serif，如 Times New Roman、宋体）指的是在字母笔画末端带有小衬线的字体，它们因其可读性较强而常常被用在有大量文本的内容上。无衬线字体（sans serif，如 Arial）没有衬线，经常被用在标题、页首、网页横幅等位置上。而那些经常需要以大字号显示出来的字体则会有更复杂的外观，如 FoglihtenFr02 字体，如图 9-7 所示。

图 9-6　衬线字体（左）和无衬线字体（右）

图 9-7　FoglihtenFr02 字体

　　字体上选择有很多，不同字体给用户带来的视觉效果往往是很不一样的。例如，Times New Roman 字体是一种传统的、充满商业风格的字体，而 Dom Casual 字体（见图 9-8）则充满趣味和想象力。在为网页或多媒体内容中的文本选择字体时，选择一种符合网站风格的字体就显得十分重要。通常文本的字号是 11 号或 12 号，当使用更小的字号时，文本就会变得难以阅读。另外，把文本字号设置得太大会占据屏幕的太多空间。页面设计者应该确保在屏幕上一次可以显示足够的信息，以避免访问者为看到后面的内容而不停地翻动屏幕，这一动作非常容易使用户感到厌烦。同时要注意网站的配色：保持文本颜色和网页背景颜色之间的高对比度往往可以保证文本本身的可读性，切记不要在黑色背景上使用黑色字体，同样也不应该使用一张过于复杂的图片作为网页的背景。

The Quick Brown Fox Jumps Over The Lazy Dog.

图 9-8　**Dom Casual** 字体

　　在为网页的文本选择字体和字号时，还需要考虑显示网页的设备。只有已经安装在用户设备上的字体才能正常地显示在网页上，否则就必须在制作网页时把字体内嵌到网页中。另外，用户使用的浏览器、屏幕大小和屏幕分辨率都会影响文本的大小。所以在设计页面时应牢记，网页上使用的文本很有可能不会按照预期的那样显示在用户浏览器中。当需要保持文本的样子稳定与一致（如公司的图标和导航按钮上的文字）时，可以用一张包含文本的图片来代替文本。图片上的文本不像普通的文本，无论用户的浏览器如何设置，它们都会在各种计算机上一致地显示出来，因为它们本身就是图片文件的一部分。

9.2.2　图片元素

　　在计算机中，图片（或图像）是照片、图画、表格和其他虚拟对象的数字表达形式。不同于动画或视频，图片是静态的。图片可以用扫描的照片或文档，也可以用数码相机拍摄的照片，或者用图像处理软件处理过的图片，还可以在图片库（专业图片）网站查找。（常用的办公软件或者图像处理软件中已预置了部分图片，如图 9-9 所示，设计者可以免费使用这些图片进行二次创作。另外，目前有很多图片素材网站，这些网站可以提供很多用于设计的专业图片，但这些图片大部分需要付费购买。）

　　常用的图片格式有很多，包括 TIF、BMP、GIF、JPEG 和 PNG 等格式。扫描的图片、医用图片和用于桌面排版的图片通常都以 TIF 格式存储；使用 Windows 操作系统的画图工具或其他类似的图片处理工具生成的图片通常以 BMP 格式存储；网页上使用的图片通常以 GIF、JPEG 或 PNG 格式存储，这些类型的图片几乎都能够在浏览器上直接显示而不需要额外的插件。

图像集 ☺ ☹

图像 图标 人像抠图 贴纸 插图 卡通人物

🔍 搜索"花朵上的昆虫"

图 9-9 Office 软件中预置的图片

图片的文件格式和大小可以通过图像处理软件进行更改。图像处理软件可以让一张图片以更适合的方式被应用于网页中。举例来说，一张高分辨率的 JPEG 图片可以通过压缩方式来减小其文件大小，以便提高这张图片在网页上的传输速度。JPEG 格式的图片也可以以低分辨率的 GIF 格式存储，以用在导航按钮或网页的横幅上。接下来将详细地介绍一些常用的图片格式。

1.GIF 格式

GIF（Graphics Interchange Format，图形交换格式）是一种标准的网页图片格式，这种格式的图片经常被用在商标、横幅和其他非摄影级别的图片上。它是一种使用无损压缩的、高效的图片格式，即以 GIF 格式存储的图片，其图像质量不会下降。GIF 格式的图片只包含 256 种颜色，这在一定程度上减小了其占用的空间。

GIF 图片通常是矩形的，但是它们可以利用透明的背景来使图片看起来是非矩形的。GIF 图片可以是交叉的，即图片在刚打开时，是以低分辨率显示的，而图片质量会逐渐地提高直到显示出原始的分辨率，如图 9-10 所示。非交叉型的 GIF 图片是以完整的图片质量从顶至底逐渐显示出来的。虽然交叉型的 GIF 图片本身在读取上并不会更快，但由于用户可以更快地看到图片，所以感觉它的加载速度更快。网页设计师通常会在制作图片时设置图片的透明部分，而交叉的特性通常也会由网页设计师在将图片插入网页上时进行设置。

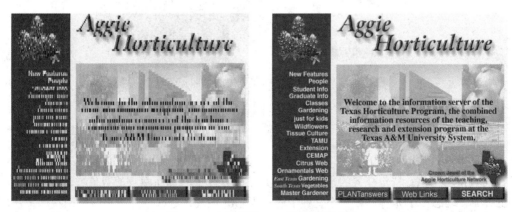

图 9-10 交叉型的 GIF 图片打开过程

2. PNG 格式

PNG（Portable Network Graphics，便携式网络图形）格式是为了应对 GIF 格式的专利问题而于 1996 年特别设计出来的（使用 GIF 压缩算法生成 GIF 图片的图像处理程序会被要求支付专利费用）。PNG格式同GIF格式一样，使用无损压缩算法，但它的压缩比在很多非摄影级别的图片上要比GIF格式更高，使得图片的文件大小更小。PNG图片可以使用256种颜色的颜色板（同GIF格式的图片一样），或使用真彩色（同JPEG格式的图片一样，超过1600万种颜色）。PNG图片也可以设置透明或交叉的特性。

3. JPEG格式

JPEG（Joint Photographic Experts Group，联合图像专家组）格式是网页图片的标准格式。JPEG格式使用有损压缩，所以在压缩过程中，图片质量会降低。当一张图片以JPEG格式进行保存时，可以设置0～100%的压缩比。选择更高的压缩比时，文件的大小将会变得更小，但图片质量也会变得更低。JPEG图片的显示类似于交叉型的GIF图片，一开始会以低分辨率显示，然后图片质量会逐渐提高。JPEG图片可以使用真彩色，因此JPEG格式通常会被用在照片或其他一些需要超过256种颜色的图片上。

制作用于Web的图片时，需要选择最合适的格式与设置，使得在图片质量可接受的前提下，占用尽可能小的空间，这样用户可以更快地浏览图片。GIF或者PNG格式经常被用于线条艺术图像（如剪贴画、商标、导航按钮等）上，与JPEG格式相比，它们有更高质量的图像和更小的文件尺寸。然而，对于照片来说，JPEG格式通常会产生一个质量更高、占用空间更小的文件。

图片中实物的物理尺寸也能在很大程度上影响图片尺寸。图片应该先通过图像处理软件修改到合适的大小，再插入网页中。当网页需要一张非常大的图片（如为了更好地展示一个产品的细节）时，可以采用缩略图。缩略图中的图片是较小的版本，它与对应的原尺寸图像相关联。当一个缩略图被单击时，对应原尺寸的图片就会被展示出来，如图9-11所示。缩略图尺寸非常小，因此使用缩略图并不会显著增加网页的加载时间。

单击打开扩展视图

图9-11　单击缩略图可以查看原始图片的细节

9.2.3　动画元素

在网页中，通常用Java小程序（JavaApplet）或动态GIF图片来展示简单的动画。Java小程序是在网页中用来执行特定任务的小型程序，如在证券投资的页面中更改数值或者放大/缩小网页中的元素。动态GIF是存储在一个文件中的一组GIF图片，这些图片可按照时间次序依次展示出来，模拟动画的效果。许多网站的广告条幅一般使用动态GIF来达到改变内容的效果。

网页也可以包含更复杂的动画，例如，当单击按钮，或者编辑文本时，会有动画显示出来。这些动画大多数是用JavaScript或其他类似的脚本语言编写的，另外一些则是用Flash或Microsoft Silverlight等动画开发工具制作的。浏览器需要支持JavaScript或者有合适的插件（如Adobe Flash

Player）才能观看这些复杂的动画。

9.2.4 音频元素

音频包括所有类型的声音，如音乐、语音和声音等效果。网站通过多种多样的方式使用音频，如网页中的背景音乐、播客、使用说明、在线录音机、在线游戏等。音频可以用智能手机或者 MIDI 工具来记录，也能够从 CD 上通过软件抓取到或者从因特网上下载使用（一些音乐和声音效果文件是免费获取的，另外一些则需要付费下载）。音频文件可能会很大，因此有损压缩的格式（如 MP3）经常被应用以减小文件的大小。

网页中的音频可以设置为自动播放，也可以设置为单击某个按钮才进行播放。网页中的音频文件的格式通常采用流式音频，即最初只有音频文件的一小部分会被下载和缓冲，在播放的同时下载剩余部分，保证用户能够在最短的时间内听到音频文件。

在网页上播放音频文件一般需要用户的计算机上有合适的媒体播放器（如 Windows Media Player、Apple Quick Time Player）。常用的音频格式主要有以下几种。

（1）WAV（Waveform Audio File Format），无损格式，大部分的 CD 光盘采用这种格式存储音频，WAV 文件通常容量较大。

（2）MP3（Moving Picture Experts Group Audio Layer 3），有损压缩格式，该格式主要用来制作高效、高品质的压缩音频文件。WAV 文件可以通过转换成 MP3 文件来减小其占用的空间。

（3）AIFF（Audio Interchange File Format），无损格式，这是苹果公司自定义的音频文件格式。其有损压缩格式是 AIFF-C（AIFF-Compressed）。

（4）高级音频编码（AAC 或 M4A），这种格式用 MP4 的标准来编码音频，是除 MP3 之外的另一种可用于 Web 音频的选择。

9.2.5 视频元素

视频与动画不同。动画是由人或计算机绘制的，而视频则是使用摄像设备获取的视觉信息流。视频也是由一张张"图片"构成的，每张"图片"称为一帧，当图片开始连续地展现（典型的是 24 帧／秒或更高的速率），它们看起来就像是原始的连续信息流。24 帧／秒甚至更高的速率造成的结果之一是标准视频文件的容量非常大，而 HD（高清视频文件）和近年来开始流行的 4K（也被叫作极端 HD）视频文件占用的空间更大（例如，一个时长为 2h 的 HD 文件占用空间可达 10GB）。因此，根据视频文件的应用范围，可以将视频进行压缩。视频数据像音频数据一样经常被压缩。

以下列举了一些常用的视频格式，大多数视频格式都能够用标准的媒体播放器播放。

（1）AVI（Audio Video Interleaved），这是微软公司开发的标准视频文件格式。

（2）FLV（Flash Video），动画视频格式，这种格式可以用 Adobe Flash Player 播放，它是现在最常用的 Web 视频格式之一。

（3）MP2（Moving Picture Experts Group Audio Layer 2），这是一种高质量的压缩视频文件格式。

（4）MP4（Moving Picture Experts Group Audio Layer 4），这是专为 Web 传输而开发的万能格式，这种格式可以包括静止图片和音频数据，但是主要用于视频格式。

（5）MOV（Apple Quick Time 影片格式），这是苹果公司开发的适用于 Web 传输的万能视频格式。

（6）WMV（Windows Media Video），这是微软公司开发的用于 Windows Media Player 的视频格式。

Web 中的视频基本都是通过摄像仪器记录的，然后按需求被编辑成最终的视频格式。Web 视频应用包括电视节目、新闻播报、企业演讲、产品介绍、视频广告等。企业和个人都可以在他们的网页上嵌入视频。类似于音频文件，Web 上的视频文件也是流式加载的，当视频的一部分被下载完之后，视频文件就可以开始播放。视频还可以被上传到如 YouTube、Facebook 这样的视频分享网站上或者其他社交媒体上，也可以在计算机之间互相传输。

9.3　多媒体网站设计

9.3.1　基本设计准则

网站设计指的是规划网站的整体外观及设计网站中各页面的工作流程。在设计网站之前，前期的需求调研是非常重要的。在开发之前，针对网站整体风格、颜色搭配、页面中的内容布局及网站所面向的用户群等，都需要和用户进行详细的沟通，制定详细的需求说明文档。

设计多媒体网站时，需要时刻考虑网站应展示什么内容及如何吸引用户访问这些内容。在吸引用户方面，有两个基本原则需要注意：用户喜欢内容有趣并且适合自己的页面；用户对布局混乱，功能不清晰或者加载很慢的网页往往没有耐心。

如果一个网站能够提供有价值或有趣味的信息给用户，那么它就是一个有意义的网站，用户在浏览网站时会感到兴奋而被吸引住。但是，兴趣会随着时间的推移而减弱，如果用户每天在网站上看到的都是相同的内容，就会产生枯燥感，久而久之就可能不再访问该网站。因此，时常用最新的信息来更新网站内容是很重要的。

网站的易用性是决定用户是否会经常访问的决定性因素。例如，如果用户在网站中搜索想要的信息是一件困难的事，或者网页页面加载时间过长，那么用户就会到另一个网站而且再也不会访问该网站。为了方便检索和减少用户的等待时间，网站应该使用清晰且高效的检索工具，并以容易理解的方式提供信息。网站也应该能够快速加载，要达到这个目标，需要仔细选择网站的多媒体元素，并且在必要的时候修改它们（如减小图像分辨率）以尽可能地提高加载效率。

另外，用户用来上网的设备也是影响网站设计的因素。因特网用户可能会使用台式计算机、智能手机等多种多样不同尺寸的设备，设计一种适合所有设备的网站需要很大的工作量，因此网站设计者应该尽早决定网站的目标受众是用台式计算机还是上网本，或是智能手机，以及是否需要优化内容以适应不同尺寸的设备［设计适用于多种设备的网站称为响应式网站设计（Responsive Web Design，RWD），响应式网站能根据显示设备尺寸的不同动态改变样式，如图 9-12 所示］。在响应式网站设计中，可以使用模拟器来模拟不同尺寸设备的显示效果。

图 9-12　响应式网站能根据显示设备尺寸的不同动态改变样式

除设备尺寸的不同外，还应该考虑各种不同的操作系统平台及 Web 浏览器。设计者应该合理配置网站以使它能够在尽可能多的不同的配置终端使用。

（1）尽量不设计需要特定浏览器支持的功能。

即便大多数浏览器（如 Internet Explorer、Firefox、Opera、Google Chrome 和 Safari）的性能和功能都变得越来越统一，但仍有一些功能不适用于所有浏览器。如果选择使用了这些功能，可以使用浏览器的嗅探技术来确定用户所使用的浏览器，并根据浏览器的不同，显示不同的内容。

（2）尽量减少使用插件。

使用网页功能之前下载插件是一件令用户很反感的事情，但大多数用户还是会在需要时下载一些应用范围较广的插件。在设计网页时，尽量不要要求用户下载不常用的插件。

（3）页面内容的大小。

不同的浏览器和屏幕分辨率会产生不同大小的页面内容展现区域，设计图片和文字栏宽度时需要考虑这个因素。例如，为了确保内容在台式计算机和笔记本电脑上易于阅读，而无须烦琐的滚动，图片或其他大尺寸元素的宽度应小于 960 像素，高度应小于 420 像素。为手机用户设计的内容则应更小，在常见型号的手机上宽度应小于 300 像素，在大屏手机或平板电脑上宽度应小于 768 像素。

（4）高带宽应用。

尽管宽带因特网已经很普及了，但仍旧有部分用户在使用窄带上网连接，还有一些手机用户的流量是有上限的。如果网站的目标用户包括窄带上网用户或手机用户，就需要格外注意网站上图片文件的大小，并且要让用户自己决定是否要花时间和流量来获得网站的特定功能。例如，设置一个链接（包含文件大小和预计加载时间），而不是自动播放音频或视频文件；当需要呈现大尺寸图片时，尽量使用缩略图方式，让用户自行选择是否查看大图。最后确保所有的多媒体元素和网站所要达到的目的一致，除非有很好的理由，否则不要添加额外的元素，尤其是音频或视频文件，这会减慢网站的加载速度，使用户厌烦。

9.3.2 确定网站目标及目标用户

设计多媒体网站的首要步骤就是确定网站目标及目标用户。网站目标决定了网站的内容。网站设计者需要确定网站的首要目标（如营销、产品、服务），还要确定一些补充性的元素或活动（如游戏功能、用户留言系统、在线交流等）。如果网站是为手机用户设计的，还需要决定是否包含与位置相关的应用或者其他流行的手机应用。此外，还需要确定将哪些社交应用整合到网站上（如分享到新浪微博，如图 9-13 所示），并在多个社交平台注册网站的官方账号，以便与对应平台的用户进行交流。

图 9-13　分享到新浪微博

目标用户会影响网站多媒体元素的样式。例如，如果网站只用于内部局域网用户，就不必像设计因特网网站那样精心考虑文件大小和文件格式；如果目标用户基本使用同一种浏览器（如Internet Explorer），就可以主要为这种浏览器设计网站。此外，网站的具体设计（如风格、图像、字体、颜色）也需要为目标用户考虑，如果用户是青少年，就可以将页面设计得时尚、前卫一些，而商务人士更喜欢简约风格的网站。

确定目标用户后，就需要确定网站要包含的主题。确定网站主题的方式主要有：通过浏览类似网站来明确自身的网站主题；与目标用户进行交流以便获取用户需求等。一旦确定网站主题，设计人员就可以开始准备页面所需要的相关元素，包括图片、文本、动画、音视频文件等。设计者一般需要设计出 2～3 套适合网站主题的不同方案，以便选取最合适的方案再继续网站其他页面的设计工作。

9.3.3 确定网站流程图及页面布局

在确定网站目标、目标用户及内容后，就要设计网站的结构和布局。网站流程图和页面布局等，既可以用手工设计，也可以借助特定的计算机软件来设计。

网站流程图描述了网站的页面间是如何连接的。例如，图 9-14 展示了一个典型的主页导航式网站的流程图。流程图相当于网站的"地图"，图中用小盒子来代表网页，盒子之间的线条展现了网页间的逻辑联系。除此之外，网页间还有其他的联系，例如，可以在网站的每一页放置导航栏。

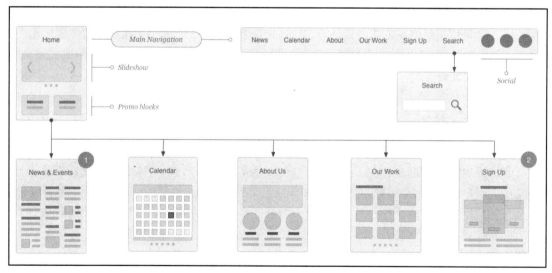

图 9-14　网站流程图示例

页面布局经常用来说明网站的布局和导航结构，如图 9-15 所示。对于每个网站，通常要设计两个页面布局：一个是主页，另一个是网站上其他所有页面。当设计页面布局时，需要仔细考虑每个元素要放在什么地方。例如，研究表明，大多数人首先浏览页面的左上角，此位置一般放置网站 Logo 及重要信息。当设计网站的布局时，要确保页面看上去有趣而不枯燥，元素的分配要平衡，并且重要的元素要突出显示。

故事板是一系列描述页面或屏幕动态变化的草图。故事板常用于电影制作，但在设计多媒体网站上的动画元素时也可以使用，其形式类似于漫画书。

图 9-15　页面布局示例

9.3.4　网站导航注意事项

　　网站的导航结构是非常重要的，它能在一定程度上决定网站的易用性。在制作完网站的初步流程图后，还要检查各网页间的链接是否平衡，应保证用户可以在三次单击之内到达网站的大多数页面。对于大型网站来说，导航工具，如下拉菜单、网站地图（包含可以去到所有主要页面的链接，如图 9-16 所示）、导航栏和搜索框等是非常有用的。

网站地图

Mac ⊙

Mac 家族	**Mac 配件** ⊙		
MacBook Air	Airport 和无线产品	鼠标和键盘	视频
MacBook Pro	适用于 Mac 的 AppleCare Protection Plan	商乐创作	
Mac mini	全方位服务计划	网络	
iMac	背包和保护壳	演示	
配备 VESA 支架转接器的iMac	线缆	打印机	
Mac Pro	电源	软件	
比较 Mac 机型	设备护理	扬声器	
	显示器与显卡	支架、底座和锁	
	内存	存储设备	
	耳机		

iPod ⊙	**iPhone** ⊙	**iPad** ⊙	**选购配件** ⊙
iPod 家族	iPhone 5s	**iPad 家族**	**选购配件**
iPod shuffle	iPhone 5c	iPad Air	所有配件
iPod nano	iPhone 4s	iPad with Retina display	Apple 配件
iPod classic	比较 iPhone 机型	iPad mini with Retina Display	独家产品
iPod touch		iPad mini	
比较 iPod 机型	**iPhone 配件**	比较 iPad 机型	**所有配件**
	适用于 iPhone 的 AppleCare Protector		Airport 和无线产品
iPod 配件 ⊙	Plan全方位服务计划	**iPad 配件** ⊙	AppleCare

图 9-16　网站地图示例

　　当设计导航结构时，确保把相同的导航按钮或链接放在每一页相同的位置上，以便用户使用；确保导航按钮上的图标容易被理解，尽可能给图标加一个文字名称，比如在购物车的图标后添加"购物车"字样。此外，用户通常认为有下画线的文本是超链接，所以如果文本不是超链接的话，就不要加下画线，以免引起用户误会。

如果一个网页的内容较多，可以考虑把内容分到几个页面中，以减少向下滚动和网页加载时间，页面之间可以用分页标签连接，如图9-17所示。此外，对于内容较长的网页，要确保总是有一个可以让用户回到网页顶部的快速链接。

（支持键盘 ← 和 → 分页）

| 1 | 2 | 3 | 4 | 下一页 | 末页 |

在本页阅读全文>>

图 9-17　分页标签示例

9.4　多媒体网站的开发

9.4.1　确定多媒体元素

网站的导航及页面布局设计完毕后，就可以开始进行网站各项功能的开发。网站开发的第一步是确定页面中要用的多媒体元素，如图片、动画、音频和视频等。"工欲善其事，必先利其器"，一些常用的工具软件（如图像编辑、视频编辑和音频编辑软件）是必不可少的。例如，要想在网页中插入动画或交互性的功能（如游戏、指南、广告等），可以采用 Adobe Flash Player（见图 9-18）、Adobe After Effects，或者其他网页动画程序。

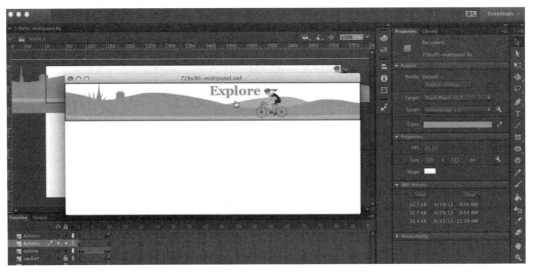

图 9-18　Adobe Flash Player 软件界面

Silverlight 是一项用于播放动画或交互性网络应用的技术，它与 Adobe Flash Player 的功能相似，被视为 Adobe Flash Player 的竞争对手。Silverlight 主要使用 Microsoft Visual Studio 平台开发，然后由 Silverlight 插件负责显示内容。如果要开发大型多媒体应用（如复杂的游戏和模拟训练），除 Adobe Flash Player 和 Silverlight 外，还可使用多媒体制作软件，如 Adobe Director。Adobe Director 经常用于 Shockwave 制作，制作内容将被嵌入多媒体网站并通过 Adobe Shockwave Player 播放。

此外，一些动画也可以通过 HTML5 语言执行。

无论使用什么样的程序或方法，当确定多媒体元素后，还要将它们以合适的大小、分辨率和格式插入网页中，要符合网站整体风格以呈现给访客一种和谐一致的感官享受。

9.4.2　制作网站

确定多媒体元素后，就可以制作网站。制作多媒体网站时，除了要遵循最基本的 HTML 语言规范，还可以使用以下语言、标准或工具。

1. HTML5

目前，HTML 的最新版本是 HTML5，它可用来替代之前的 HTML。HTML5 仍然在不断修订之中，但许多浏览器支持 HTML5，所以在制作网站时可以考虑使用 HTML5。

HTML5 支持制作更加复杂和动态化的网页或应用，比如在无须插件的情况下添加多媒体播放功能，并增加网页的交互性。表 9-1 列举了 HTML5 的部分新标记及相应的用途。

表 9-1　HTML5 的部分新标记及相应的用途

标记	用途
<video>	插入视频
<audio>	插入音频
<canvas>	定义表格或图表
<keygen>	定义密钥
<nav>	定义导航链接

使用 HTML5 还可以制作出交互性非常好的创意网站，如图 9-19 所示，该类网站能显著提高营销效果。

图 9-19　介绍鞋类产品的 HTML5 网站，能动态地展示鞋的结构

2. CSS

尽管 HTML 本身就可以控制文本和页面的样式，但在实际应用中，更多使用的是 CSS。CSS（Cascading Style Sheets，层叠样式表）可以用来确定一个页面甚至整个网站的样式。相对于 HTML 而言，CSS 能够对网页中对象的位置进行像素级的精确控制，支持几乎所有的字体字号样式，并能够进行初步的交互设计，是目前基于文本展示的最优秀的表现设计语言。

CSS 样式可以直接写在一个网页的开头，称为内部样式表，但在更多情况下保存一个独立的文件中，称为外部样式表，如图 9-20 所示。网页可以通过引用 CSS 文件与其建立链接，CSS 文件中定义的样式会应用于所有被链接的网页上。因为 CSS 文件上的任何调整都会自动反映到页面上，所以使用外部样式表可以有效降低代码冗余，并显著提高开发的效率。CSS3 标准可以与 HTML5 一起使用，而且可以在不使用 JavaScript 脚本语言的情况下模拟圆角按钮、多版面布局和

下拉菜单等。

图 9-20　外部样式表示例

3. 脚本语言

脚本语言在第 7 章中已有简单介绍，这种语言可以让开发人员通过在网页代码中直接编写代码或者脚本，从而将内容动态化。目前较为常用的脚本语言有 JavaScript、VBScript 和 Perl。

编程人员可以使用 JavaScript 语言在页面中添加交互性内容，比如当鼠标指针放在网页中某个元素上时，弹出小窗或者文件。JavaScript 语言同 CSS 一样，可以嵌入网页中，也可以作为单独的文件存在，如图 9-21 所示。

图 9-21　JavaScript 语言示例

另一个较常用的脚本语言是 VBScript（Visual Basic Script）。VBScript 由微软公司开发，其用途与 JavaScript 类似，编程人员可以用它在网页中加入交互性元素。熟悉可视化编程的人可以很容易地将 VBScript 脚本加入他们的网页中。

Perl（实用报表提取语言）最初是为了加工文本而开发出的程序语言。因为它强大的文本处理能力，Perl 已经成为编写 CGI 脚本（一种用于加工网页中与数据库相关的数据的脚本）最常用的语言。

4. AJAX

为了提高网页的交互性，一系列的网页标准应运而生，它们统称为 AJAX（异步 JavaScript 和 XML）。AJAX 如今被用于许多网站，如谷歌地图、Gmail、Flickr 等。

AJAX 综合了 HTML、JavaScript 和 XML（将在第 11 章介绍）的特性，以开发更高效的交互式 Web 应用。传统 Web 应用是将用户数据提交给服务器，然后服务器将含有对应信息的新网页传送给用户，如果用户有新的输入信息，那么服务器就需要重新发送一个新页面，因此传统 Web 应用的速度较慢。AJAX 则不同，AJAX 应用在用户输入新信息时只更新现有网页中没有的数据，传输内容较少，速度也就较快。而且，为了进一步提升页面显示速度，任何不要求服务器提供新数据的操作都由 AJAX 预先处理（如确认表格中信息是否有效），而不是由服务器进行判断。因此，AJAX 创建的交互式网页运行和显示速度较快，而且比传统网页对带宽的要求更低，网页的布局结构只需载入一次，之后就只更新需要的数据即可。

5. VRML 和 X3D

VRML（Virtual Reality Modeling Language，虚拟现实建模语言）是用于在网页中模拟 3D 对象的语言。VRML 实际上就是 3D 世界中的 HTML。用 VRML 编写的文件的扩展名为"wrl"（world），要浏览 VRML 文件必须有 VRML 插件。

VRML 对象，如车辆、房屋等可以 360°旋转查看，如图 9-22 所示。VRML 的升级版是 X3D。X3D 支持专业绘图、XML 及其他最新的技术。

图 9-22　使用 VRML 可以在 Web 上进行简单的 3D 设计

6. 网站生成器

在本地创建网页及网站时，可以使用 Adobe Dreamweaver 等网页制作软件，在云服务领域，这种软件服务称为网站生成器。在网站生成器中，用户可以从零开始进行设计，或者选择已经设计好的模板，并对其进行改动：以图形化的方式增 / 删控件、设置内容等。网站设计好后，云服务提供商会对其进行维护。

9.4.3 测试、发布与维护

多媒体网站设计和开发完成后，并不能马上发布，还需要先测试其功能与性能是否能达到要求。每个超链接都要点开查看是否链接到了正确位置，每个带有动态元素的操作（如单击或者指向）都必须查看功能是否可用。复杂的动画在被放入网页之前应该逐一检查，放入之后还要检查是否运行正常。网页的代码可以用网页制作软件检查，也可以通过在线网页检查工具检查，如图 9-23 所示。

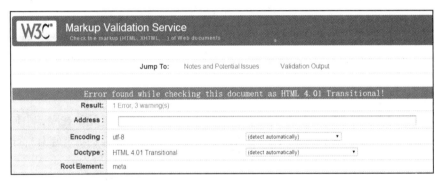

图 9-23 在线网页检查工具可以检查指定 URL 的网站代码中是否有错误

经过这些技术性的检测后，一些公司会对它们的网站进行压力测试。压力测试可以使用压力测试软件进行，或者外包给一些代理公司，以检查网站性能（如网站能同时容纳多少个在线用户等）。网站管理者还可以使用特定的软件来长期监测网站数据，通过数据分析出网站访问瓶颈，并对此做出调整。

当网站通过测试后，就可以发布，即把它上传到合适的网络服务器。有关网站的所有内容（HTML 文件、多媒体文件、CSS 文件等）都应该上传到服务器。一些网页制作软件提供了网站发布的功能。此外，还可以通过 FTP 或代理服务商提供的实用工具发布网站。网站发布后，就可以通过浏览器输入 URL 进行浏览。

网站发布也意味着维护的开始。正如之前提到的，网站应该定期更新以保证其内容的实时性及可读性。网站还要时常进行评估，以查看哪些地方需要修改或升级。链接到外网的超链接也要定期检查，因为有些网页会被移走或删除。一旦发现了严重的问题，整个网站甚至还需要重新设计与开发。

小　结

本章主要介绍了基于 Web 的多媒体，包括其概念、应用、优缺点，以及常用的多媒体元素。此外，本章还关注了多媒体网站的设计与开发。

通过对本章的学习，读者应能够对多媒体有一个基本的了解，并能够加深对 Web 的理解。

习 题

一、判断题

1. HD 质量的视频需要至少 500kbit/s 的因特网连接速度。 （ ）
2. 一些电子商务网站利用虚拟现实技术来展示环境情况或产品在真实世界中的样子。 （ ）
3. 多媒体网站的制作相比文字网站，不会消耗更多精力。 （ ）
4. Times New Roman 是衬线字体。 （ ）
5. 网页的背景越绚丽越好。 （ ）
6. 大多数剪贴画是不需要支付版税的。 （ ）
7. GIF 可以表示 256 种颜色。 （ ）
8. MP3 是有损压缩格式。 （ ）
9. 如果不是新闻网站，就无须频繁更新。 （ ）
10. 网站的具体设计需要为目标访客考虑。 （ ）

二、选择题

1. 在以下字体中，最好选择 _____ 作为网站标题、横幅字体。
   A. Times New Roman   B. Arial
   C. 宋体   D. 以上皆可

2. 在以下字号中，适合于显示正文的是 _____ 号。
   A. 4   B. 8
   C. 12   D. 16

3. 扫描的图片、医用图片和用于桌面排版的图片通常都是以 _____ 格式存储的。
   A. TIF   B. PNG
   C. BMP   D. JPEG

4. 以下图片格式中，属于有损压缩的是 _____。
   A. GIF   B. PNG
   C. JPEG   D. 都不是

5. 对于照片来说，最好使用 _____ 格式存储。
   A. GIF   B. PNG
   C. JPEG   D. 都可以

6. 相同时长的音频，使用 _____ 格式存储，占用空间可能最小。
   A. WAV   B. MP3
   C. AIFF   D. 都可以

7. 如果要优化网页内容以适应不同尺寸的设备，可以采用 _____ 技术。
   A. VR   B. AIFF-C
   C. RWD   D. VRML

8. 可以使用 _____ 描述网站页面间的连接关系。
   A. 流程图   B. 页面布局
   C. 故事板   D. 都可以

9. 对于内容较多的网页，最好 _____。
   A. 减小字号   B. 在一页中显示

C．删减内容　　　　　　　　　　　　D．分页并使用分页标签

10．_____可以提高网页的加载速度。

A．CSS　　　　　　　　　　　　　　B．Perl

C．AJAX　　　　　　　　　　　　　　D．X3D

三、填空题

1．基于 Web 的多媒体（也称 _____）主要是指页面上的文本和图片，以及声音、视频或动画。

2．基于 Web 的多媒体的常见应用领域包含信息传递、电子商务、娱乐、社会化媒体和虚拟世界等，其中最广泛的应用领域是 _____。

3．常见的图片格式包含 TIF、BMP、GIF、_____ 和 PNG。

4．图片的 _____ 和大小可以通过图像处理软件进行更改。

5．常用的音频格式包括 WAV、_____、AIFF 和高级音频编码。

6．视频是由摄像设备获取的视觉 _____。

7．影响网站使用的决定性因素是网站的 _____。

8．开发网站的步骤包括确定多媒体元素、制作网站，以及测试、发布与 _____。

9．在本地创建网页及网站时可以使用 Adobe Dreamweaver 等网页制作软件，在云服务领域，这种软件服务称为 _____。

10．当网站通过测试后，就可以发布，即把它上传到合适的 _____。

四、简答题

1．简述使用 Web 的多媒体的优缺点。

2．简述字体选择要注意哪些问题。

3．制作用于 Web 的图片时，应注意什么？各种格式的图片常用于什么范围？

4．简述视频的构成原理。

5．在设计网站时，要想吸引用户，需要注意哪两个基本原则？

6．简述网站的流程图、页面布局和故事板分别是什么，起什么作用。

7．试列举制作多媒体网站时通常可以使用的语言、标准或工具。

8．简述网站测试、发布和维护的相关内容。

9．简述用户设备对网站设计的影响。

10．简述什么是响应式网站设计，它有什么优点。

第 10 章　信息系统分析与设计

本章主要介绍信息系统的相关知识，包括信息系统可以解决的问题、信息系统的分类，以及如何按部就班地开发信息系统。通过对本章的学习，读者应能够了解与合理使用信息系统，并能够参与到信息系统的开发中。

10.1　信息系统

10.1.1　信息系统基础知识

在日常生活中，大多数的组织、企业或政府部门使用的并不是一个个单一的软件，而是一整套的信息系统。信息系统是指由人、计算机及其他外部设备组成的能够进行信息收集、传递、存储、加工和维护的系统，它能更有效率地满足客户的需求，也能帮助管理人员做出决策。常见的信息系统有学校的教务系统、银行的网上银行系统（见图 10-1）、B2C 网上商城等。

图 10-1　网上银行系统

信息系统类似于交互式网页，不同级别的人访问同一个信息系统，看到的内容是不一样的。例如，工作人员可以利用信息系统进行最基本的信息输入，普通管理人员可以利用信息系统制订工作人员的工作计划，中层管理人员可以利用信息系统制订短期内的计划，而高层管理人员可以利用信息系统制订长期的战略计划。

按照问题的难度，信息系统将问题分为以下三类。

1. 结构化问题

结构化问题中所有的数据字段含义确定，其决策过程和决策方法有固定的规律可循，能用明确的语言和模型加以抽象，并可依据一定的通用模型和决策规则来实现其决策过程的基本自动化，如银行系统中还款时间和金额的计算、养殖场中饲料配方的计算等。

2. 半结构化问题

半结构化问题具有一定的结构，但不够明确，其决策过程和决策方法有一定的规律可循，但又不能完全确定，需要根据主观判断或猜测辅助解决，得到的解决方案不一定是最优的，如企业的经费预算、商店的进货数量等。

3. 非结构化问题

非结构化问题的结构复杂，几乎毫无规律性，没有通用模型和决策规则可以依循，很大部分需要依据主观判断进行决策，如企业人员的聘用、商店的进货选择等。

信息系统可以较轻易地解决结构化问题；而对于半结构化问题和非结构化问题，也可以做出一定程度的贡献，但仍要靠人们的主观判断进行决策。

常见的信息系统有事务处理系统、管理信息系统、决策支持系统和专家系统。

10.1.2 事务处理系统

与日常生活中事务的概念不同，在信息系统中，事务是指双方之间的交换，这通常需要访问数据库并可能更新数据库中的数据项。常见的事务处理有银行转账处理、刷卡购物处理等。

事务处理系统（Transaction Processing System，TPS）提供了建立、修改、存储、处理、删除事务的方法，并能根据数据库中的数据生成详细报告。目前绝大部分事务处理系统是在线事务处理系统（OnLine TPS，OLTPS），每个事务被建立后都会立刻被处理，而不是老旧的批处理系统（批处理系统会收集很多事务，然后一并处理，这通常会增加客户的等待时间）。

在线事务处理系统的核心策略是提交和回滚，其中只有在一项事务的全部步骤都成功完成时，系统才会提交并永久地更新数据库中的数据；而一旦有一步失败，整个事务就会回滚，相关记录会恢复到该事务处理前的状态。

在线事务处理系统的难点是处理并发事务，即处理同时发生的很多事务。由于事务处理系统一般与客户的利益直接相关，一旦处理不当，就会引起纠纷甚至更严重的事故，而并发事务最容易造成数据的混乱。例如，客户的银行卡原本有 500 元存款，客户在商店刷卡支付了 300 元，而与此同时，客户的朋友向此卡转账了 200 元。如果两个事务都以 500 元为基准进行加减，那最后客户的存款可能是 200 元或 700 元，这取决于哪一个事务是后提交的，但无论哪个结果都会对某一方不利。在线事务处理系统需要准确地解决这类问题，要么让支付先进行，要么让转账先进行。

事务处理系统的缺点在于，它虽然可以生成详细报告，但不方便管理人员进行理解与分析，这便需要借助于管理信息系统。

10.1.3 管理信息系统

管理信息系统（Management Information System，MIS）是指对事务处理系统收集到的数据进行处理、生成报告，以供管理人员对结构化问题进行例行日常企业决策的一类信息系统。

管理信息系统能够提供用于解决结构化问题或日常任务的定期报告，这大大提高了管理效率。定期报告又可分为以下两类。

1. 例行报告

例行报告根据提前制定好的时间表和格式生成，如月度汇总、年度汇总和汇报异常信息（如仓库库存短缺、银行坏账等）的异常报告。

2. 专案报告

专案报告能够提供例行报告中所没有的信息。高层管理人员可利用专案报告进行与产品或业务有关的决策。

　　管理信息系统的缺点在于其不够灵活，有时无法提供管理人员最想要的信息，如果需要支持高难度的预测或模型创建，就需要借助于决策支持系统。

10.1.4　决策支持系统

　　决策支持系统（Decision Support System，DSS）能够对数据进行直接或间接的分析（既可以直接分析数据，也可以操作来自外部源已经处理过的数据），创建模型并生成预测，以帮助管理者进行决策。决策支持系统可以解决结构化问题，也可以解决一些不太复杂的半结构化问题。

　　决策支持系统通常提供了多种多样的工具，管理者可以使用这些工具进行数据建模，并在模型中进行所需要的查询，也可以使用这些工具根据以往的数据趋势进行对未来的假设分析。图 10-2 所示为一个旅游中心的决策支持系统样例。

图 10-2　一个旅游中心的决策支持系统样例

　　决策支持系统只是为人们提供决策所需的信息，而不能代替决策，管理者必须自行分析数据并做出决策。这是优点也是缺点，人工判断可以保证决策更合乎常理，但这需要精通该领域问题的专业人士进行判断，并且需要良好的统计学基础。如果企业或组织不想高薪聘请这样的专家，或没有这样的需求，那么专家系统就成了更好的选择。

10.1.5　专家系统

　　专家系统（见图 10-3）依据存储在计算机中的知识库对数据进行分析，根据知识库中的事实和规则来生成决策或建议。知识库中的事实和规则通常是从多个该领域的专家或工程师的访谈中获得的。专家系统可以帮助专业经验不足的用户解决问题或进行决策，还可以处理不确定性问题，根据用户的描述进行分析，并得出各个结果的可能性。

　　当需要进行决策时，专家系统会使用称为"推理机"的软件，它可以从知识库中提取出所需的事实和规则。如果需要的话，还可以导入外部系统的数据或询问用户相关问题，对数据进行建模分析后，输出决策或建议。

图 10-3　专家系统

专家系统基于知识库中的事实和规则给出解决方案。如果没有事实和规则，我们可以让计算机根据许多次的实验和错误尝试总结出规则，这便是神经网络。神经网络是指通过计算机电路来模拟人脑思考、记忆与学习的过程。例如，人脸识别神经网络，如图 10-4 所示，一开始并没有事实和规则，计算机在成千上万次的实验中总结出了规则。这些总结出来的规则不一定完全正确，但会随着样本量的增加而不断修正。现在的人脸识别神经网络已经广泛用于视频监控、门禁等系统。

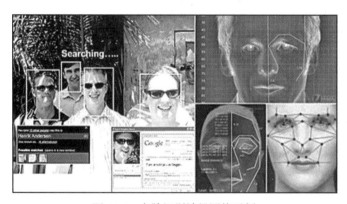

图 10-4　人脸识别神经网络示例

10.2　系统开发生命周期

10.2.1　系统开发生命周期基础知识

每个信息系统的分析与设计都需要经过一个完整的系统开发生命周期，也称软件开发生命周期（Software Development Life Cycle，SDLC），典型的系统开发生命周期包括以下几步。

（1）评估现有系统，制订项目开发计划。

（2）分析新系统的需求。

（3）设计系统的具体结构。

（4）编码实现系统，对其进行测试、发布与维护。

系统开发生命周期是可以循环的，如图 10-5 所示。

图 10-5　系统开发生命周期包括的 4 个阶段

10.2.2　系统计划阶段

"好的开始是成功的一半"，一个定位明确、分配合理的项目开发计划往往能指导整个系统开发生命周期的良好运行。但并不是所有的设想都能经由项目开发计划付诸实施，也并不是所有的设想都有必要实现，因此在制订项目开发计划前，先要考虑是否有必要做出构想中的信息系统。

（1）是否比现有的同类系统更好？如果新系统比现有系统的效率更高、成本更低、稳定性更高或功能更多，那么新系统就有存在的价值。即使是小小的性能提高，在大型企业看来也能减少许多工作量，提高工作效率。

（2）是否能改变某一行业？例如，网上银行系统改变了银行业传统的业务流程，企业管理系统改变了企业管理的方式。

（3）是否能创造新产品？能创造新的服务、业务或生活方式的信息系统往往具有意想不到的效果。例如，微博的出现显著地改变了人们生活与交流的方式。

以上三点只要能满足其中一点，就可开始考虑系统的项目开发计划了。在系统的项目开发计划中，需要考虑以下问题。

（1）项目的简短描述，确定项目的范围。

（2）团队成员的选择与分工。现代信息系统一般比较复杂，功能较多，远非一人之力能做出，因此选择一个高效和谐的团队非常重要。选择团队成员时，不一定全部选择技术人员，还要兼顾团队的内部合作和分工需求。在分工中，一般需要管理人员、编码测试人员、美术工程师等角色。

（3）项目的成本估计和收益预估。成本包括时间成本和物资成本，要保证项目能在成本消耗殆尽前完工。任何一个项目都不是为了赔钱而做的，所以合格的项目应能保证收益。

（4）项目的进度计划。根据估计的时间成本，合理分配每个阶段的时间，并简述每个阶段的工作内容。

在制订项目的进度计划时，可以使用一些工具，如 PERT 图、WBS 图和甘特图。

① PERT（Program Evaluation and Review Technique，计划评估和评审技术）图，如图 10-6 所示，该工具可以分析项目的每个子任务所需的时间及先后关系，并由此确定一个最短路径，通过此路径可以用最少的时间完成整个项目。

② WBS（Work Breakdown Structure，工作分解结构）图，如图 10-7 所示，该工具可以以类似树形图的方式将复杂的任务依次分解成一个个子任务。

③ 甘特图，如图 10-8 所示，使用长条状的矩形来表示任务，按照时间的推移有序排列。矩形的长度表示任务的持续时间。

（5）系统开发方法。系统开发方法规定了如何完成每个阶段的工作，引导系统开发人员完成开发过程中的每个阶段。系统开发方法有很多种，如结构化方法、信息工程方法和面向对象方法等。

常用的项目管理软件有如图 10-9 所示的 Microsoft Project，该软件提供了绘制甘特图、PERT图或 WBS 图的方法，可以通过该软件高效地管理项目。

图 10-6　PERT 图

图 10-7　WBS 图

图 10-8　甘特图

图 10-9　Microsoft Project

10.2.3　系统分析阶段

在系统分析阶段，团队需要分析系统的需求，包括性能需求、功能需求、接口需求、界面需求等，并能根据功能需求将系统分成一个个小的模块，称为用例。需求分析可以通过与用户的访谈和对现有同类系统的研究获得。系统分析阶段的产物是描述了所有需求和用例的需求规格说明书（或称系统需求报告等），通过需求规格说明书可以明确系统的目标。一个网上投稿系统的需求规格说明书的目录如图 10-10 所示。

在系统分析阶段，可以使用一些图表来更形象化地表达需求，这些图表还可以在随后的阶段中起到作用。

1．数据流图（Data Flow Diagram，DFD）

数据流图描述了数据在系统中的流动情况，如图 10-11 所示。在数据流图中，系统外产生或接收数据的对象称为外部实体，用正方形表示；程序改变数据的过程称为处理过程，用圆角矩形表示；存放数据的物理空间（如磁盘、光盘）称为数据存储，用右侧开口的矩形表示；数据的流动称为数据流，用箭头表示。

2．用例图

用例图从用户的角度描述系统的功能，如图 10-12 所示，其中使用系统的人或物称为角色或执行者，用人形符号表示；角色所执行的任一任务都称为用例，用椭圆表示。

图 10-10　一个网上投稿系统的
需求规格说明书的目录

151

图 10-11　数据流图

图 10-12　网上书店系统的用例图（部分）

3. 类图

类图使用类和对象描述系统的静态结构，如图 10-13 所示，能够表现出类的属性、方法及类与类之间的相互关系。在类图中，用矩形表示类，不同类别的连线表示类之间的不同关系。

图 10-13　类图

4．顺序图

顺序图能够描述用例中所发生交互活动的详细顺序，如图 10-14 所示，其中用水平连线的排序表示时间的先后顺序，长条状矩形是对应用例或对象的生命线。

图 10-14　用户登录的顺序图

类似的图还有很多种，其中用例图、类图和顺序图都属于 UML（Unified Modeling Language，统一建模语言）。UML 是一种图形化的建模语言，主要用于信息系统的分析与设计。除了前面所提到的三种图外，UML 还包含很多种图，如包图、对象图、状态图、活动图、协作图、构件图、部署图等。

合理应用图表能显著提高系统开发的效率。可以使用计算机辅助软件工程（Computer-Aided Software Engineering，CASE）工具制作这些图表，如 IBM 公司的 Rational Software Architect、开源的 ArgoUML 等。

10.2.4　系统设计阶段

在系统设计阶段，团队需要根据系统分析阶段的需求规格说明书进一步细化整个系统的设计。

1．确定选择的硬件

硬件选择可以从自动化程度、处理方法和网络技术三个角度考虑。自动化程度较高的系统可以使用条码阅读器等进行信息读取，而自动化程度较低的系统可能需要手工输入。处理方法可以选择由一台计算机集中式处理，也可以选择由网络中的多台服务器分布式处理。网络技术可以选择通用的因特网，也可以选择需要设备支持的企业内部网。

2．确定软件解决方案

例如，使用哪一种编程语言进行编写，是否需要软件开发工具包，是否需要集成商业的软件模块，等等。可以根据具体需求和时间成本来评估使用何种软件解决方案。

3．购置所选择的硬件和软件

确定好硬件和软件解决方案后，需要购置所需的硬件和软件。购置硬件和软件与日常生活中购买商品类似，也需要货比三家，选出最符合系统需求，并且成本较低的硬件和软件。

4．确定编码风格与应用程序规范

编码风格的一致性可以使团队成员之间的代码交接更加流畅，而应用程序规范指定了系统应如何和用户交互，接收何种格式的输入，如何处理输入的数据，以及产生何种格式的输出等。应用程序规范模板如图 10-15 所示。制定应用程序规范的过程也称详细设计，应用程序规范是新系统的蓝图，在保证开发过程高效进行的方面起着很重要的作用。

```
//* 注册页面：sign-up.php*//
参数：无
调用背景：当用户在 login.php 中单击"注册"按钮时，跳转至此页面。
页面组成：由一个 POST 表单构成，表单中的项即是要填充的详细信息：邮箱、姓名、证件号、性别、电话、密码、
重复密码，其中除证件号和电话外均为必填项（用 * 标出）。表单下面有"确认"按钮。
调用描述：单击"确认"按钮后，首先检查是否有没填的必填项，以及每项的数据是否符合数据库的数据类型要求，
若有未填的必填项或不符合数据要求，则在页面中提醒。通过后在数据库中检索是否有重复的用户名（邮箱），若重复，
则给出提醒。若一切通过，则在数据库中增加相应条目，页面变为一个向用户邮箱发送邮件的提醒（此页面需实现后
台发送邮件并生成随机 key 存储到数据库）。
```

图 10-15　应用程序规范模板 1

当系统设计的细节都确定完毕后，实施团队需要将其上交以获得管理层的批准。批准过程不一定很正式，可以是口头的或是书面的。只有管理层批准后，项目才可以进入下一个阶段。

10.2.5　系统实现和维护阶段

在系统实现阶段，团队需要完成以下任务。

（1）配置所需的硬件和软件，确保其能正常运行。

（2）进行软件编码。编码占据系统实现阶段很大的比重，因此有些人认为系统实现等同于软件编码，但实际上除软件编码外，系统实现阶段还包含很多内容。

（3）测试软件。编码完成的软件需要经过测试才可交付使用，测试过程中可以发现软件的缺陷并对其进行修复。可按测试代码的范围将测试分为单元测试、集成测试和系统测试等。其中，单元测试对每个模块进行测试，集成测试将多个模块整合在一起进行测试，系统测试则可以确保所有的硬件和软件部件能够一起正常运行。测试还可分为三个阶段：仅在开发小组内部进行的 α 测试；只提供给特定用户群测试使用的 β 测试；以及已经趋于完善，只需在个别地方再做进一步优化处理的 γ 测试。

（4）文档定稿。在系统实现阶段，需要撰写系统文档和用户文档。系统文档用来描述系统特性、硬件架构及编程实现的细节，以供维护系统的人员参考。用户文档是为用户提供的，用来介绍如何与系统进行交互、如何使用系统的功能等，如图 10-16 所示。

图 10-16　用户文档

（5）培训用户。对于一些较复杂的系统来说，用户文档不能详尽地介绍系统的功能与使用方法，这时便需要对用户进行培训。在培训期间，需要用户学习如何使用软件、如何操作硬件、遇到问题时如何查找解决方案等。培训可以由项目团队中的人员负责，也可以外包给专业的培训师。

（6）数据转换。如果要用新系统代替老旧的系统，团队需要负责将旧系统中的数据转换并转移到新系统中。例如，将旧系统存放在纸质介质上的数据转换成新系统可以理解的电子信息。数据转换通常需要很大的工作量，可以借助硬件（如扫描仪），或编写专用的转换程序来提高效率。

当系统实现阶段的所有步骤都完成后，往往还需要经过验收测试。在系统开发的 V 模型中，测试和其他过程同等重要，如图 10-17 所示。验收测试由用户和系统分析员进行，旨在确保新系统能按要求运行。验收通过标志着系统实现阶段的完成。

图 10-17　在系统开发的 V 模型中，测试和
其他过程同等重要

系统实现并不意味着整个系统开发生命周期的结束。系统交付使用后，还需要很长时间的系统维护。

在系统维护阶段，系统开发者或系统管理员需要完成以下工作。

（1）修复在系统实现阶段未发现的缺陷。任何一个系统都无法保证完全没有缺陷，但在发现缺陷后应及时修正。

（2）增强系统的功能或提升系统的性能。随着计算机运算速度的不断加快及硬件水平的不断提高，用户对系统的要求也不断提高，当用户有需求时，系统开发者需要对系统的功能或性能进行升级。

（3）对硬件、软件或网络进行调整，以维持和提高服务质量。服务质量（Quality of Service，QoS）是指系统的性能水平。服务质量较高的系统响应时间短，易于使用；服务质量较低的系统往往需要用户等待很长的时间才能返回结果，使用很不方便。服务质量可以从可靠性、可用性和可维护性来衡量。其中，可靠性是指系统正常运行的能力，可用性是指系统能够连续被所有用户访问的能力，可维护性是指系统能够进行升级和维护的能力。

（4）用户支持。当用户遇到问题而无法自己解决时，系统管理者有义务帮助其解决问题。用户支持可以有多种形式，如上门服务、邮件咨询和电话咨询等。用户支持是发现系统潜在问题的主要途径之一。

系统维护阶段可以持续到系统不再有良好的性价比或系统过时，这通常是一个很长的时间。一个信息系统维护 10 ～ 20 年是很平常的事。正因如此，系统维护阶段的成本通常占到整个系统开发成本的 70%。系统需要维护，但当初开发此系统的人员很可能已经不在原岗位了，需要花费额外的成本来培训人员。因此，随着时间的推移，系统维护的成本会越来越高，当维护成本高到系统开发者无法承受时，开发者就可能选择停止对其的支持。例如，微软公司从 2014 年 4 月 8 日起停止对 Windows XP 系统已超过 12 年的支持。

小　结

本章主要介绍了信息系统基础知识、信息系统分类及系统开发生命周期。

通过对本章的学习，读者应能够了解信息系统开发的流程，根据自己的需要选择要使用的信息系统。如果有基础的话，还可以参与到信息系统的开发过程中。

习 题

一、判断题

1. 信息系统是由计算机组成的能够进行信息收集、传递、存储、加工和维护的系统。　　（　　）

2. 在线事务处理系统的核心策略是提交和回滚。　　（　　）

3. 神经网络利用计算机电路来模拟人脑思考、记忆与学习的过程。　　（　　）

4. SDLC 是可以循环的。　　（　　）

5. 项目的成本指的是金钱成本。　　（　　）

6. 甘特图中，矩形的长度表示任务的持续时间。　　（　　）

7. 用例图使用类和对象描述系统的静态结构，能够表现出类的属性、方法及类与类之间的相互关系。　　（　　）

8. 应用程序可以保证开发过程高效进行。　　（　　）

9. β 测试仅在开发小组内部进行。　　（　　）

10. 验收测试的通过标志着系统实现阶段的完成。　　（　　）

二、选择题

1. 采购人员根据流行趋势和自己的直觉选择服装类型进行采购属于 _____。

A. 结构化问题　　　　　　　　　　　B. 半结构化问题

C. 非结构化问题　　　　　　　　　　D. 不确定

2. _____ 使用提交和回滚来确保每个事务都能被正确处理。

A. TPS　　　　　B. MIS　　　　　C. DSS　　　　　D. SDLC

3. _____ 会汇报连续的库存短缺。

A. 月度汇总　　　B. 年度汇总　　　C. 异常报告　　　D. 专案报告

4. 当农民遇到种植问题时，可以求助于 _____。

A. 事务处理系统　　　　　　　　　　B. 管理信息系统

C. 决策支持系统　　　　　　　　　　D. 专家系统

5. 项目开发计划不包括 _____。

A. 项目的描述　　　B. 成本估计　　　C. 进度计划　　　D. 成员表现的评价

6. 通过 _____ 图可以找出完成项目所需的最短时间。

A. PERT　　　　　B. WBS　　　　　C. 甘特　　　　　D. UML

7. 以下不属于 UML 图的是 _____。

A. 用例图　　　　　B. 数据流图　　　C. 类图　　　　　D. 顺序图

8. 系统分析阶段的产物是 _____。

A. 项目开发计划　　　　　　　　　　B. 系统需求报告

C. 应用程序规范　　　　　　　　　　D. 报价请求

9. 以下阶段中占系统开发总成本最多的可能是 _____。

A. 系统分析阶段　　B. 系统设计阶段　　C. 系统实现阶段　　D. 系统维护阶段

10. 图 10-18 所示为与图 10-15 属于同一系统的登录页面的详细设计，据此分析，当用户在此系统注册后需要做的事是 _____。

A. 可直接登录　　　B. 手动将密码加密　　　C. 检查邮箱　　　D. 修改数据库

> · 登录页面：login.php
>
> 参数：无
>
> 调用背景：默认页，访问网站直接调用。
>
> 页面组成：由一个 POST 登录框组成，登录框包含用户名（邮箱）和密码两个文本框，一个"登录"按钮，一个"注册"按钮（转向 sign-up.php 页面），一个"找回密码"按钮（转向 retrieve-pass.php 页面）。
>
> 调用描述：
>
> （1）提取 Cookies 中的用户名和密码，在数据库中进行查询（密码无须哈希加密），若存在此记录且登录状态为已登录，则直接重定向到 index.php 页面。
>
> （2）若当前用户登录状态为未登录，或找不到 Cookies，或 Cookies 中用户名和密码不符，则在登录框内填入用户名和密码，单击"登录"按钮。在数据库中进行查询（密码需要哈希加密），若存在此记录且注册状态为 1（已验证邮箱），则保存用户名和加密后密码的 Cookies，将数据库对应记录的登录状态修改为已登录，重定向到 index.php 页面。若未验证邮箱，则在登录框中提示验证邮箱。若不存在此记录，或用户名和密码不符，则在登录框中提示登录失败信息。
>
> （3）单击"注册"按钮，则页面跳转到 sign-up.php 页面。
>
> （4）单击"找回密码"按钮，则页面跳转到 retrieve-pass.php 页面。

图 10-18　应用程序规范模板 2

三、填空题

1．信息系统是指由 _____、计算机和其他外部设备组成的能够进行信息收集、传递、存储、加工和维护的系统。

2．按照问题难度，信息系统将问题分为结构化问题、半结构化问题和 _____ 三类。

3．在线事务处理系统的核心策略是提交和回滚，难点在于处理 _____。

4．专家系统是指依据存储在计算机中的知识库对数据进行分析，根据知识库中的事实和 _____ 来生成决策或建议的计算机系统。

5．在系统分析阶段，团队需要分析系统的需求，包括 _____、功能需求、接口需求、界面需求等。

6．数据流图中，系统外产生或接收数据的对象称为外部实体，用正方形表示，程序改变数据的过程称为 _____，用圆角矩形表示。

7．UML 是一种 _____ 的建模语言，主要用于信息系统的分析与设计。

8．制定应用程序规范的过程也称 _____。

9．系统分析阶段的产物是 _____。

10．企业的人员聘用属于 _____ 问题。

四、简答题

1．简述管理信息系统的定义。

2．简述管理信息系统和决策支持系统各自的缺点。

3．简述典型的系统开发生命周期包括的步骤。

4．在制订项目开发计划之前，要考虑哪些问题？

5．简述数据流图的表示方式。

6．简述系统实现阶段包含的任务。

7．简述系统维护阶段包含的任务。

8．简述系统的项目开发计划中要考虑的问题。

9．简述单元测试、集成测试和系统测试的内容。

10．简述什么是可靠性、可用性和可维护性。

第 11 章　数据库

本章主要关注数据库，包括数据库的功能、层次、分类、模型，常用的数据管理工具，以及如何设计一个良好的数据库和如何使用基本的 SQL 语句进行数据库查询。本章还将简单介绍当前比较流行的云数据库的相关知识。通过对本章的学习，读者应能够了解数据库在信息时代的分量，并能够进行基本的数据库设计与操作。

11.1　数据库概念

本节主要介绍数据库的功能、层次、分类、模型等知识。

11.1.1　数据库基础知识

数据库（Database）是数据的集合，数据库中的数据能够按照特定的数据结构存储，能供多个用户共享，具有尽可能少的冗余度，且与应用程序彼此独立。数据库可以是只有几百条数据的个人数据表格，也可以是有数百万条数据的企业数据仓库。在信息时代，数据库是不可缺少的：企业需要用数据库来管理、维护雇员的信息；在财务管理、仓库管理、生产管理中也需要建立众多的数据库，使其可以利用计算机实现自动化管理。与创建、维护和访问数据库中的数据相关的任务被称为数据管理、文件管理或数据库管理。利用数据库可以完成以下任务。

（1）收集数据。数据库的规模是动态的，只要物理存储空间足够，就可以不断地增加新的数据。数据的收集可以通过手工录入或电子录入的方式完成。当某些数据条目不会再被使用时，可以考虑将其删除。不过在实际应用中，正常的做法是将不再使用的数据转移到磁带或磁盘阵列上进行备份。

（2）存储数据。商用数据库中的数据通常与企业或用户的利益相关，因此对数据存储的要求很高，存储的数据不能因为突发事件而丢失。数据库提供的特定的机制在一定程度上增强了数据的稳定性，数据库管理者还可对数据库进行定期备份以防万一。

（3）更新数据。更新数据是数据库的主要活动之一，可以通过手工或电子的方式进行。例如，B2C 网站对商品库存的更新就是通过电子扫描的方式进行的。

（4）整理数据。数据在物理介质中的存储是杂乱无章的，而用户显然想看到的是按照特定关键字排列的井然有序的数据，这便是数据库的任务。数据库可以对数据进行整理，维护一个特定的用户不可见的物理结构，以使用户查找时效率更高。

（5）查找数据。数据库使查找变得非常方便，用户甚至不需要按照字母顺序或数字大小定位查找，而只需要一个简单的查询语句，如 "SELECT * FROM 员工 WHERE 员工号 = '3427'"，即可找出员工号为 3427 的员工信息。

（6）生成和传播数据。数据库可以将其存储的数据按照一定格式输出，并结合邮件功能或其他技术发送给用户。例如，当用户在因特网上通过官方渠道购买了某公司的产品后，用户的邮箱会收到一份电子收据。

（7）分析数据。可以利用一些统计工具对数据库中的数据进行分析，以得出一些通过原始数据不能明显看出的结论。常见的分析数据的技术有数据挖掘（Data Mining）和 OLAP（On-Line Analytical Processing，在线分析处理）。

数据挖掘是指在海量数据中，通过特定的算法以分析出之前并不知道的数据间的关系或趋势。例如，通过分析保险索赔数据，可以"挖掘"出已婚人士的保险索赔概率低于未婚人士，对此，保险公司可以针对性地提高或降低保险费率。数据挖掘所需要的数据通常存储在数据仓库（Data Warehouse）中，可以将数据仓库理解成多个数据库中数据的集合。

数据库可以分为三个层次，不同类型的用户接触的层次也不相同。

（1）物理层。物理层是数据库底层的抽象，它描述了数据是怎样在物理介质上存储的。通常只有数据库的研究人员才会接触数据库的物理层。

（2）逻辑层。逻辑层是比物理层的层次稍高的抽象。它描述了数据条目存储的内容及数据之间的关系。数据库的管理者使用逻辑层进行管理。

（3）视图层。视图层是最高层次的抽象，只关注于数据库的某一部分。绝大部分数据库用户接触到的是视图层。视图层的抽象程度比较高，以至于在某些时候用户甚至不能察觉正在使用的是数据库。

在数据库领域，有以下一些常用的名词。

（1）字段。字段是数据库的基本组成元素，存放着属于同一类的信息。例如，在 iTunes 软件的播放列表中，"名称"字段存储的是歌曲的名称，"时间"字段存储的是歌曲的时长等，如图 11-1 所示。字段又分变长字段和定长字段。其中，变长字段的长度可以根据输入数据的长度动态分配，但不能超过字段预设的最大值；定长字段则会分配固定大小的空间，即使数据很小，也会占用整个空间。

✔	名称	☁	时间	播放次数
✔	P08_纯音频文件_纯音频输出		1:36	11
✔	P09_纯音频文件_纯音频输出		1:18	19
✔	P101_纯音频文件_纯音频输出		2:11	16
✔	P102_纯音频文件_纯音频输出		2:04	15
✔	P103_纯音频文件_纯音频输出		1:52	15
✔	P104_纯音频文件_纯音频输出		1:52	22
✔	P105_纯音频文件_纯音频输出		2:10	30
✔	P106_纯音频文件_纯音频输出		2:15	29
✔	P107_纯音频文件_纯音频输出		1:58	25
✔	P109_纯音频文件_纯音频输出		2:07	31
✔	P109L_纯音频文件_纯音频输出		2:06	34
✔	P11_纯音频文件_纯音频输出		1:28	26
✔	P110_纯音频文件_纯音频输出		1:46	32
✔	P111_纯音频文件_纯音频输出		1:35	36

图 11-1　iTunes 软件播放列表的字段

（2）记录。记录是一组字段的集合，代表着一条信息。例如，在 iTunes 软件播放列表中，每一首歌曲对应着一条记录，每一条记录都包含该歌曲的名称、时间、播放次数等信息。其中记录模板（字段名的集合）称为记录类型，记录类型不包含具体数据，包含具体数据的记录叫作记录具体值。

（3）实体。实体是所有同类物品或事物的集合。每一个实体都对应着一个记录类型。例如，歌曲这个实体对应着名称、时间、播放次数的记录类型。

（4）关系。关系是指不同记录类型之间的联系。例如，零售商出售的商品 ID 必须在该商品生产者记录的商品 ID 列表中，否则该商品就有可能是伪造产品，这便是一种关系。

（5）基数。基数是指两个记录类型间可能存在的联系的个数。例如，对特定种类产品只能由一个厂商生产，而一个厂商却可以生产多种产品，这就是一对多关系。还有多对多关系和一对一关系。多对多关系如厂商和超市的货物供应，超市可以选择多个厂商的货物，厂商也可以供给超市多种货物；一对一关系如专辑和其描述的关系，一个专辑只允许有一个描述，而一个描述也只适用于一个专辑，一对一关系在数据库中很少见。记录类型的关系与基数通常用实体关系图（Entity Relationship Diagram，E-R 图）表示，如图 11-2 所示。

图 11-2　一个简单的 E-R 图（矩形：实体；椭圆：字段；菱形：关系）

11.1.2　数据库的分类

数据库系统可以用不同方式来分类，包括根据数据库所支持的用户数量、数据库的层数、数据库所处环境等。下面将会讨论它们之间的不同。

1. 单用户数据库系统与多用户数据库系统

单用户数据库系统位于一台独立的计算机上，它是为一个用户而设计的。单用户数据库系统被广泛应用于个人应用和小型商务。大多数的商业数据库系统是为多用户而设计的，并且数据库可以通过网络来使用。多用户数据库系统的用户可能同时使用或修改数据库中的同一块数据，因此必须使用一些数据库锁机制来阻止这样有冲突的行为。

2. 客户端－服务器数据库系统与 N 层数据库系统

多用户数据库系统是典型的客户端－服务器数据库系统。客户端－服务器数据库系统是一个既有客户端也有至少一台服务器的数据库系统。在一个典型的客户端－服务器数据库系统中，客户端称为"前端"，数据库服务器称为"后台"。"后台"服务器包含数据库管理系统和数据库本身，同时处理来自前端计算机的命令。

客户端－服务器数据库系统只有两个部分（客户端和服务器），其他的数据库系统在客户端和服务器之间至少有一个中间组件或者中间层，这些系统被称作 N 层数据库系统。这些额外的层包含着被称作中间设备的软件。中间设备通常包含与数据库相关的程序，以及用来连接数据库客户端和服务器组件的程序。

　　N 层体系结构的一个优点是允许操作数据库的程序代码与数据库分离，并且代码可以被分割成若干逻辑组件。N 层数据库系统中，每一层包含的程序都可以用不同的编程语言进行编码，这些层可以使用不同的平台，并且每一层都可以在不影响其他层的情况下被修改。因此，N 层数据库系统提供了足够的灵活性和扩展性，允许系统随着新的需求和机遇而更改。N 层数据库系统通常在电子商务数据库应用中使用。

　　3．集中式数据库系统和分布式数据库系统

　　在集中式数据库系统中，系统使用的数据库全部位于一台单一的计算机上，比如一台服务器或者大型机；而在分布式数据库系统中，数据被分到若干数据库中，分别存储在不同的计算机上，它们之间可能是物理隔离的，但是可以通过网络相互连接。安全起见，企业可能会将一个数据库放在企业总部的服务器上，而额外的数据库则位于企业分部的服务器上。分布式数据库系统在逻辑上是统一的，用户可以把它当作一个集中式数据库系统来使用，即任何被授权的用户都可以访问整个数据库系统，不管被请求访问的数据在哪一台服务器上。例如，用户基本信息（地址或者电话号码）可能被存储在公司总部，但是用户信用记录可能被存储在位于另一办公地点的信用卡部门，信用卡部门的授权员工既可以访问用户基本信息，也可以访问用户信用记录，就像这些数据位于同一数据库中一样。

　　为了决定将数据库管理系统中的特定数据存储在什么地方，需要考虑交流成本、响应时间、存储成本与安全等因素。数据最好存储在最常被访问、处理最方便或者利用率最高的地点。一些网站使用了数十台数据库服务器来存储数据，通过分流繁重的工作负载以提高性能，分布式数据库系统的目标就是让数据库运行得更快。

　　4．基于内存的数据库系统

　　大多数数据库存储在硬件设备上（如个人计算机、服务器、大型机等），而内存数据库（In-Memory DataBases，IMDBs）则将数据保存在计算机的内存而不是硬盘上。内存数据库的应用在不断增长，因为 RAM 的价格越来越便宜，而数据库对处理速度的要求越来越高，内存数据库的性能比基于磁盘的数据库更高。但是，基于内存的数据库系统的数据备份或者说定期将数据存储到不易丢失的存储介质上尤为重要，因为当计算机关机或者电源关闭后，RAM 中的数据将会丢失。目前，内存数据库被应用于嵌入式系统（如安装在机顶盒或小型客户电子设备中的数据库）和对性能要求非常高（如电子商务应用）的高端系统中。

　　5．操作型数据库和分析型数据库

　　按照数据库的使用目的，还可以将数据库分为操作型数据库和分析型数据库。操作型数据库用来进行日常的数据收集、修改与维护；分析型数据库则用来收集特定历史数据并进行数据分析，通过分析数据的趋势以便优化商业决策。操作型数据库存储的数据是动态的，每分钟都在持续更新；而分析型数据库中的数据更新则相对缓慢。

11.1.3　数据库模型

　　数据库模型描述了数据在数据库中的存储结构与表现方式。数据库模型可以分为以下几种。

1．平面文件

平面文件处于数据库定义的边缘，因为它简单到无法在记录间建立关系。播放软件中的播放列表就是一个平面文件，常见的平面文件还有电子表格、电子邮件地址簿等。用户可以对平面文件进行增加、删除、修改、查询操作，但无法指定记录间的关系。除了平面文件，其他的数据库模型都允许建立关系。

2．层次数据库

层次数据库使用树形结构来描述关系，如图 11-3 所示。由于"树"的限制，只能定义一对一或一对多关系，无法定义多对多关系。常见的层次数据库有 Windows 系统的注册表等。层次数据库目前已很少被使用了。

图 11-3　层次数据库

3．网状数据库

网状数据库在树的基础上将其扩成了网状结构，如图 11-4 所示，从而可以表现多对多关系。目前除了 DNS 系统等专用系统或应用还在使用网状数据库，其他网状数据库都已被关系数据库或对象数据库取代。

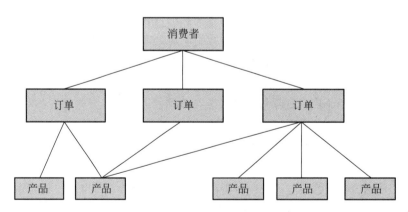

图 11-4　网状数据库

4．关系数据库

关系数据库是目前最常使用的数据库，如图 11-5 所示，它将数据存储在一张张表格中。每张表格代表一个实体，表格中的每一行代表一条记录，每一列代表一个字段。而关系是通过将不同表中的相同字段联系起来而指定的，如图 11-6 所示。

5．维度数据库

如图 11-7 所示，维度数据库是关系数据库的一种扩展，关系数据库采用的是二维表格，而维度数据库采用了三维或更多维的"数据空间"来描述数据或关系,因此维度数据库也称多维数据库。维度数据库可以更形象地表现数据,但使用和维护维度数据库需要更多的专业技术。

			manu_id ID	manu_location 存储位置	manu_date 提交时间
☐	✏	✗	3	1399443720.doc	2014-05-07 14:20:02
☐	✏	✗	14	1400514147.doc	2014-05-19 23:37:36
☐	✏	✗	16	1400515187.doc	2014-05-19 23:50:35
☐	✏	✗	24	1401175105.pdf	2014-05-27 15:12:57
☐	✏	✗	25	1401269222.docx	2014-05-28 17:16:35
☐	✏	✗	26	1401270901.doc	2014-05-28 17:48:57
☐	✏	✗	39	1401596002.docx	2014-06-01 12:09:49
☐	✏	✗	43	1401934512.doc	2014-06-05 10:13:14
☐	✏	✗	44	1402105834.docx	2014-06-07 09:42:55

图 11-5 关系数据库

学生

学号	姓名	性别	专业号	年龄
801	张三	女	01	19
802	李四	男	02	20
803	王五	男	03	22

课程

课程号	课程名	学分
01	数据库	4
02	数据结构	4
03	编译	4
04	PASCAL	2

学生选课

学号	课程号	成绩
801	04	92
801	03	78
801	02	85
802	03	82
802	04	90
803	04	88

图 11-6 关系数据库中的关系通过多张表中的相同字段建立

图 11-7 维度数据库

6. 对象数据库

对象数据库也叫作面向对象数据库,这种数据库将实体抽象为类,将字段抽象为属性,将数据存储为对象的形式,并定义出方法——对象能执行的行为。对象数据库适合表示属性差别极小的不同类对象，只需设置一个父类存放它们的共有属性，再设置相应数目的派生类存放各自的特有属性，并继承父类即可。对象数据库是一种正在发展的数据库，它能够更好地表现日常生活中的实体和关系。

7．对象－关系数据库

对象－关系数据库是将关系数据库和对象数据库的特征相结合的数据库。数据像传统的关系数据库一样存储在表格中，但增加了对象数据库的功能：可以扩充自定义的数据类型和操作，该类数据库支持复杂对象的查询，以及支持继承的概念。

11.2 数据管理工具

11.2.1 数据管理软件

数据管理软件是最简单的数据管理工具，它可以创建并维护平面文件，但不能在记录间建立关系，也没有足够能力维护企业所需的大量数据，因此数据管理软件适用于个人用户或较小的组织。常见的数据管理软件有 Microsoft Word 和 Microsoft Excel，它们都提供了创建与管理数据的工具。Microsoft Excel 支持 1048576×16384 条数据，如图 11-8 所示。

图 11-8 Microsoft Excel 支持 1048576×16384 条数据

除了用现有的数据管理软件，还可以用编程语言编写程序，生成定制软件来管理数据。定制软件具有很好的针对性，可以生成指定格式的数据文件，但定制软件的制作需要很长时间，且成本也很高。设计拙劣的定制软件会导致数据依赖，即数据和程序联系过于紧密，以至于修改和访问都变得非常困难。

11.2.2 数据库管理系统

数据库管理系统（DBMS）是专业的数据管理工具，是专门用来管理数据库中数据的软件。数据库管理系统具有良好的数据独立性，即数据库管理系统只负责数据，而程序需要通过编程语言向数据库管理系统申请以获取数据。数据库管理系统可以分为很多种，每一种都专用于某一数据库模型，但也有一些数据库管理系统可以同时处理多种数据库模型。

（1）XML 数据库管理系统，用于处理 XML 格式的数据。

（2）对象数据库管理系统（Object DBMS，ODBMS），用于处理对象数据库模型。

（3）关系数据库管理系统（Relational DBMS，RDBMS），用于处理关系数据库模型，这是目前最流行的数据库管理系统。数据库管理系统排行榜如图 11-9 所示。

Rank			DBMS	Database Model	Score		
Jun 2023	May 2023	Jun 2022			Jun 2023	May 2023	Jun 2022
1.	1.	1.	Oracle	Relational, Multi-model	1231.48	-1.16	-56.27
2.	2.	2.	MySQL	Relational, Multi-model	1163.94	-8.52	-25.27
3.	3.	3.	Microsoft SQL Server	Relational, Multi-model	930.06	+9.97	-3.76
4.	4.	4.	PostgreSQL	Relational, Multi-model	612.82	-5.08	-8.02
5.	5.	5.	MongoDB	Document, Multi-model	425.36	-11.25	-55.36
6.	6.	6.	Redis	Key-value, Multi-model	167.35	-0.78	-7.96
7.	7.	7.	IBM Db2	Relational, Multi-model	144.89	+1.87	-14.30
8.	8.	8.	Elasticsearch	Search engine, Multi-model	143.75	+2.11	-12.25
9.	↑10.	9.	Microsoft Access	Relational	134.45	+3.28	-7.36
10.	↓9.	10.	SQLite	Relational	131.21	-2.65	-4.22

图 11-9　数据库管理系统排行榜（数据来源：DB-Engines，2023 年 6 月）

大部分的 RDBMS 也支持处理对象类的数据和 XML 数据。在商业领域最常用的 RDBMS 有 Oracle、Microsoft SQL Server（见图 11-10）、MySQL（见图 11-11）等，个人用户则可以考虑使用 Microsoft Access。

数据库管理系统支持网络访问，可以管理数十亿条的记录，并支持每秒数百次甚至上千次的并发事务处理。它还可以管理分布式数据库，即数据库存储在不同的计算机或网络中，分布式数据库可以支持每秒数万次甚至更多的并发事务处理。

图 11-10　Microsoft SQL Server

图 11-11　MySQL

11.2.3　数据库和 Web

数据库还可以通过 Web 方式访问，但这种访问方式非常"隐秘"，以至于大多数 Web 用户甚至察觉不到页面上的信息是由数据库生成的。例如，网上商城中商品的价格、图片和描述其实都是来自数据库，并经由一定的程序处理生成的。

可以通过静态或动态发布的方式将数据库中的内容提供到 Web 上。静态 Web 发布是将数据库中的数据转换成 HTML 文档，从而提供访问，其实质是生成了一个数据库的"快照"。Web 用户只可以对此 HTML 文档进行查看或搜索，而不能更改数据库中的内容。

如果要通过 Web 对数据库中的数据进行修改，或进行定制性的查看（如网上商城的"猜你喜欢"功能），则需要借助动态 Web 发布。动态 Web 发布依靠服务器脚本在用户浏览器和数据库管理系统间建立连接，它可以记录用户的输入或读取用户计算机的 Cookies，根据输入的信息访问数据库中相应的记录，并命令数据库进行与用户信息有关的查询或修改；数据库返回结果后，服务器脚本会将结果转换成 HTML 文档发送给用户浏览器。

服务器脚本可以用 PHP、Ruby、Python、ASP 等语言编写。操作系统、Web 服务器软件、数据库管理系统和服务器脚本共同组成了 Web 服务器框架。目前流行的 Web 服务器框架是 LAMP（Linux-Apache-MySQL-PHP，如图 11-12 所示），其中，Linux 是操作系统，Apache 是 Web 服务器软件，MySQL 是数据库管理系统，PHP 是服务器脚本，这套框架的所有组成产品均是开源的，具有通用、跨平台、高性能、低价格的优势。

用户通过网页提交的记录其实都是表单的形式，在 HTML 语言中就是 <form> 标签下的内容，<form> 标签会指定提交方式和提交到的服务器脚本的文件名。用户单击"提交"按钮后，<form>标签中的内容就会提交给对应脚本进行处理，脚本处理完毕后将结果以 HTML 文档的方式返回给用户浏览器浏览器，如图 11-13 和图 11-14 所示。

图 11-12 LAMP 框架中各组件的商标示例，其中企鹅标志是 Linux 的象征

邮箱：

密码：

登录

```
<form method="post" action="/login.php">
    邮箱：<input name="email" type="text"/><br>
    密码：<input name="psw" type="password"><br>
<input type="submit" name="login" value="登录"/>
</form>
```

图 11-13 利用 <form> 标签实现最简单的登录功能

```
if(isset($_POST['login']) && $in==false){
    $email=$_POST['email'];
    $psw=$_POST['psw'];
    $query="SELECT * FROM author WHERE author_email='$email' AND author_pass=sha1('$psw')";
    $result=mysqli_query($dbc,$query) or die("Cannot execute mysql query.");
    if(mysqli_num_rows($result)==1){
        $row=mysqli_fetch_array($result);
        if($row['author_status']==1){
        $in=true;
        setcookie("email",$row['author_email'],time()+3600*24*30);
        setcookie("psw",$row['author_pass'],time()+3600*24*30);
        $query="UPDATE author SET author_land='1' WHERE author_email='$email'";
        $result=mysqli_query($dbc,$query) or die("Cannot execute mysql query.");
        echo "<META HTTP-EQUIV=\"refresh\" CONTENT=\"0;url=index.php\">";
        }else{
        echo "请验证邮箱<br>";
        }
    }else{
        echo "用户名或密码错误<br>";
    }
}
```

图 11-14 使用 PHP 语言编写登录功能的示例代码

11.2.4 XML

XML（Extensible Markup Language，可扩展标记语言）是对 HTML 的扩展与补充。它与 HTML 在语法上的区别是：HTML 中并不要求所有标签都成对出现，而 XML 要求所有标签必须成对出现；HTML 标签不区分大小写，而 XML 标签严格区分大小写。

HTML 适合网页的开发，但其标签相对较少，只有固定的标签集，缺乏可扩展性。XML 则支持自定义的标签，如 <author> 标签可以标记作者，<from> 标签可以标记来源。HTML 和 XML 是为不同的目的而设计的。HTML 被设计用来显示数据，关注于数据的外观；而 XML 被设计用来传输和存储数据，关注于数据的内容。

可以理解为，XML 仅仅是纯文本，XML 文件不会做任何事情，但应用程序却可以利用 XML 文件的易读性和标记性有针对性地处理 XML 文件。例如，应用程序可以直接搜索 <author> 标签

找到该文件的作者，而无须借助人工查询。XML 文件可以用浏览器或任何的文字处理软件打开，图 11-15 所示为一个打开的 XML 文件。

```
▼<note>
   <from>Robert</from>
   <to>Alex</to>
   <title>Reminder</title>
   <body>Don't forget the meeting!</body>
</note>
```

图 11-15　一个打开的 XML 文件

XML 和数据库都可以用来存储数据。XML 可在多个平台上访问，占用资源更少，操作更方便，但对复杂的操作（如排序、更新）的支持不是很好，且当数据量增多时，查看与搜索的压力也会增大。所以 XML 文件通常用于存储程序的配置信息（如 setting.xml），而程序所用到的数据还是要靠数据库来存储。

XML 虽然不适合存储大量数据，但 XML 提供了服务器和浏览器通过 Web 交换数据的方式。一些 RDBMS 可以接受 XML 形式的查询，并将结果导出到 XML 文件，再通过 Web 发送到用户浏览器。

11.3　数据库设计

关系数据库是目前最常用的数据库，本节将介绍如何设计一个良好的关系数据库。数据库设计不仅需要考虑内容，还需要考虑界面布局。

11.3.1　定义字段

构建关系数据库的第一步是定义字段，即明确数据库中要存放什么数据。例如，如果要构建一个音乐数据库，那么可能的字段有歌曲名、专辑名、作者、时长、描述等。字段是数据库操作的基本单位，因此了解如何定义字段十分重要。

定义字段前，首先要明确如何组织数据。例如，用户的姓名是存放在一个字段中还是分成姓和名存放在两个字段中，通常情况下姓名存放在两个字段中比较方便操作。数据库需要保证一张表中的任意两条记录都是互不相同的，因此需要将一个字段设置成主键（如图 11-16 所示，带钥匙符号的字段），主键字段中的数据不允许重复，即可保证记录是不重复的。常用作主键的字段有身份证号、学号、电话号等。还可以使用多个字段组成联合主键，例如，记录学生选课信息的选课表可以使用学号和课程号作为联合主键。

	列名	数据类型	允许 Null 值
⚷	ID	bigint	☐
	Date	datetime	☑
▶			☐

图 11-16　将 ID 字段设置为表的主键

字段可以存放的数据取决于它的数据类型，不同数据库管理系统有不同的数据类型，大致可分为以下几类。

（1）整型数据类型（int 或 integer），这是最常用的数据类型，用来存放整数值。

（2）浮点数据类型（real、float、decimal、numeric），用于存储十进制小数。

（3）字符数据类型（char、varchar），用于存储各种字母、数字符号或特殊符号，其中，char是定长数组，varchar是变长数组。例如，varchar(50)声明了一个上限长度为50的变长字符数组。

（4）日期和时间数据类型（datetime），用于存储日期和时间的结合体，如2014-05-07 14:20:02。

（5）文本和图形数据类型（text、image），用于存储文本或图形数据（如字母或不用于计算的数字）。

（6）货币数据类型（money），精确度为小数点左方15位数及右方4位数，可以避免运算时的四舍五入。

（7）位数据类型（bit），只允许取0或1，可以用作逻辑判断。

（8）二进制数据类型（binary、varbinary），定义方式类似于字符数据类型，如binary(50)用于存储二进制数据。

数据库提供了数据校验的工具，以防止用户输入不合法的数据。如果插入不合法的数据，数据库会拒绝操作，如图11-17所示。非法数据包括数据类型不符和数据值不符。例如，如果用户在一个整型数据类型中输入了小数，数据库会给出警告而不进行处理；如果用户在一个限定最大值为1000的字段中填入了1500，数据库同样会报错而拒绝处理。数据库管理员还可以指定字段格式，以便在输入数据时添加自动的格式。例如，管理者可以指定电话号码字段的格式，当用户输入12345678900时，数据库会自动将其格式化成123-4567-8900。

图11-17　如果插入不合法的数据，数据库会拒绝操作

如何将字段编组为表也需要一定的技巧，原则之一是"一事一表"，这样可以减少数据冗余。例如，有学生实体、课程实体和学生选课的关系，如果将它们统一放到一张表中，就会造成严重的数据冗余：一个学生可以选多门课，一门课可以允许多个学生选择，这样对每门课和每个学生，都可能产生许多冗余的记录，如图11-18所示，蓝色表示冗余记录；而如果将它们分为3张表，就不会产生冗余现象，如图11-19所示。

SID	姓名	CID	课程名
S01	张三	C01	语文
S01	张三	C02	数学
S02	李四	——	——
S03	张三	C01	语文
——	——	C03	英语

图11-18　将多个实体设计在一张表中，将会产生冗余

学生信息（表 1）		课程信息（表 2）		选课信息（表 3）	
SID	姓名	CID	课程名	SID	CID
S01	张三	C01	语文	S01	C01
S02	李四	C02	数学	S01	C02
S03	张三	C03	英语	S03	C01

图 11-19 为每个实体设计一张表，将有效降低数据冗余

11.3.2 组织记录

对于同一张表，不同的数据库用户关注的重点可能不同。例如，仓库管理员会关注商品的库存排序情况，而营销人员可能更关注商品的价格排序情况。这就需要数据库去组织记录，数据库组织记录的方式可以分为排序和索引两种。

排序是对物理介质上的数据进行重新排列，以得到有序的数据。每张表最多只能有一个排序字段，数据会按此字段在物理介质上进行排序，当插入新的数据时，数据库会将其定位到合适的位置进行插入，以保证数据仍然是有序的。排序后的表对排序字段的搜索是很快的，因为可以通过计算物理地址快速定位，但对其他字段的搜索仍然需要遍历查找。排序字段可以更改，但更改往往会耗费很长时间，需要对物理介质上的数据进行重新排列。排序字段通常在定义表时指定，之后不可随意更改。

与排序不同，索引其实是一个键列表，每个键中都有索引排序字段的信息，并提供了一个指向对应记录的指针，记录表与索引表的对应关系如表 11-1 所示。索引按照索引排序字段进行排序，以达到组织记录的效果，但索引不会改变记录的物理存储位置。因此一张表可以有多个索引，以对多个不同的字段进行排序。索引既可以在定义表时建立，也可以在之后建立，这不会耗费很长时间。

表 11-1 记录表与索引表的对应关系

记录表			索引表	
商品 ID	价格（元）	库存（件）	库存（件）	商品 ID
1001	3.2	435	2	1005
1010	9.8	17	17	1010
1005	21.7	2	158	1003
1003	53.6	158	435	1001

不仅可以对多个字段同时建立不同的索引，还可以将几个字段联合起来建立一个索引，以类似于 Excel 中的主要关键字和次要关键字的方式进行排序。通过对表中不同字段建立索引，可以同时满足不同用户的多种需求。

11.3.3 设计页面

数据库的用户通常不会登录数据库管理系统对数据进行修改，而是通过 Web 方式或通过应用程序进行数据的创建与修改（通常称为注册和修改个人信息等）。数据库的设计者或专门的工程师需要设计出一个能完整包含记录所需字段的页面，以供用户填写。

用户输入页面并不是简简单单地将所有字段罗列出来，也并不一定需要华丽的设计，而是多种因素的综合，优雅简洁的输入页面能够使用户输入更加便捷，如图 11-20 所示。设计用户输入页面时应注意以下几个方面。

　　（1）将字段按照逻辑顺序排列好，字段的文本框最好对齐，而不要参差不一。

　　（2）为正在输入的字段提供视觉效果，如文本框加亮等。

　　（3）提供必要的说明以确保输入数据的合法性。

　　（4）如果字段过多，可考虑分页或使用滚动条，而不要放置在一起。

　　（5）使用合适的字体和样式。

　创建一个 Apple ID

　姓名

　请输入您的全名

　　　　姓氏　[　　　　　　　　　　　]

　　　　名字　[　　　　　　　　　　　]

　Apple ID 与密码

　输入您的主要电子邮件地址作为您的 Apple ID。这将用于您帐户的联系电子邮件地址。

　　Apple ID　[例如：jappleseed@example.com]

　　　　密码　[　　　　　　　　　　　]

　　确认密码　[　　　　　　　　　　　]

　安全提示问题

　在下面选择三个安全提示问题。当您忘记密码时，这些问题可以帮助我们确认您的身份。

　安全提示问题　[请选择　　　　　　　▼]

　　　　答案　[　　　　　　　　　　　]

图 11-20　优雅简洁的输入页面能够使用户输入更加便捷

11.3.4　设计报表模板

　　报表是打印出来的或展示在屏幕上的数据库中的部分数据或全部数据的列表。同设计输入页面一样，报表也需要精心设计，以提高用户查看和分析数据的效率。多数数据库管理系统都包含报表生成器，可以根据设计好的报表模板，填入数据后生成报表。报表模板类似于 PowerPoint 中的模板，只负责标题、包含或计算出的字段及表格样式，而不存储具体数据。报表中的数据来自生成报表时数据库中的数据。

　　好的报表模板应遵循以下原则。

（1）提供且仅提供用户所需的信息，过多的信息会影响用户的识别与分析。

（2）尽可能简化用户的手工计算，报表模板可以计算出数据的平均值、方差、比例等，而不要让用户手工再进行计算。

（3）无歧义地表示信息。例如，不同字段间的间距不要过小，以免造成识别困难；必要的字段需要加上单位信息（如万元、吨等），以便用户能够清晰了解数据性质；包含必要的标题、标签、页码、日期及说明。

（4）以用户可以理解的方式表现信息。最常用也最合适的方式是用普通表格，也可考虑使用统计性的图表。但如果在用户不熟悉的情况下使用三维图表或更复杂的表现形式，就显得不明智了，过于复杂的报表反而会影响用户的识别与分析，如图 11-21 所示。

图 11-21　过于复杂的报表反而会影响用户的识别与分析

11.3.5　导入数据

数据库结构设计完成后，需要将数据载入数据库中。最原始的做法是手工输入数据，这可能会花费很长时间，并且不可避免地会有拼写错误。如果数据以电子的方式存在于其他数据库或文件中，就可以使用导入／导出程序，或者写一个专门的转换程序来载入数据。

数据库管理系统会提供导入／导出程序，可以将数据在不同数据库或文件间进行转换。数据库的导出程序支持多种格式的输出，如图 11-22 所示。但如果导入／导出程序不支持所需的文件格式，就需要编写一个专门的转换程序。编写转换程序需要花费一定时间，并且需要对数据库格式有一定的了解，但对于大量数据来说，编写转换程序的效率和准确率仍然要比手工录入方式高。

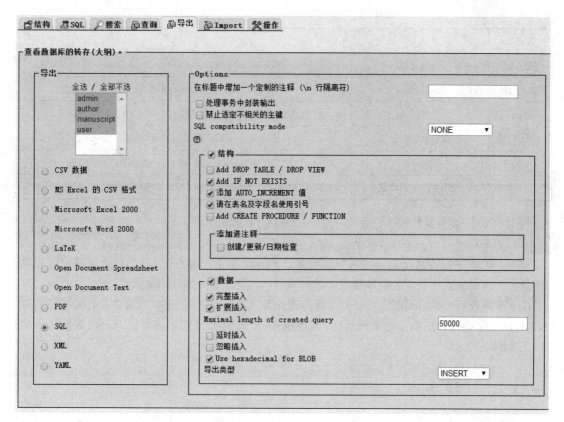

图 11-22 数据库的导出程序支持多种格式的输出

11.4 SQL 语句

11.4.1 SQL 语句基础

SQL（Structured Query Language，结构化查询语言）是用来进行数据库设计、查询与管理的语言，任何对数据库的操作都需要通过 SQL 语句（也称 SQL 查询）命令数据库来进行。SQL 语句通常生成在普通用户看不到的地方，服务器脚本会生成 SQL 语句以执行相应的数据库操作，但普通用户只能看到脚本生成的 HTML 网页，而看不到 SQL 语句；大多数数据库管理系统提供了图形化的界面，用户可以通过鼠标进行操作，数据库管理系统会自动生成相应的 SQL 语句执行。但如果需要对数据库进行专业或复杂的设计、查询与管理，需要用户自己编写对应的 SQL 语句。

语句"SELECT Name FROM Student WHERE Sid='1001'"是一个简单的 SQL 语句，该语句命令数据库从 Student 表中找到学号为 1001 的学生，并返回其姓名（Name）。其中的大写单词如 SELECT、FROM 和 WHERE 是 SQL 关键字，数据库通过识别关键字来判断指令的类型，并执行对应操作。需要注意的是，关键字不一定是大写的，大多数数据库管理系统接受任意形式大小写的关键字，如 SELECT 和 select、SeLeCt 的效果是一样的。表 11-2 列出了常用的 SQL 关键字及其用法示例。

表 11-2　常用的 SQL 关键字及其用法示例

关键字	含义	示例
SELECT	查找记录	SELECT * FROM Student WHERE Class ='3'
DELETE	删除记录	DELETE From Music WHERE ID ='7'
UPDATE	更新记录	UPDATE Student SET Age =20 WHERE Sid ='1002'
CREATE	创建数据库、表等	CREATE Table Student
INSERT	插入记录	INSERT INTO Student (Sid,Age) VALUES ('1020',19)
JOIN	使用两张表的数据	SELECT* FROM Albums JOIN Tracks ON Albums.Cat#=Tracks.cat#

每个 SQL 关键字都有对应的语法。例如，DELETE 的语法是：

DELETE FROM…WHERE…

其中，关键字 FROM 后面需要填写要删除记录的表名，关键字 WHERE 后面需要填写删除记录的条件。执行此语句后，数据库会遍历对应的表，并删除满足条件的记录。

接下来将介绍一些常用的进行数据库操作的 SQL 语句。SQL 关键字有很多，且编写复杂操作的 SQL 语句需要较强的数学与逻辑基础，若想熟练掌握 SQL 语句的编写技巧，则需要结合案例进行更多的练习。

11.4.2　添加记录

SQL 添加记录的语法有如下两种。

（1）INSERT INTO…VALUES(…)，用于插入单条记录。例如：

INSERT INTO Student(Sid,Age) VALUES ('1020',19)

表示在 Student 表中插入一条记录，其中学号（Sid）是 1020，年龄（Age）是 19。

（2）INSERT INTO…()，用于同时插入多条记录，括号中是一个子查询，通常是一个 SELECT 语句。例如：

INSERT INTO Student (Sid,Age) (SELECT Sid,Age FROM Student2)

表示从 Student2 表中提取出所有的学号和年龄记录，然后插入 Student 表中。

11.4.3　查询信息

通用的查询信息的 SQL 语法是 SELECT…FROM…WHERE…，但其中可以应用一些关键字或符号来进行更复杂的查询，常用的关键字或符号有如下几种。

（1）星号（*），表示所有信息。例如：

SELECT * FROM Student

表示从 Student 表中提取出所有信息，查询语句中的 WHERE 关键字是可选的。

（2）比较符号，如 >、>=、= 等。需要注意的是，不等于用 <> 表示。例如：

SELECT * FROM Student WHERE Age<>20

表示从 Student 表中提取出年龄不为 20 的所有学生信息。

（3）OR 和 AND，用于 WHERE 子句，OR 表示两者满足其一即可，AND 则需要两者同时满足。例如：

```
SELECT * FROM Student WHERE Age<>19 AND Age<>20
```
表示从 Student 表中提取出年龄既不为 19 也不为 20 的所有学生信息。

（4）BETWEEN…AND…，用于指定值的连续范围。例如：
```
SELECT * FROM Student WHERE Age BETWEEN 19 AND 21
```
表示从 Student 表中提取出年龄在 19 ～ 21 的所有学生信息。

（5）IN，用于指定离散的数据范围。例如：
```
SELECT * FROM Student WHERE Age IN (17,19,21)
```
表示从 Student 表中提取出年龄为 17、19 和 21 的所有学生信息。

（6）NOT，用于取反。例如：
```
SELECT * FROM Student WHERE Age NOT BETWEEN 19 AND 21
```
表示从 Student 表中提取出年龄不在 19 ～ 21 的所有学生信息。

（7）LIKE，用于字符串匹配，其中通配符 _ 代表任一字符，通配符 % 代表任意长度（包含 0）的字符串。例如：
```
SELECT * FROM Student WHERE Sid LIKE '2___'
```
表示从 Student 表中提取出所有学号开头为 2 且学号长度为 4 的学生信息。

（8）ORDER BY，对查询结果进行排序，用在查询语句的末尾，可有多个参数，默认按升序（ASC）排序，若要降序排列，则可指定关键字 DESC。例如：
```
SELECT * FROM Student ORDER BY Sid ASC,Age DESC
```
表示从 Student 表中提取以学号为第一关键字（升序）、以年龄为第二关键字（降序）的所有学生信息。

11.4.4 更新字段

更新字段的通用语法是 UPDATE…SET…WHERE…，可以对一条记录或多条记录同时进行修改。WHERE 子句同样可以应用 AND、OR、BETWEEN…AND…、LIKE 等关键字。例如：
```
UPDATE Product SET Price=400 WHERE Price>400
```
表示查询 Product 表中所有价格（Price）大于 400 的商品，并将其价格修改为 400。

11.4.5 连接表

使用 SQL 语句可以将两张表通过共同字段连接起来，连接得到的新表中仅包含在共同字段上值相同的记录的组合，如图 11-23 和图 11-24 所示。

R			S		
A	B	C	B	D	E
a	b	c	b	c	d
d	b	c	b	c	e
b	d	f	c	c	e
c	a	d	a	d	b

图 11-23 表 R 和表 S 的共同字段是 B

R JOIN S				
A	B	C	D	E
a	b	c	c	d
a	b	c	c	e
d	b	c	c	d
d	b	c	c	e
c	a	d	d	b

图 11-24　表 R 与表 S 连接后，只有 B 字段取值相同的数据才会互相联系起来

通过连接表可以进行多表查询，在 SQL 中有两种方法可以连接表。

（1）直接调用多张表。

在 SELECT…FROM…WHERE…中引用多张表，并在关键字 WHERE 后指明多张表的连接原则。例如：

> SELECT * FROM Student,Course,SC WHERE Student.Sid=SC.Sid AND SC.Cid=Course.Cid

表示将学生表、课程表和选课表连接起来，得到学生选课的全部信息。当引用的多张表中有重名字段时，需用"表名.字段名"格式表示。

（2）使用关键字 JOIN。

语法为 SELECT…FROM…JOIN…ON…[WHERE]…。例如：

> SELECT * FROM Student JOIN SC ON Student.Sid=SC.Sid

表示将学生表和选课表连接起来，得到学生选课的信息，但没有课程的具体信息。

11.5　云数据库

11.5.1　云数据库基础知识

云数据库（见图 11-25）是运行在云计算平台中的数据库，如 Amazon EC2、GoGrid、Salesforce 和 Rackspace 等都是商业云数据库。云数据库使企业能够使用更少的硬件与维护经费来创建简单规模的数据库，仅仅需要支付数据存储和传输的费用。

亚马逊公司拥有目前世界上最大规模的云数据库，存储了亚马逊的客户、订单与商品信息。除此之外，它还存储了许多书籍的相关内容，以便网上搜索或浏览。云数据库也越来越多地被用于存储用户生成的信息，如用户传到 Flickr、YouTube、Facebook、Pinterest 等社交网络上的内容。云数据库的使用范围正在迅速扩增。

图 11-25　云数据库

11.5.2　云数据库的分类

云数据库按照部署模式可分为虚拟机映像和数据库即服务两类，每一类又可分为基于 SQL 的数据模型（SQL Data Model，SQL 数据模型）和支持多种语言的数据模型（NoSQL Data Model，NoSQL 数据模型，其中 NoSQL 是 Not only SQL 的简写，即除了支持 SQL 语言，还支持其他类似

的语言）。SQL 数据模型的规模难以动态变化，与云环境难以完全契合；NoSQL 数据模型的规模可以轻易地变化，与云的概念非常契合，通常用来处理大负载的工作。但由于目前大多数的数据库都是基于 SQL 的，从 SQL 转向 NoSQL 往往需要对整个程序代码的大规模重写，所以 NoSQL 的应用范围还不是很大。

1．虚拟机映像

用户可以在云服务商提供的虚拟机映像上建立与维护数据库。云平台允许用户购买一个限定时间的虚拟机映像，用户可以在其中运行数据库。用户既可以选择将自己的带有数据库的机器映像上传到虚拟机中，也可以使用云服务商预先配置好的装有数据库的机器映像。

2．数据库即服务

数据库即服务（DBaaS）是指通过服务的方式购买数据库。在数据库即服务中，用户不需要自己安装或维护数据库，这是云数据库供应商的工作，用户只需要根据对数据库的使用量来付费。

表 11-3 列举了目前主流的云数据库供应商。

表 11-3　目前主流的云数据库供应商列表

云数据库	虚拟机映像	数据库即服务
SQL 数据模型	Oracle Database IBM DB2 Ingres Database PostgreSQL MySQL NuoDB	Amazon Relational Database Service BitCan(MySQL,MongoDB) Microsoft SQL Azure Heroku PostgreSQL as a Service Clustrix Database as a Service Xeround Cloud Database EnterpriseDB Postgres Plus Cloud Database
NoSQL 数据模型	CouchDB(Amazon EC2) Hadoop(Amazon EC2 或 Rackspace) Apache Cassandra(Amazon EC2) Neo4j(Amazon EC2 或 Microsoft Azure) MongoDB(Amazon EC2，Microsoft Azure 或 Rackspace)	Amazon DynamoDB Amazon SimpleDB Cloudant Data Layer Google App Engine Datastore Orchestrate

11.6　大数据

11.6.1　大数据介绍

在 21 世纪的最初十年中，各种企业收集的数据大部分都是结构化的交互数据，这些数据可以简单地填充到关系数据库管理系统中。现在，来自网站、邮件、社交媒体甚至音乐列表及传感器的数据带来了数据爆炸，这些数据的无结构或半结构化使得它们不适用于通过传统的关系数据库进行管理。"大数据"概念由此诞生，由于这些数据的容量过于庞大，以至于传统的数据库管理系统无法在可接受的时间内捕获、存储和分析它们。

大数据带来的挑战包括：通过分析每天产生的 12TB 的微博数据来更好地了解用户对产品的看法；分析 1 亿封邮件以便在邮件旁边投放合适的广告；分析 5 亿条呼叫记录来寻找诈骗和伪造的方式。大数据的概念及用于处理这些数据的工具由谷歌公司和其他搜索引擎公司最先提出，谷歌公司所面临的问题有：需要每天处理 5 亿条搜索并且在几毫秒内显示出搜索结果及相应广告。

为了管理这些大量的无结构、半结构化与结构化的数据，企业通常使用 Hadoop。Hadoop 是一个由 Apache 软件基金会管理的开源软件框架，它可以在廉价的计算机上分布并行处理大量的数据。它可将大数据问题分解为多个子问题，然后将它们分散在数千个廉价的计算机处理节点上，并将分析结果组合在一个较小的、易于分析的数据集上。无论你是否意识到，你或许曾经使用过 Hadoop：获取通往餐厅的最优路径或通过微信与你的朋友保持联系。

Hadoop 可以处理大量的任何种类的数据，包括结构化的交互数据、松散结构的诸如 Facebook 和 Twitter 的数据、复杂的诸如网络服务器日志文件数据，以及无结构的音频、视频数据。Hadoop 运行在数台廉价的服务器上，处理器可以根据计算需要进行添加或删除。企业可以使用 Hadoop 分析大量数据，以及在填入数据仓库前将无结构和半结构化的数据进行转化。Facebook 公司在巨大的 Hadoop 集群上存储了大量数据，这些数据大约有 10^{17} 字节。数据库供应商，如 IBM、Hewlett-Packard、Oracle 及 Microsoft 都有它们自己的 Hadoop 分布式软件。其他的供应商也提供将数据导入 Hadoop，或在 Hadoop 中分析数据的工具。

11.6.2 NoSQL

面对大数据的挑战，传统的关系数据库渐渐地不再满足更多的业务场景需求，NoSQL 通过其高扩展、高并发、易管理等优势逐渐地在大数据领域发挥越来越重要的作用。

在软件实现上，NoSQL 数据库通常具有两个特点。

一是流行的 NoSQL 软件很多诞生在因特网领域中，主要为满足因特网业务需求而生。这使得传统的电信、电力或金融等行业在利用 NoSQL 构建本行业的大数据应用时存在难度，一方面是由于技术人员可能对这些工具缺乏掌握；另一方面是由于这些软件工具在设计之初，并没有过多考虑传统行业中大数据业务的现状和需求。

二是知名的 NoSQL 软件一般是开源（Open Source）免费的，包括本书介绍的 NoSQL 数据库。这可以看作是强调开放和共享的"因特网精神"的体现。开源免费使得这些软件工具的使用成本大大降低，但也使得这些软件缺少商业化运作，缺乏完善的说明文档和技术服务，加之这些软件工具采用了新型的设计理念、数据结构和操作方法，使得这些软件工具的学习难度较高。此外，NoSQL 数据库的价值体现在利用分布式架构处理海量数据，而个人学习者难以构建分布式环境，也难以轻易获得海量的实验数据。

NoSQL 数据库主要面向传统关系数据库难以支撑的大数据业务。这些业务数据一般存在如下特点。

一是数据结构复杂。例如，对不同的业务服务器或工业设备进行实时数据采集，其数据结构、属性维度和单位等都可能存在差异。此时采用非关系的数据描述方法，如 XML、JSON 等可能会更加方便。此外，关系数据库设计方法中的范式和完整性要求等，在 NoSQL 数据库设计中一般不会被遵循。

二是数据量大，必须采用分布式系统而非单机系统支持。此时 NoSQL 数据库需要解决以下问题。

（1）如何将多个节点上的数据进行统一的管理，如何对集群内的计算机及其计算存储资源进行统一的管理、调度和监控。

（2）如何尽可能地将数据进行均匀的存储，如何在集群中对数据进行分散的存储和统一的管理。

（3）如何增加节点或减少节点，如何使整个系统自适应，能够向集群指派任务，能够将任务并行化，使集群内的计算机可以分工协作、负载均衡。

（4）考虑到节点和网络可能发生错误，如何确保数据不丢失和查询结果没有缺失。当集群中的少量计算机或局部网络出现故障时，集群性能虽然略有降低，但是仍然可以保持功能的有效性，且数据不会丢失，即具有很强的分区容错性。

（5）如何尽可能提高数据管理能力和查询效率，如何尽可能提高系统的稳定性，在利用集群执行所需的数据查询和操作时，性能远超单独的高性能计算机。

（6）如何提高系统的易用性，使用户在无须了解分布式技术细节的情况下，使用 NoSQL 数据库系统。如何用简单的方式部署集群、扩展集群，以及替换故障节点，即具有很强的伸缩性。

为解决上述问题，NoSQL 数据库通过降低系统的通用性，以及牺牲关系数据库中的某些优势特点，如事务和强一致性等，以换取在分布式部署、横向扩展和高可用性等方面的优势。

在日常应用中，常用的 NoSQL 数据库根据其存储的形式可分为 4 种，分别为文档数据库、列族数据库、键值数据库和图数据库。

小　结

本章主要介绍了数据库的概念、常见的数据管理工具、设计数据库的方法和 SQL 基础，并且简单介绍了云数据库和大数据的相关知识。

通过对本章的学习，读者应能够辨别因特网中的哪些内容可能是由数据库生成的，并能够使用数据库进行简单的操作。

习　题

一、判断题

1．数据库可以将其存储的数据按照一定格式输出，并结合邮件功能或其他技术发送给用户。　　　　　　　　　　　　　　　　　　　　　　　　　　　　　　（　　）

2．视图层是数据库底层的抽象。　　　　　　　　　　　　　　　　　　　　（　　）

3．记录类型的关系与基数通常用实体关系图表示。　　　　　　　　　　　（　　）

4．内存数据库将数据保存在计算机内存中，而不是硬盘上。　　　　　　　（　　）

5．网状数据库使用树形结构来描述关系。　　　　　　　　　　　　　　　　（　　）

6．维度数据库采用三维或更多维的"数据空间"来描述数据或关系。　　　（　　）

7．数据管理软件可以在记录间建立关系。　　　　　　　　　　　　　　　　（　　）

8．应用程序可以利用 XML 文件的易读性和标记性有针对性地处理 XML 文件。（　　）

9．"一事一表"可以减少数据冗余。　　　　　　　　　　　　　　　　　　（　　）

10．云数据库使企业能够用更少的室内硬件与维护花费来创建简单规模的数据库，而仅仅需要支付数据存储和传输的费用。　　　　　　　　　　　　　　　　　　　　（　　）

二、选择题

1．_____ 是数据的集合。

A．数据库　　　　　B．数据库管理系统　　　C．数据管理软件　　　　D．字段

2．数据挖掘和 OLAP 是 _____ 的方法。

A．整理数据　　　　B．查找数据　　　　　　C．分析数据　　　　　　D．传播数据

3．Excel 文件属于 _____。

A．平面文件　　　　B．网状数据库　　　　　C．关系数据库　　　　　D．维度数据库

4．以下不属于 RDBMS 的是 _____。

A．Oracle
B．MySQL

C．Microsoft SQL Server
D．MongoDB

5．LAMP 中，M 指 _____。

A．Microsoft
B．MySQL
C．Mainframe
D．MongoDB

6．以下关于 XML 的说法中，正确的是 _____。

A．XML 用来显示数据
B．XML 标签不区分大小写

C．XML 可以自定义标签
D．XML 文件只可以用浏览器打开

7．以下数据类型中适合存储货币的是 _____。

A．decimal
B．numeric
C．money
D．real

8．创建新的数据库表应该使用关键字 _____。

A．INSERT
B．UPDATE
C．CREATE
D．JOIN

9．筛选具有特定格式的电话号码，最好使用关键字 _____。

A．IN
B．BETWEEN…AND
C．LIKE
D．ORDER BY

10．若只想使用数据库而不想自己去安装，可以考虑使用 _____。

A．对象数据库
B．NoSQL
C．虚拟机映像
D．DBaaS

三、填空题

1．数据库具有三个层次，分别为 _____、逻辑层和视图层。

2．数据库管理系统具有良好的 _____，即数据库管理系统只负责数据，而程序需要通过编程语言向数据库管理系统申请以获取数据。

3．_____ 是数据库的基本组成元素，存放着属于同一类的信息。

4．数据库组织记录的方式可以分为排序和 _____ 两种。

5．SQL 关键字 _____ 的含义是查找记录。

6．_____ 是运行在云计算平台中的数据库。

7．如果要通过 Web 对数据库中的数据进行修改，或者进行定制性的查看，则需要借助 _____。

8．_____ 数据库管理系统用于处理非关系数据库模型。

9．为了保证一张表中任意两条数据都是互不相同的，_____ 字段中的数据不允许重复。

10．_____ 按照 _____ 排序字段进行排序，但不会改变记录的物理存储位置。

四、简答题

1．简要说明数据库主要的 5 种类别，并说明数据库可以根据什么分类。

2．简要说明关系数据库如何组织数据。

3．简要说明排序与索引的含义，以及它们之间的区别。

4．简要说明 XML 和 HTML 的区别。

5．简述什么是"云数据库"，并说明它有什么优势。

6．简述虚拟机映像和数据库即服务的区别。

7．简述基于 SQL 的数据模型和支持多种语言的数据模型的区别。

8．简述大数据的特点。

9．什么是分布式数据库？它有什么特点？

10．什么是 SQL？

第 12 章　新技术领域

本章主要介绍新技术领域，包括人工智能、大数据、云计算、物联网、虚拟现实、元宇宙、区块链及 5G。通过对本章的学习，读者应能够对近年来新出现的技术有一个基本的了解。

12.1　人工智能

12.1.1　人工智能简介

人工智能（Artificial Intelligence，AI）也称机器智能，是指由人制造出来的机器所表现出来的智能。通常人工智能是指通过普通计算机程序的手段实现的类人智能技术，以及研究这样的智能系统是否能够实现与如何实现的科学领域。

人工智能的核心问题包括如何赋予机器能够比拟甚至超越人类的推理、知识、规划、学习、交流、感知、移动和操作物体的能力等。自 20 世纪 40 年代起，人工智能经历了多次低谷与繁荣，研究方向大体可分为以下几个领域。

（1）演绎、推理和解决问题。早期的人工智能研究人员直接模仿人类进行逐步的推理，就像是玩棋盘游戏或进行逻辑推理时人类的思考模式。到了 20 世纪八九十年代，利用概率和经济学上的概念，人工智能研究还发展了非常成功的方法处理不确定或不完整的资讯。专家系统就是此领域的一种应用。图 12-1 所示为推理的一个例子。

图 12-1　推理的一个例子

（2）知识表示法。如何存储知识使其让机器能够处理并理解，是知识表示法的主要目标。从人工智能的角度来看，知识表示牵扯到了一系列问题：人类如何表示知识？知识的本质是什么？

某种表示法是普适的还是只适用于某领域的？其表现力如何？针对这些问题，目前该领域仍然没有完美的答案。

（3）规划。智能机器人必须能够制定目标和实现这些目标。它们需要一种方法来创建一个可预测的世界模型，即将整个世界状态用数学模型表现出来，并能预测它们的行为将如何改变这个世界，这样它们就可以选择功效最大的行为。在传统的规划问题中，智能机器人被假定它是世界中唯一具有影响力的，所以它要做出什么行为是已经确定的。但是，如果事实并非如此，它必须定期检查世界模型的状态是否和自己的预测相匹配。如果不匹配，它必须改变它的计划。因此智能机器人必须具有在不确定结果的状态下推理的能力。强化学习就是该领域的一个延伸方向，强化学习训练出来的模型可以自动尝试完成游戏，如图 12-2 所示。

图 12-2　强化学习训练出来的模型可以自动尝试完成游戏

（4）计算机视觉。计算机视觉是人工智能的一个领域，使计算机和系统能够从数字图像、视频和其他视觉输入中获得有意义的信息，并根据这些信息采取行动或提出建议。

（5）语音识别。语音或说话人识别是指程序根据一个人的独特声纹来识别这个人的能力。它通过扫描语音并与所需的语音指纹建立匹配来工作。人工智能的发展为计算机科学的这一子领域带来了广泛的机会。它使我们能够在不接触机器的情况下与它们互动。它正在迅速发展，开发人员正在寻找越来越多的方法将其应用于各个领域。

（6）自然语言处理。此领域探讨如何处理及应用自然语言，是人工智能和语言学领域的分支学科。

（7）机器学习。机器学习的主要目的是让机器从输入的数据中获得知识，以便自动地判断并输出相应的结果。机器学习可以帮助减少错误率，提高解决问题的效率。传统的机器学习方法主要分为监督学习、非监督学习和半监督学习三大类。监督学习是指事先给定机器一些训练样本并且告诉其样本的类别，然后根据这些样本的类别进行训练，提取出这些样本的共同属性或者训练一个分类器，若新来一个样本，则通过训练得到的共同属性或者分类器判断该样本的类别。监督学习根据输出结果的离散性和连续性，分为分类和回归两类。房价回归预测示例如图 12-3 所示。非监督学习是指不给定训练样本，直接给定一些样本和规则，让机器自动根据这些规则进行分类。半监督学习则介于监督学习与非监督学习之间。无论哪种学习方法都会进行误差分析，从而知道所提的方法在理论上是否有误差上限。

图 12-3　房价回归预测示例

（8）运动和控制（机器人学）。这一领域关注如何设计并制造出承载人工智能系统的机器人，用来达成某种实用目的。例如，许多机器人（见图 12-4）从事对人类来讲非常危险的工作，如拆除炸弹和地雷、探索沉船等。

图 12-4　多种多样的机器人

（9）社交。这一领域致力于情感分析，并赋予机器人情感。

（10）创造力。此领域关注如何赋予机器创造力。人工智能模型自动生成的逼真的场景图片如图 12-5 所示。

（11）伦理。针对人工智能的伦理讨论由来已久。著名物理学家史蒂芬·霍金、微软创始人比尔·盖茨、SpaceX 与 Tesla 创始人埃隆·马斯克等人都对于人工智能技术的未来公开表示忧心。人工智能如果在许多方面超越人类智能水平，并不断更新、自我提升，进而获取控制管理权，那么人类是否有足够的能力及时停止人工智能领域的"军备竞赛"？能否保有最高掌控权？现有事实是，机器常失控导致人员伤亡。这样的情况是否将更大规模地出现？历史显然无法给出可靠的乐观答案。埃隆·马斯克在麻省理工学院航空航天部门百年纪念研讨会上称，发展人工智能是"召唤恶魔"行为。英国发明家、袖珍计算器与家庭计算机先驱克莱夫·辛克莱认为，一旦开始制造抵抗人类和超越人类的智能机器，人类可能很难生存。比尔·盖茨同意埃隆·马斯克和其他人所言，且不知道为何有些人不担忧这个问题。DeepMind 的人工智能系统"AlphaGo"在 2016 年对战韩国棋王李世石获胜时，开发商表示在内部设立了伦理委员会，针对人工智能的应用制定政策，防范人工智能沦为犯罪开发者。史蒂芬·霍金等人在英国《独立报》发表文章警告未来人工智能可能会比人类金融市场、科学家、人类领袖更能操纵人心，甚至研发出人们无法理解的武器。专家担心AI 发展到无法控制的局面，援引联合国禁止研发某些特定武器的"特定常规武器公约"加以限制。

图 12-5　人工智能模型自动生成的逼真的场景图片

在不同的年代，AI 的一些领域被搁置，另一些领域获得飞速发展。不同的领域间也会互相产生联系，例如，知觉领域与自然语言处理领域关系密切；随着深度学习的发展，机器学习、计算机视觉、自然语言处理等诸多领域之间的界限逐渐变得模糊。

12.1.2　人工智能的发展阶段

根据发展阶段，人工智能可由浅入深分为以下三类。

（1）弱人工智能。弱人工智能是指仅在单个领域拥有比拟或超过人类能力的人工智能程序。弱人工智能只不过看起来像是智能的，但并不真正拥有智能，也不会有自主意识。DeepMind 的人工智能系统"AlphaGo"就是弱人工智能的典型代表，其他生活中常见的人脸识别、声纹识别等，都属于弱人工智能的范畴。目前，几乎所有的人工智能应用都属于弱人工智能。

（2）强人工智能。不同于弱人工智能，强人工智能可以像人类一样应对不同层面的问题。强人工智能被认为是有知觉、有自我意识的。目前，强人工智能仍遥不可及。

（3）超人工智能。超人工智能是一种愿景，它拥有能够准确回答几乎所有困难问题的先知模式，能够执行任何高级指令的精灵模式和开放式任务，而且拥有自由意志和自由活动能力的独立意识模式。超人工智能将超过所有人类智能的总和。

12.1.3　图灵测试

1950 年，英国数学家阿兰·图灵发表了一篇具有里程碑性质的论文，其中提出了一个问题：

机器能够思考吗？在慎重地定义了术语智能和思维之后，最终他得出的结论是：我们能够创造出可以思考的计算机。但他又提出了另一个问题：如何才能知道何时是成功的呢？

他将这个问题的答案叫作图灵测试，根据经验来判断一台计算机是否达到了智能化。这种测试的基础是一台计算机是否能使人们相信它是另一个人。

虽然多年来出现了各种图灵测试的变体，但这里的重点是它的基本概念。图灵测试是这样建立的，由一位质问者坐在一个房间中，用计算机终端与另外两个回答者 A 和 B 通信。质问者知道一位回答者是人，另一位回答者是计算机，但是不知道究竟哪个是人，哪个是计算机，如图 12-6 所示。分别与 A 和 B 交谈之后，质问者要判断出哪个回答者是计算机。这一过程将由多个人反复执行。这个测试的假设是如果计算机能瞒过足够多的人，那么就可以把它看作是智能的。

图 12-6　图灵测试

有些人认为图灵测试很适合测试计算机的智能，因为它要求计算机处理各种各样的知识，还要具有处理交谈中的变化所必需的灵活性。要瞒过质问人，计算机需要掌握的不仅仅是事实知识，还需要注意人的行为和情绪。

另一些人则认为图灵测试并不能说明计算机理解了交谈的语言，而这一点对真正的智能来说是必需的。他们提出，程序能够模拟语言的内涵，可能足够使计算机通过图灵测试，但只凭这一点并不能说计算机智能化了。通过图灵测试的计算机具有弱等价性，即两个系统（人和计算机）在结果（输出）上是等价的，但实现这种结果的方式不同。强等价性说明两个系统使用的是相同的内部过程来生成结果。有些人工智能研究员断言，只有实现了强等价性（创造出了能像人一样处理信息的机器），才可能存在真正的人工智能。

纽约慈善家 Hugh Loebner 组织了首次正式的图灵测试。从 1991 年起，每年都会举行一次这样的竞赛，其中成功通过图灵测试的计算机将得到 100000 美元的奖金和一块金牌。迄今为止，奖金争夺战仍在进行中。

12.1.4　深度学习

深度学习框架，尤其是基于人工神经网络的框架可以追溯到 1980 年福岛邦彦提出的新认知机，而人工神经网络的历史更为久远。1989 年，燕乐存（Yann LeCun）等人开始将 1974 年提出的标准反向传播算法应用于深度神经网络，这一网络被用于手写邮政编码识别。尽管算法可以成功执行，但计算代价巨大，神经网络的训练时间达到了 3 天，因而无法投入实际使用。许多因素导致了这一缓慢的训练过程，其中一种是反向传播中的梯度消失问题。因此深度学习沉寂了很长时间。

到了 2012 年，多伦多大学杰弗里·辛顿（Geoffrey Hinton）的实验室设计出了一个深层的卷积神经网络（一种适用于图像的人工神经网络）AlexNet，夺得了当年的 ImageNet LSVRC（一项大规模视觉识别挑战赛）冠军，打败了传统的机器学习与模式识别方法，且准确率远超第二名。自此，深度学习迎来了大爆发。随着硬件性能尤其是 GPU 的飞速发展，以及神经网络新组件的不断发明，深度学习模型的可训练参数越来越多，效果越来越好。如今，在计算机视觉、语音识别、自然语言处理、音频识别与生物信息学领域，深度学习都已取得极好的效果并已经进入商业化。基于深度学习的道路目标检测如图 12-7 所示。

图 12-7　基于深度学习的道路目标检测

12.1.5　人工智能的伦理

近年来，随着人工智能和机器学习的广泛应用，以及现实中法律和公众的关切，人工智能的伦理问题已成为一个热门话题。例如，在 2019 年，一家大型金融机构因涉嫌使用人工智能算法歧视女性而受到监管机构的调查，其在一种信用卡上给予男性的信用额度高于女性。另一个例子是由大公司开发的人脸识别算法，由于可用训练数据集的局限性，算法在检测人的性别时可能存在偏见。

什么是人工智能的伦理？在对 84 项人工智能伦理准则的审查中，这个话题涵盖了 11 组原则：透明、公平公正、无害、责任、隐私、慈善、自由和自治、信任、可持续性、尊严及团结。欧盟委员会人工智能高级专家组（AIHLEG）和美国国家标准与技术研究院等机构也制定了构建"可信赖的人工智能"的标准。在 2019 年 4 月《人工智能道德准则》出版后，人工智能高级专家组在 2019 年 6 月的建议涵盖了 4 个主要主题：人类和全社会、研究和学术界、私营部门和公共部门、产业界。

还有许多关乎隐私的可能的伦理问题。隐私往往是 Facebook 和谷歌等公司提供的免费服务的隐藏成本之一。亚马逊、谷歌、Facebook、Snapchat、Netflix 和许多其他平台使用人工智能算法来确定用户的偏好，而且这种判断具有惊人的精确性。这些信息对这些公司来说非常值钱，因为它们可能会将这些信息出售给其他公司。当用户同意时，这可能不是什么严重的问题，因为用户经常在不知不觉中这样做。但当用户的隐私受到更严重的侵犯时，这将产生更严重的问题。

还有一个问题，涉及人工智能和机器学习在操纵和让人们上瘾的过程中发挥的作用。诸如 Facebook 的社交媒体平台通常是帮助用户与朋友、家人和其他熟人保持联系的出色的工具。然而，正如谷歌前"设计伦理学家"Tristan Harris 所说，这些平台也有一种内置的激励机制来操纵用户，以达到"吸引用户的注意力"这一目的。正如他所指出的，社交媒体和其他平台将用户在其中花费的时间定义为成功。Tristan Harris 提出了一些案例，以将社交媒体的设计目标从投入的时间转变为良好的时间分配模型。

总而言之，人工智能将对我们的世界产生重大的影响。我们已经看到人工智能有许多积极的潜在用途。毫无疑问的是，人工智能具有潜在的能力，能够对我们的世界产生难以置信的积极影响。同样地，我们也看到了许多潜在的危害。通过这种技术，人类有无数的手段做好事或坏事。人工智能将如何改变我们的世界，这一问题仍值得认真思考和关注。

12.2　大数据

12.2.1　大数据概念

大数据是一个不断发展的概念，可以指任何体量或复杂性超出常规数据处理方法和处理能力的数据。数据本身可以是结构化、半结构化甚至是非结构化的，随着物联网技术与可穿戴设备的飞速发展，数据规模变得越来越大，内容越来越复杂，更新速度越来越快，大数据研究和应用已成为产业升级与新产业崛起的重要推动力量。谷歌上"Big Data"（大数据）一词的搜索热度如图 12-8 所示。

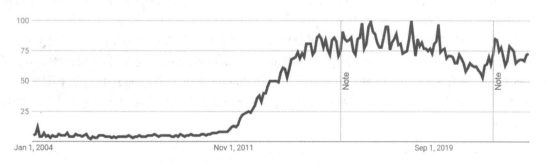

图 12-8　谷歌上"Big Data"（大数据）一词的搜索热度

从狭义上讲，大数据主要是指处理海量数据的关键技术及其在各个领域中的应用，是指从各种组织形式和类型的数据中发掘有价值的信息的能力。一方面，狭义的大数据反映的是数据规模之大，以至于无法在一定时间内用常规数据处理软件和方法对其内容进行有效的抓取、管理和处理；另一方面，狭义的大数据主要是指海量数据的获取、存储、管理、计算分析、挖掘与应用的全新技术体系。

从广义上讲，大数据包括大数据技术、大数据工程、大数据科学和大数据应用等与大数据相关的领域。大数据工程是指大数据的规划、建设、运营、管理的系统工程；大数据科学主要关注在大数据网络发展和运营过程中发现和验证大数据的规律，以及其与自然和社会活动之间的关系。

大数据技术是一种新一代技术，它成本较低，以快速的采集、处理和分析技术从各种超大规模的数据中提取价值。大数据技术不断涌现和发展，让我们处理海量数据更加容易、便宜和迅速，成为利用数据的好助手，甚至可以改变许多行业的商业模式。大数据技术的发展可以分为六大方向。

（1）大数据采集与预处理方向。这个方向最常见的问题是数据的多源和多样性导致数据的质量存在差异，严重影响到数据的可用性。针对这些问题，目前很多公司已经推出了多种数据清洗和质量控制工具（如 IBM InfoSphere DataStage，如图 12-9 所示）。

图 12-9　IBM InfoSphere DataStage

（2）大数据存储与管理方向。这个方向最常见的挑战是存储规模大，存储管理复杂，需要兼顾结构化、非结构化和半结构化的数据。分布式文件系统和分布式数据库相关技术的发展正在有效地解决这些方面的问题。在大数据存储和管理方向，尤其值得我们关注的是大数据索引和查询技术、实时及流式大数据存储与处理的发展。

（3）大数据计算模式方向。由于大数据处理多样性的需求，目前出现了多种典型的计算模式，包括大数据查询分析计算（如 Hive）、批处理计算（如 Hadoop MapReduce，其架构如图 12-10 所示，Hadoop 生态系统如图 12-11 所示）、流式计算（如 Storm）、迭代计算（如 HaLoop）、图计算（如 Pregel）和内存计算（如 HANA），这些计算模式的混合计算方法将成为满足多样性大数据处理和应用需求的有效手段。

图 12-10　Hadoop MapReduce 的架构

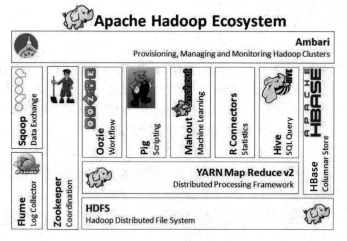

图 12-11 Hadoop 生态系统

（4）大数据分析与挖掘方向。在数据量迅速增加的同时，还要进行深度的数据分析和挖掘，并且对自动化分析要求越来越高。越来越多的大数据分析工具和产品应运而生，如用于大数据挖掘的 RHadoop 版、基于 MapReduce 开发的数据挖掘算法等。

（5）数据可视化分析方向。通过可视化方式来帮助人们探索和解释复杂的数据，有利于决策者挖掘数据的商业价值，进而有助于大数据的发展。很多公司也在开展相应的研究，试图把可视化引入其不同的数据分析和展示的产品中，各种可能相关的商品将会不断出现。可视化工具 Tableau（见图 12-12）的成功上市反映了大数据可视化的需求。

图 12-12 Tableau 提供了多种多样的数据可视化方式

（6）大数据安全方向。当我们在用大数据分析和数据挖掘获取商业价值时，黑客很可能在向我们发起攻击，收集有用的信息。因此，大数据的安全一直是企业和学术界非常关注的研究方向。文件访问控制权限 ACL、基础设备加密、匿名化保护和加密保护等技术正在最大限度地保护数据安全。

12.2.2　大数据的特点

"大数据"通常指的是来自不同资源的数量在 10 的 15 次方到 24 次方之间的数据。大数据的特点可以用 4V 来概括，即数据体积很大（Volume）、数据类型多样（Variety）、传输速度很快（Velocity）、具有潜在价值（Value）。近年来，随着大数据的发展，又出现了第五个 V——精确性（Veracity），大数据中不可避免地存在不准确的数据，为确保大数据的精确性，需要付出更多的精力。"大数据"的产生速度远快于传统数据，并且该速度还在快速增长。尽管每条 Twitter 文本限制在 140 个字符，它每天仍然产生了超过 8TB 的数据。根据 IDC 市场研究公司的研究，数据每两年都会增长一倍以上，因此对企业而言，所需面对的数据量不断激增。了解数据的高速增长对于占据市场优势至关重要。

之所以企业对"大数据"感兴趣，是因为其与更小的数据集相比包含了更多的模式与特例，因此其具备提供新的针对顾客行为、天气模式、金融市场活动或其他现象相关信息的潜力。然而，为了从这些数据中获取商业价值，企业需要具备能够对自己传统企业数据及非传统数据进行管理和分析的新的技术和工具。

因此大数据很难从直观上看到蕴藏的价值大小，所以创新的分析方法对于挖掘大数据中的价值尤为重要，更是迫在眉睫。

12.2.3　大数据分析

大数据分析描述了在大量原始数据中发现趋势、模式和关联的过程，以帮助做出有数据依据的决策。这些过程使用熟悉的统计分析技术，如聚类和回归，并在较新工具的帮助下将其应用于更广泛的数据集。自 21 世纪初以来，大数据一直是一个热门词汇，当时的软件和硬件能力使企业有可能处理大量的非结构化数据。随着数据的爆炸性增长，早期的创新项目，如 Hadoop、Spark 和 NoSQL 数据库被创造出来，用于存储和处理大数据。随着数据工程师寻找并整合由传感器、网络、交易、智能设备、网络使用等创造的大量复杂信息的方法，这一领域继续发展。即使是现在，大数据分析方法也被用于新兴技术（如机器学习），以提高更复杂的洞察力。

大数据分析是指收集、处理、清理和分析大型数据集，以帮助组织运营其大数据。

1. 收集数据

数据收集对每个组织来说都是不同的。借助今天的技术，组织可以从各种来源收集结构化和非结构化的数据——从云存储到移动应用，再到店内物联网传感器等。一些数据将被存储在数据仓库中，商业智能工具和解决方案可以轻松访问这些数据。对于数据仓库来说，过于多样或复杂的原始或非结构化数据可能会被分配元数据并存储在数据湖中。

2. 处理数据

一旦数据被收集和存储，就必须对其进行适当的组织，以获得准确的分析查询结果，特别是当它是大型和非结构化的数据时。可用的数据正以指数形式增长，使数据处理成为企业的挑战。一个处理选项是批处理，它在一段时间内查看大型数据块。当收集和分析数据之间有一个较长的周转时间时，批处理是有用的。流处理是一次性查看小批量的数据，缩短了收集和分析之间的延迟时间，以加快决策。流处理更复杂，通常更昂贵。

3. 清理数据

大大小小的数据都需要清理，以提高数据质量，获得更有力的结果；所有的数据都必须格式正确,任何重复的或不相关的数据都必须被消除或说明。肮脏的数据会掩盖有效信息并造成误导,产生有缺陷的洞察力。

4.分析数据

让大数据进入可用的状态需要时间。一旦准备好了,先进的分析过程就可以将大数据转化为大洞察力。其中一些大数据分析方法如下。

(1)数据挖掘对大型数据集进行分类,通过识别异常情况和创建数据集群来确定模式和关系。

(2)预测分析法利用组织的历史数据对未来进行预测,识别即将到来的风险和机会。

(3)深度学习通过使用人工智能和机器学习来模仿人类的学习模式,在最复杂和抽象的数据中分层算法和寻找模式。

12.2.4　大数据的应用

在今天的世界,有很多数据。大公司利用这些数据促进其业务增长。通过分析这些数据,可以在各种情况下做出有用的决定。

(1)跟踪客户的消费习惯和购物行为。在大型零售商店中,管理团队必须保持客户的消费习惯(客户在哪种产品上消费,他们希望在哪个品牌上消费,他们的消费频率)、购物行为、客户最喜欢的产品(以便他们可以在店里保留这些产品)的数据。哪种产品被搜索/销售得最多,根据这些数据,该产品的生产/收集率得到固定。

银行部门使用客户的消费行为相关数据,以便可以向特定的客户提供优惠,通过使用银行的信用卡或借记卡购买客户特别喜欢的产品,并给予折扣或返现。通过这种方式,可以在正确的时间向正确的人发送正确的报价。

(2)推荐。通过跟踪客户的消费习惯和购物行为,大型零售商店向客户提供建议。像亚马逊、沃尔玛、Flipkart 等电子商务网站会进行产品推荐,跟踪客户正在搜索的产品,基于这些数据,其向客户推荐该类型的产品。

举个例子,假设任意客户在亚马逊上搜索床罩,因此,亚马逊得到的数据是客户可能有兴趣购买床罩。下一次,当该客户进入谷歌页面时,会看到各种床罩的广告。因此,可以向正确的客户发送正确的产品广告。

YouTube 还显示了基于用户以前喜欢的、观看过的视频类型的推荐视频。基于用户正在观看的视频内容,相关的广告会在视频运行期间显示。例如,假设有人在观看大数据的教程视频,那么在该视频中就会显示一些其他大数据课程的广告。

(3)智能交通系统。不同道路的交通状况的数据,可以通过路边的摄像头、城市的入口和出口处、车辆上的 GPS 设备(Ola、Uber 出租车等)收集。所有这些数据都会被分析,并向用户推荐无拥堵或少拥堵的方式、少花时间的方式。通过大数据分析,可以在城市中建立这样一个智能交通系统。它还有一个好处就是可以减少燃料消耗。

(4)安全的空中交通系统。在飞行器的各个地方(如螺旋桨等)都有传感器。这些传感器捕捉数据,如飞行速度、湿度、温度和其他环境条件。基于这样的数据分析,飞行中的环境参数被设置和改变。通过分析飞行的机器产生的数据,可以估计出机器在更换/维修时无故障运行多长时间。

(5)自动驾驶汽车。大数据分析有助于在没有人类解释的情况下驾驶汽车。在汽车摄像头的各个位置,放置一个传感器以收集周围汽车的大小、障碍物等数据。这些数据被分析,然后进行各种计算,如旋转多大角度、速度应该是多少、何时停止等。这些计算有助于汽车自动采取行动。

（6）虚拟个人助理工具。大数据分析有助于虚拟个人助理工具（如苹果设备中的 Siri、Windows 中的 Cortana，Android 中的谷歌助理等）为用户提出的各种问题提供答案。这个工具跟踪用户的位置，获取他们的当地时间、季节、其他与所问问题相关的数据等。分析所有这些数据后，它提供一个答案。

举个例子，假设一个用户问"我需要带伞吗？"，该工具首先会收集用户的位置、季节和该地点的天气状况等数据，然后分析这些数据，得出是否有下雨的可能性的结论，最后提供答案。

（7）物联网。制造公司将物联网传感器安装在机器上，以收集操作数据。分析这些数据，可以预测机器在没有任何问题的情况下能工作多久，这样公司就可以在机器面临很多问题或完全瘫痪的情况下采取行动。因此，可以节省更换整个机器的成本。

在医疗保健领域，大数据正在提供一个重要的贡献。使用大数据工具，可以收集有关患者经验的数据，并被医生用来给予其更好的治疗。物联网设备可以感知人体中可能到来的疾病的症状并防止它，给予提前治疗。物联网传感器放置在患者、新生儿附近，不断跟踪其各种健康状况，如心率、血压等。每当任何参数超过安全限度时，物联网传感器就会向医生发出警报，以便他们能够很快采取远程措施。

（8）教育部门。在线教育课程开展组织利用大数据来搜索对该课程感兴趣的候选人。如果有人搜索某个主题的 YouTube 教程视频，那么该主题的在线或离线课程提供者组织就会向这个人发送关于其课程的在线广告。

（9）能源部门。智能电表每 15min 读取一次消耗的电力，并将这些读取的数据发送到服务器，在那里对数据进行分析，可以估计出一天中什么时候整个城市的电力负荷比较低。通过这个系统，生产单位或管家被建议在夜间电力负荷较小的时候使用他们的重型机器，以减少电费。

（10）媒体和娱乐部门。媒体和娱乐服务提供公司（如 Netflix、Amazon Prime、Spotify）对从其用户那里收集的数据进行分析。收集和分析用户正在观看的视频和收听的音乐类型，以及用户在网站上花费的时间等数据，以制定下一个商业战略。

12.3　云计算

12.3.1　云计算简介

云计算（Cloud Computing）是分布式计算技术的一种，其最基本的概念是通过网络将庞大的计算处理程序自动分拆成无数个较小的子程序，再交由多台服务器所组成的庞大系统经搜寻、计算分析之后将处理结果回传给用户。通过这项技术，网络服务提供者可以在数秒之内，达成处理数以千万计甚至亿计的信息，提供和"超级计算机"同样强大效能的网络服务。

云计算的定义多种多样。现阶段广为接受的是美国国家标准与技术研究院（NIST）的定义：云计算是一种按使用量付费的模式，这种模式提供可用的、便捷的、按需的网络访问，以享用可配置的计算资源共享池（资源包括网络、服务器、存储、应用软件、服务），且这些资源能够被快速提供，只需投入很少的管理工作，或与服务供应商进行很少的交互。

云计算（见图 12-13）中提供资源的网络被称为云。云中的资源在使用者看来是可以无限扩展的，并且可以随时获取。这种特性经常被比喻为像水电一样使用硬件资源，按需购买和使用。云包括了硬件资源（服务器、存储器、CPU 等）和软件资源（应用软件、集成开发环境等），本地计算机只需要通过因特网发送一个需求信息，远端就有成千上万的计算机为用户提供需要的资源并将结果返回给本地计算机。这样,本地计算机几乎不需要做什么,所有的处理都由云计算提供商所提供的计算机群完成。简而言之,云计算是一种商业计算模型,它将计算任务分布在大量计算机构成的资源池上,使用户能够按需获取计算力、存储空间和信息服务。

云按使用主体来分,可分为公有云、私有云和混合云。公有云是指为外部客户提供服务的云,它所有的服务是供别人使用的,而不是供自己使用的。私有云是指企业自己使用的云,它所有的服务不是供别人使用的,而是供自己内部人员或分支机构使用的。混合云则是公有云和私有云的混合体,即供自己和客户共同使用的云,它所提供的服务既可以供别人使用,也可以供自己使用。

图 12-13 云计算

云计算的组成可以分为 6 个部分,它们由下至上分别是:基础设施(Infrastructure)、存储(Storage)、平台(Platform)、应用(Application)、服务(Service)和客户端(Client)。

(1)基础设施。云基础设施是经过虚拟化后的硬件资源和相关管理功能的集合,对内通过虚拟化技术对物理资源进行抽象,对外提供动态、灵活的资源服务,如亚马逊(Amazon)的弹性计算云(Elastic Compute Cloud,EC2)。

(2)存储。云存储负责将数据存储在云端,使之可以随时随地被访问到。云存储通常以存储的数据量来收费。云存储可容纳的数据量远大于本地硬盘,甚至可以被视为具有无限容量,如亚马逊的简单存储服务(Simple Storage Service,S3)。

(3)平台。云平台直接提供计算平台和解决方案作为服务,以方便应用程序部署,从而节省购买和管理底层硬件及软件的成本。具体应用如谷歌应用程序引擎(Google App Engine),这种服务让开发人员可以编译基于 Python 的应用程序,并可免费使用谷歌的基础设施来进行托管。

(4)应用。云应用利用云软件架构,往往不再需要用户在自己的计算机上安装和运行该应用程序,从而减轻软件维护、操作和售后支持的负担,具体应用如 Google 的企业应用套件(Google Apps)。

(5)服务。云服务是指产品、服务和解决方案都实时地在因特网上进行交付和使用。这些服务可能通过访问其他云计算的部件来直接和最终用户通信,具体应用如贝宝在线支付系统(PayPal)、Google 地图(Google Maps)等。

(6)客户端。云客户端指支持云服务的计算机硬件和软件的终端,如苹果手机(iPhone)、Google 浏览器(Google Chrome)。

12.3.2 云交付模型

从用户体验角度来看,云计算主要分为三种交付模型:软件即服务(Software as a Service,SaaS)、平台即服务(Platform as a Service,PaaS)和基础设施即服务(Infrastructure as a Service,IaaS),如图 12-14 所示。对普通用户而言,他们主要面对的是 SaaS 这种服务模式,而且几乎所有的云计算服务最终的呈现形式都是 SaaS。除此之外,还有一种新型的交付模型:容器即服务(Container as a Service,CaaS),它是以容器为核心的公有云平台,被认为是云服务中具有革命性的突破。

图 12-14　云计算的三大交付模型

1. 软件即服务（SaaS）

SaaS 是一种通过因特网提供软件的模式，用户无须购买软件，而是向提供商租用基于 Web 的软件，来管理企业经营活动。相对于传统的软件，SaaS 解决方案有明显的优势，包括较低的前期成本、便于维护、快速展开使用、由服务提供商维护和管理软件，并且提供软件运行的硬件设施，用户只需拥有接入因特网的终端，即可随时随地使用软件。SaaS 被认为是云计算的典型应用之一。

SaaS 的主要功能如下。

（1）随时随地访问：在任何时候，任何地点，只要接上网络，用户就能访问 SaaS 服务。

（2）支持公开协议：通过支持公开协议（如 HTML 4/5），能够方便用户使用。

（3）安全保障：SaaS 供应商需要提供一定的安全机制，不仅要使存储在云端的用户数据处于绝对安全的境地，而且也要在客户端实施一定的安全机制（如 HTTPS 协议）时保护用户。

（4）多用户：多用户机制，不仅能更经济地支持庞大的用户规模，而且能提供一定的可指定性以满足用户的特殊需求。

2. 平台即服务（PaaS）

所谓 PaaS，实际上是指将软件研发的平台作为一种服务，以 SaaS 模式提交给用户。因此，PaaS 也是 SaaS 模式的一种应用。但是，PaaS 的出现可以加快 SaaS 的发展，尤其是加快 SaaS 应用的开发速度。

在云计算应用的大环境下，PaaS 的优势显而易见。

（1）开发简单：因为开发人员能限定应用自带的操作系统、中间件和数据库等软件的版本，所以能非常有效地缩小开发和测试的范围，从而极大地降低开发测试的难度和复杂度。

（2）部署简单：PaaS 能将本来需要几天的工作缩短到几分钟，能将本来几十步操作精简到轻轻一击。并且 PaaS 支持便捷地将应用部署或者迁移到公有云上，以应对突发情况。

（3）维护简单：因为整个虚拟器件都来自同一个供应商，所以任何软件的升级和技术支持，都只要和一个供应商联系就可以了，不仅避免了常见的沟通不当现象，而且简化了相关流程。

PaaS 的主要功能如下。

（1）良好的开发环境：PaaS 通过 SDK 和 IDE 等工具来让用户能在本地方便地进行应用的开发和测试。

（2）丰富的服务：PaaS 平台会以 API 的形式将各种各样的服务提供给上层应用。

（3）自动资源调度：PaaS 不仅能优化系统资源，而且能自动调整资源来帮助运行于其上的应用更好地应对突发流量。

（4）精细的管理和监控：PaaS 能够提供应用层的管理和监控，例如，能够通过观察应用运行的情况和具体数值（如吞吐量和反应时间）来更好地衡量应用的运行状态，以及能够通过精确计量使用所消耗的资源来更好地计费。

3. 基础设施即服务（IaaS）

IaaS 使消费者可以通过因特网从完善的计算机基础设施中获得服务。基于因特网的服务（如存储和数据库）是 IaaS 的一部分。在 IaaS 模式下，服务提供商将多台服务器组成的"云端"服务（包括内存、I/O 设备、存储和计算能力等）作为计量服务提供给用户。其优点是用户只需提供低成本硬件，按需租用相应的存储和计算能力即可。

IaaS 的主要功能如下。

（1）资源抽象：使用资源抽象的方法，能更好地调度和管理物理资源。

（2）负载管理：通过负载管理，不仅使部署在基础设施上的应用能更好地应对突发情况，而且还能更好地利用系统资源。

（3）数据管理：对云计算而言，数据的完整性、可靠性和可管理性是对 IaaS 的基本要求。

（4）资源部署：也就是将整个资源从创建到使用的流程自动化。

（5）安全管理：IaaS 安全管理的主要目标是保证基础设施和其提供的资源被合法地访问和使用。

（6）计费管理：通过细致的计费管理功能可使用户更灵活地使用资源。

表 12-1 对三种常见交付模型进行了比较。

表 12-1　三种常见交付模型的比较

交付模型	服务对象	使用方式	关键技术	用户的控制等级	系统实例
IaaS	需要硬件资源的用户	使用者上传数据、程序代码、环境配置	虚拟化技术、分布式海量数据存储等	使用和配置	Amazon EC2、Eucalyptus 等
PaaS	程序开发者	使用者上传数据、程序代码	云平台技术、数据管理技术等	有限的管理	Google App Engine、Microsoft Azure、Hadoop 等
SaaS	企业和需要软件应用的用户	使用者上传数据	Web 服务技术、因特网应用开发技术等	完全的管理	Google Apps、Salesforce CRM 等

除此之外，新兴的容器即服务（CaaS）也称为容器云，是以容器为资源分割和调度的基本单位，封装整个软件运行时的环境，为开发者和系统管理员提供用于构建、发布和运行分布式应用的平台。CaaS 具备一套标准的镜像格式，可以把各种应用打包成统一的格式，并在任意平台之间部署迁移，容器和服务之间又可以通过地址、端口服务来互相通信，做到既有序又灵活，既支持对应用的无限定制，又可以规范服务的交互和编排。

CaaS 的 Docker 容器几乎可以在任意的平台上运行，包括物理机、虚拟机、公有云、私有云、PC、服务器等。这种兼容性可以让用户把一个应用程序从一个平台直接迁移到另外一个平台。CaaS 的这种特性类似于 Java 的 JVM，Java 程序可以运行在任意的安装了 JVM 的设备上，在迁移和扩展方面变得更加容易。

作为后起之秀的 CaaS 介于 IaaS 和 PaaS 之间，起到了屏蔽底层系统 IaaS，支撑并丰富上层应用平台 PaaS 的作用。CaaS 解决了 IaaS 和 PaaS 的一些核心问题，例如，IaaS 很大程度上仍然只是提供机器和系统，需要自己把控资源的管理、分配和监控，没有减少使用成本，对各种业务应用的支持也非常有限；而 PaaS 的侧重点是提供对主流应用平台的支持，其没有统一的服务接口标准，不能满足个性化的需求。CaaS 的提出可谓是应运而生，以容器为中心的 CaaS 很好地将底层的 IaaS 封装成一个大的资源池，用户只需把自己的应用部署到这个资源池中，而不需要关心资源的申请、管理，以及与业务开发无关的事情。

12.3.3 云计算的优势与挑战

云计算具有以下优势。

（1）超大规模。云具有相当的规模。Google 云计算已经拥有 100 多万台服务器，亚马逊、IBM、微软、Yahoo 等的云均拥有几十万台服务器。企业私有云一般拥有数百上千台服务器。云能赋予用户前所未有的计算能力。

（2）虚拟化。云计算支持用户在任意位置使用任意终端获取应用服务。所请求的资源来自云，而不是固定的、有形的实体。应用在云中某处运行，但实际上用户无须了解、也不用担心应用运行的具体位置。只需要一台笔记本电脑或者一部智能手机，就可以通过网络服务来实现需要的一切，甚至包括超级计算这样的任务。

（3）高可靠性。云使用数据多副本容错、计算节点同构可互换等措施来保障服务的高可靠性，使云计算比本地计算机更可靠。

（4）通用性。云计算不针对特定的应用，在云的支撑下可以构造出千变万化的应用，同一个云可以同时支撑不同的应用运行。

（5）高可扩展性。云的规模可以动态伸缩，满足应用和用户规模增长的需要。

（6）按需服务。云是一个庞大的资源池，可以按需购买；云可以像自来水、电、煤气那样计费。

（7）极其廉价。由于云的特殊容错措施，可以采用极其廉价的节点来构成云，云的自动化集中式管理使大量企业无须负担日益高昂的数据中心管理成本，云的通用性使资源的利用率较之传统系统大幅提升，因此用户可以充分享受云的低成本优势，经常只需花费几百美元、几天时间就能完成以前需要数万美元、数月时间才能完成的任务。

虽然我们看到云计算在国内的广阔前景，但也不得不面对一个现实，云计算需要应对众多的客观挑战，才能够逐渐发展成为一个主流的架构。

云计算所面临的挑战包括如下。

（1）服务的持续可用性。云服务都是部署及应用在因特网上的，用户难免会担心是否服务一直都可以使用。就像银行一样，储户把钱存入银行是基于对银行倒闭的可能性极小的信任。对一些特殊用户（如银行、航空公司）来说，他们需要云平台提供一种 7×24 的服务。遗憾的是，微软公司的 Azure 平台在 2014 年 9 月运行期间发生的一次故障影响了 10 种服务，包括云服务、虚拟机和网站，直到 2h 之后，才开始处理宕机和中断问题；谷歌的某些功能在 2009 年 5 月 14 日停止服务 2h。这些网络运营商的停机在一定程度上制约了云服务的发展。

（2）服务的安全性。云计算平台的安全问题由两方面构成。一是数据本身的保密性和安全性。因为云计算平台，特别是公共云计算平台的一个重要特征就是开放性，各种应用整合在一个平台上，对于数据泄露和数据完整性的担心都是云计算平台要解决的问题。这就需要从软件解决方案、应用规划角度进行合理而严谨的设计。二是数据平台上软 / 硬件的安全性。如果软件错误或者硬件崩溃，导致应用数据损失，那么就会降低云计算平台的效能。这就需要采用可靠的系统监控、灾难恢复机制以确保软 / 硬件系统的安全运行。

（3）服务的迁移。如果一个企业不满意现在所使用的云平台，那么它可以将现有数据迁移到另一个云平台上吗？如果企业绑定了一个云平台，当这个平台提高服务价格时，它又有多少讨价还价的余地呢？虽然不同的云平台可以通过 Web 技术等方式相互调用对方平台上的服务，但在现有技术基础上还是会面对数据不兼容等各种问题，使服务的迁移非常困难。

（4）服务的性能。既然云计算通过因特网进行传输，那么网络带宽就成为云服务质量的决定性因素。如果有大量数据需要传输，那么云服务的质量就不会特别理想。当然，随着网络设备的飞速发展，带宽问题将不会成为制约云计算发展的因素。

12.3.4　云计算与大数据

大数据正在引发全球范围内深刻的技术和商业变革。如同云计算的出现，大数据也不是一个突然而至的新概念。百度的前总裁张亚勤说："云计算和大数据是一个硬币的两面，云计算是大数据的 IT 基础，而大数据是云计算的一个杀手级应用。"云计算是大数据成长的驱动力，由于数据越来越多，越来越复杂，越来越实时，这就更加需要云计算去处理，所以二者之间是相辅相成的。

30 多年前，存储 1TB 数据的成本大约是 16 亿美元，如今存储到云上只需不到 100 美元，但存储下来的数据，如果不以云计算的模式进行挖掘和分析，那么就只是僵死的数据，没有太大价值。目前，云计算已经普及并成为 IT 行业主流技术，其实质是在计算量越来越大、数据越来越多、越来越动态、越来越实时的需求背景下被催生出来的一种基础架构和商业模式。个人用户将文档、照片、视频、游戏存档记录上传至"云"中永久保存，企业用户根据自身需求，可以搭建自己的"私有云"，或托管、或租用"公有云"上的 IT 资源与服务。可以说，云是一棵挂满了大数据的"苹果树"。

本质上，云计算与大数据的关系是静与动的关系。云计算强调的是计算，这是动的概念；而数据则是计算的对象，是静的概念。如果结合实际的应用，前者强调的是计算能力，后者看重的是存储能力。但是这样说，并不意味着两个概念就如此泾渭分明。一方面，大数据需要处理大数据的能力（数据获取、清洗、转换、统计等能力），其实就是强大的计算能力；另一方面，云计算的动也是相对而言的，例如 IaaS 中的存储设备提供的主要是数据存储能力，所以可谓是动中有静。

云计算能为大数据带来哪些变化呢？

首先，云计算为大数据提供了可以弹性扩展、相对便宜的存储空间和计算资源，使得中小企业也可以像亚马逊公司一样通过云计算来完成大数据分析。

其次，云计算 IT 资源庞大，分布较为广泛，是异构系统较多的企业及时准确处理数据的有力方式，甚至是唯一方式。

当然，大数据要走向云计算还有赖于数据通信带宽的提高和云资源的建设，需要确保原始数据能迁移到云环境，以及资源池可以随需弹性扩展。

12.4　物联网

12.4.1　物联网简介

物联网技术的定义是：通过射频识别（RFID）、红外感应器、全球定位系统、激光扫描器等信息传感设备，按约定的协议，将任何物品与因特网相连接，进行信息交换和通信，以实现智能化识别、定位、追踪、监控和管理的一种网络技术。物联网技术的核心和基础仍然是因特网技术，是在因特网技术基础上的延伸和扩展的一种网络技术，其用户端延伸和扩展到了任何物品和物品之间，进行信息交换和通信。

在物联网应用中有三项关键技术。

（1）传感器技术，这也是计算机应用中的关键技术。 例如，许多智能手机、虚拟现实头盔和汽车内部导航系统包含三个传感器：加速度计（见图 12-15）、陀螺仪和磁强计。

图 12-15　智能手机中的加速度计

（2）RFID 技术。RFID 技术融合了无线射频技术和嵌入式技术，在自动识别、物品物流管理领域有着广阔的应用前景。

（3）嵌入式系统技术。嵌入式系统是综合了计算机软 / 硬件、传感器技术、集成电路技术、电子应用技术于一体的复杂技术。经过几十年的演变，以嵌入式系统为特征的智能终端产品随处可见。嵌入式系统正在改变着人们的生活，推动着工业生产及国防工业的发展。

12.4.2　物联网的应用

物联网可以被用于多种多样的领域。

1. 农业

（1）农业标准化生产监测：实时采集农业生产中关键的温度、湿度、二氧化碳含量、土壤温度、土壤含水率等数据信息，实时掌握农业生产的各种数据。

（2）动物标识溯源：实现各环节一体化全程监控，达到动物养殖、防疫、检疫和监督的有效结合，对动物疫情和动物产品的安全事件进行快速、准确的溯源和处理。

（3）水文监测：以传统近岸污染监控、地面在线检测、卫星遥感和人工测量为一体，为水质监控提供统一的数据采集、数据传输、数据分析、数据发布平台，为湖泊观测和成灾机理的研究提供实验与验证途径。

2. 工业

（1）电梯安防管理系统：通过安装在电梯外围的传感器采集电梯正常运行、冲顶、蹲底、停电、关人等数据，并经无线传输模块将数据传送到物联网的业务平台。

（2）输配电设备监控、远程抄表：基于移动通信网络，实现所有供电点及受电点的电力电量信息、电流电压信息、供电质量信息及现场计量装置状态信息实时采集，以及用电负荷远程控制。

（3）企业一卡通：基于 RFID 的大中小型企事业单位的门禁、考勤及消费管理系统；校园一卡通及学生信息管理系统等。

3. 服务业

（1）个人保健：可以在人身上安装不同的传感器，对人的健康参数进行监控，并且实时传送到相关的医疗保健中心，如果有异常，医疗保健中心会通过手机提醒体检。

（2）智能家居系统（见图 12-16）：以计算机技术和网络技术为基础，包括各类消费电子产品、通信产品、信息家电及智能家居等，完成家电控制和家庭安防功能。

图 12-16　智能家居系统

（3）智能物流系统（见图 12-17）：通过移动网络提供数据传输功能，以实现物流车载终端与物流公司调度中心的通信，以及实现远程车辆调度及自动化货仓管理。

图 12-17　智能物流系统

（4）移动电子商务：实现手机支付、移动票务、自动售货等功能。

（5）机场防入侵系统（见图12-18）：铺设传感节点，覆盖地面、栅栏和低空探测，防止人员的翻越、偷渡、恐怖袭击等攻击性入侵。

图12-18　机场防入侵系统

4. 公共事业

（1）智能交通：通过物联网定位、监控车辆运行状态，关注车辆预计到达时间及车辆的拥挤状态。

（2）平安城市：利用监控探头，实现图像敏感性智能分析并与公安、医院、消防等系统交互，从而构建和谐安全的城市生活环境。

（3）城市管理：运用地理编码技术，实现城市区域的分类、分项管理，可实现对城市管理问题的精确定位。

（4）环保监测：将传统传感器所采集的各种环境监测信息，通过无线传输设备传输到监控中心，进行实时监控。

（5）医疗卫生：远程医疗、药品查询、卫生监督、急救及探视视频监控。

12.4.3　物联网安全

物联网的安全问题和因特网的安全问题一样，永远都会是一个被广泛关注的话题。由于物联网连接和处理的对象主要是机器或物及相关的数据，其"所有权"特性导致物联网信息安全要求比以处理"文本"为主的因特网要高，对"隐私权"保护的要求也更高，此外还有可信度问题，包括"防伪"和拒绝服务（用伪造的终端侵入系统，造成真正的物联网终端无法使用等），因此物联网安全是一个极为重要的课题。

物联网系统的安全除了包含IT系统的8个安全尺度（读取控制、隐私保护、用户认证、不可抵赖性、数据保密性、通信层安全、数据完整性、随时可用性），还面临特有的挑战。

（1）四大类（有线长距离、有线短距离、无线长距离、无线短距离）网络相互连接组成的异构、多级、分布式网络导致统一的安全体系难以实现"桥接"和过渡。

（2）设备大小不一，存储和处理能力的不一致导致安全信息的传递和处理难以统一。

（3）设备可能无人值守、丢失、处于运动状态、连接可能时断时续、可信度差，种种这些因素增加了信息安全系统设计和实施的复杂度。

（4）在保证一个智能物件要被数量庞大，甚至未知的其他设备识别和接受的同时，又要同时保证其信息传递的安全性和隐私权。

（5）多用户单一实例服务器的 SaaS 模式对安全框架的设计提出了更高的要求。

目前对于物联网安全的研究和产品开发仍处于起步阶段。

12.5　虚拟现实

12.5.1　虚拟现实简介

虚拟现实（Virtual Reality，VR）是指利用计算机模拟产生一个三维空间的虚拟世界，提供用户关于视觉等感官的模拟功能，让用户感觉仿佛身临其境，可以及时、没有限制地观察三维空间中的事物。用户进行位置移动时，计算机可以立即进行复杂的运算，将精确的三维世界视频传回产生临场感。该技术集成了计算机图形、计算机仿真、人工智能、感应、显示及网络并行处理等技术的发展成果，是一种由计算机技术辅助生成的高技术模拟系统。

虚拟现实系统的基本特征可以用三个 i 来形容：沉浸（immersion）、交互（interaction）、构想（imagination），这三个特征强调了在虚拟现实系统中人的主导作用：从过去的人只能从计算机系统的外部去观测处理的结果，到人能够沉浸到计算机系统所创建的环境中；从过去的人只能通过键盘、鼠标与计算环境中的单维数字信息发生作用，到人能够用多种传感器与多维信息的环境发生交互作用；从过去的人只能从以定量计算为主的结果中受到启发从而加深对事物的认识，到人有可能从定性和定量综合集成的环境中得到感知和理性的认识从而深化概念和萌发新意。总之，在未来的虚拟现实系统中，人们的目的是使这个由计算机及其他传感器所组成的信息处理系统去尽量满足人的需要，而不是强迫人去适应计算机。

现在的大部分虚拟现实技术都是视觉体验，一般是通过计算机屏幕、特殊显示设备或立体显示设备获得的，不过一些仿真中还包含了其他的感觉处理，比如从音响和耳机中获得声音效果。在一些高级的触觉系统中还包含了触觉信息，也称力反馈，在医学和游戏领域有这样的应用。人们与虚拟环境相互要么通过使用标准装置（如键盘与鼠标），要么通过仿真装置（如有线手套），要么通过情景手臂和／或全方位踏车。虚拟环境是可以是和现实世界类似的，如飞行仿真和作战训练，也可以和现实世界有明显差异，如虚拟现实游戏等。就目前的实际情况来说，它还很难形成一个高逼真的虚拟现实环境，这主要是由技术上的限制造成的，这些限制来自计算机处理能力、图像分辨率和通信带宽。然而，随着时间的推移，处理器、图像和数据通信技术变得更加强大，并具有成本效益，这些限制将最终被克服。

虚拟现实是多种技术的综合，其关键技术和研究内容包括以下几个方面。

1. 环境建模技术

环境建模技术，即虚拟环境的建立，目的是获取实际三维环境的三维数据，并根据应用的需要，利用获取的三维数据建立相应的虚拟环境模型。

2. 立体声合成和立体显示技术

在虚拟现实系统中消除声音的方向与用户头部运动的相关性，同时在复杂的场景中实时生成立体图形。

3. 触觉反馈技术

在虚拟现实系统中让用户能够直接操作虚拟物体并感觉到虚拟物体的反作用力，从而产生身临其境的感觉。

4. 交互技术

虚拟现实中的人机交互远远超出了键盘和鼠标的传统模式，利用数字头盔、数字手套等复杂的传感器设备，三维交互技术与语音识别、语音输入技术成为重要的人机交互手段。

5. 系统集成技术

由于虚拟现实系统中包括大量的感知信息和模型，因此系统的集成技术为重中之重，包括信息同步技术、模型标定技术、数据转换技术、识别和合成技术等。

常常和虚拟现实一同被提起的还有增强现实和混合现实。与虚拟现实类似，增强现实同样需要配备显示设备，但与虚拟现实完全沉浸到虚拟世界中不同，增强现实（Augmented Reality，AR）的目标是在真实世界中叠加虚拟内容，如文字通知（见图12-19）、虚拟图像（见图12-20）等。混合现实（Mixed Reality，MR）则介于虚拟现实和增强现实之间，试图把两者的优点集于一身。如果说增强现实的主体还是真实世界的话，那么混合现实就是将真实世界和虚拟世界混合在一起以产生新的可视化环境。严格来说，增强现实也是混合现实的一种表现形式。混合现实的典型例子是游戏《宝可梦GO》（见图12-21）。

图 12-19　文字通知　　　　　　　　　　　　图 12-20　虚拟图像

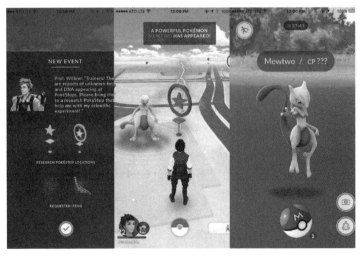

图 12-21　游戏《宝可梦 GO》

12.5.2　虚拟现实的应用

虚拟现实在多种多样的领域有着丰富的应用。

1. 医学

虚拟现实在医学方面的应用具有十分重要的现实意义。在虚拟环境中，可以建立虚拟的人体模型，借助于跟踪球、头盔显示器（见图 12-22）、感觉手套（见图 12-23），学生可以很容易地了解人体内部各器官结构，这比现有的采用教科书的方式要有效得多。借助于头盔显示器及感觉手套，使用者可以对虚拟的人体模型进行手术。但该系统有待进一步改进，如需提高环境的真实感，增加网络功能，使其能同时培训多个使用者，或可在外地专家的指导下工作等。

图 12-22　虚拟现实头盔显示器

图 12-23　虚拟现实感觉手套

在医学院校，学生可在虚拟实验室中，进行"尸体"解剖和各种手术练习。这项技术不受标本、场地等的限制，所以培训费用大大降低。一些用于医学培训、实习和研究的虚拟现实系统，仿真程度非常高，其优越性和效果是不可估量和不可比拟的。例如，导管插入动脉的模拟器，可以使学生反复实践导管插入动脉时的操作；眼睛手术模拟器，根据人眼的前眼结构创造出三维立体图像，并带有实时的触觉反馈，学生利用它可以观察模拟移去晶状体的全过程，并观察到眼睛前部结构的血管、虹膜和巩膜组织，以及角膜的透明度等。还有麻醉虚拟现实系统、口腔手术模拟器等。虚拟现实手术训练如图 12-24 所示。

图 12-24　虚拟现实手术训练

外科医生在真正动手术之前，通过虚拟现实技术的帮助，能在显示器上重复地模拟手术，移动人体内的器官，寻找最佳手术方案并提高熟练度。虚拟现实技术在远距离遥控外科手术、复杂手术的计划安排、手术过程的信息指导、手术后果预测及改善残疾人生活状况，乃至新药研制等方面，都能发挥十分重要的作用。

2. 娱乐与艺术

丰富的感觉能力与三维显示环境使得虚拟现实成为理想的视频游戏工具。由于在娱乐方面对虚拟现实的真实感要求不是太高，故近些年来虚拟现实在该方面发展最为迅猛，虚拟现实游戏如

图 12-25 所示。芝加哥开放了世界上第一台大型可供多人使用的虚拟现实娱乐系统，其主题是关于 3025 年的一场未来战争；英国开发的"Virtuality"虚拟现实游戏系统，配有头盔显示器，大大增强了真实感。另外，在家庭娱乐方面，虚拟现实也显示出了很好的前景。

图 12-25　虚拟现实游戏

作为传输显示信息的媒体，虚拟现实在未来艺术领域方面所具有的潜在应用能力也不可低估。虚拟现实所具有的临场参与感与交互能力可以将静态的艺术（如油画、雕刻等）转化为动态的，可以使观赏者更好地欣赏作者的思想艺术。另外，虚拟现实提高了艺术表现能力，如一个虚拟的音乐家可以演奏各种各样的乐器，手脚不便的人或远在外地的人可以在他生活的居室中虚拟音乐厅欣赏音乐会等。虚拟现实艺术博物馆如图 12-26 所示。

图 12-26　虚拟现实艺术博物馆

对艺术的潜在应用价值同样适用于教育，如在解释一些复杂的系统抽象的概念（如量子物理等）方面，虚拟现实是非常有力的工具，Lofin 等人在 1993 年建立了一个"虚拟现实物理实验室"（见图 12-27），用于解释某些物理概念，如位置与速度、力量与位移等。

图 12-27　虚拟现实物理实验室

3. 军事航天

模拟训练一直是军事与航天工业中的一个重要课题，这为虚拟现实提供了广阔的应用前景。美国国防部高级研究计划局（DARPA）自 20 世纪 80 年代起一直致力于研究称为 SIMNET 的虚拟战场系统，以提供坦克协同训练，该系统可连接 200 多台模拟器。另外，利用虚拟现实技术，可模拟零重力环境，以取代标准的水下训练宇航员的方法。虚拟现实宇航员训练如图 12-28 所示。

图 12-28 虚拟现实宇航员训练

4. 室内设计

虚拟现实不仅是一个演示媒体，还是一个设计工具。它以视觉形式反映了设计者的思想，比如装修房屋之前，设计者首先要做的事是对房屋的结构、外形做细致的构思，为了使之定量化，还需设计许多图纸，当然这些图纸只能内行人读懂，虚拟现实可以把这种构思变成看得见的虚拟物体和环境，使以往只能借助传统的设计模式提升到数字化的即看即所得的完美境界，大大提高了设计和规划的质量与效率。运用虚拟现实技术，设计者可以完全按照自己的构思构建"虚拟"的房间，还可以任意变换自己在房间中的位置，观察设计的效果，直到满意为止。这既节约了时间，又节省了做模型的费用。虚拟现实室内设计如图 12-29 所示。

图 12-29 虚拟现实室内设计

5. 房地产开发

随着房地产行业竞争的加剧，传统的展示手段（如平面图、表现图、沙盘、样板房等）已经远远无法满足消费者的需要。虚拟现实技术是集影视广告、动画、多媒体、网络科技于一身的新型的房地产营销方式，在国内的广州、上海、北京等城市，国外的加拿大、美国等经济和科技发达的国家都非常热门，是当今房地产行业一个综合实力的象征和标志。通过虚拟现实，房地产商可对项目周边配套、内部业态分布等进行详细剖析展示，由外而内表现项目的整体风格，并可通过鸟瞰、内部漫游、自动动画播放等形式将项目逐一表现，增强了讲解过程的完整性和趣味性。

6. 工业仿真与应急推演

虚拟现实已经被世界上一些大型企业广泛地应用到工业的各个环节中，对企业提高开发效率，增强数据采集、分析、处理能力，减少决策失误，降低企业风险起到重要的作用。虚拟现实技术的引入，将使工业设计的手段和思想发生质的飞跃，更加符合社会发展的需要，可以说在工业设计中应用虚拟现实技术是可行且必要的。一些工业仿真的例子包括石油、电力、煤炭行业多人在线应急演练、消防应急演练（见图 12-30）等。

图 12-30　虚拟现实应急演练

7. 文物古迹

利用虚拟现实技术，结合网络技术，可以将文物的展示、保护提高到一个崭新的阶段，甚至可以重温古迹的昔日风采。首先，将文物实体通过影像数据采集手段，建立起实物三维或模型数据库，保存文物原有的数据和空间关系等重要资源，实现濒危文物资源的科学、高精度和永久保存。其次，利用这些技术提高文物修复的精度，以及预先判断、选取将要采用的保护手段，同时可以缩短修复工期。通过计算机网络来整合统一大范围内的文物资源，并且通过网络在大范围内利用虚拟现实技术更加全面、生动、逼真地展示文物，从而使文物脱离地域限制，实现资源共享，真正成为全人类可以"拥有"的文化遗产。使用虚拟现实技术可以推动文博行业更快地进入信息时代，实现文物展示和保护的现代化。虚拟现实重现圆明园如图 12-31 所示。

图 12-31　虚拟现实重现圆明园

8. 城市规划

利用虚拟现实技术不仅能十分直观地表现虚拟的城市环境，而且能很好地模拟各种天气情况下的城市，可以一目了然地了解排水系统、供电系统、道路交通、沟渠湖泊等；能模拟飓风、水灾、地震等自然灾害的突发情况；在政府在城市规划的工作中起到举足轻重的作用。

12.5.3 虚拟现实面临的挑战

尽管虚拟现实有着广阔的应用前景，但是从现在来看，虚拟现实技术想要真正进入消费级市场，还有一段很长的路要走。虚拟现实仍然面临诸多挑战。

（1）没有真正进入虚拟世界的方法。在虚拟现实头盔 Oculus Rift 开发圈有一个著名的笑话，每当有人让使用者站起来走走时，对方通常都不敢轻易走动，因为 Oculus Rift 依然要通过线缆连接到计算设备上，而这也大幅度地限制了使用者的活动范围。包括 Oculus Rift 在内的各种虚拟现实装置依然在阻挡用户和虚拟世界之间的交流。这些装置盖住了我们的眼睛，只是改变了我们的视线，但是并非涵盖了我们所有的视野范围。本来笨手笨脚地配合鼠标和键盘使用就已经非常尴尬了，加之任何尝试大范围移动的行为都会被各种线缆束缚。

（2）不够良好的互动。Oculus Rift 只是对用户的头部进行跟踪，但是并不能追踪身体的其他部位，比如玩家的手部动作现在就无法真正模拟。虽然有控制器、手套等辅助设备，但是我们需要的是一种专门为虚拟现实设备开发的专用输入设备，并且会成为主流。它不一定很完美，但是必须足够真实，这是非常困难的。

（3）缺乏统一的标准。虚拟现实技术目前仍处于初级阶段，虽然许多开发者对虚拟现实充满热情，但是似乎大家都没有一个统一的标准。

（4）容易让人感到疲劳。所有游戏开发商或电影制作公司都应该了解如何在虚拟现实场景中合理地使用摄像机。移动着观看和静坐观看，二者带来的体验是截然不同的。镜头的加速移动，就会带来不同的焦点，而这些如果运用不当，就会给用户带来恶心的感觉。甚至如果镜头移动得过于迅速，就会暂时影响用户的视力。

（5）看起来还是有点愚蠢。目前的虚拟现实头盔、手套等佩戴起来非常笨重并且不自然，甚至看起来有些愚蠢。

12.6 元宇宙

12.6.1 元宇宙简介

元宇宙（Metaverse）是一种数字现实，它结合了社交媒体、在线游戏、增强现实、虚拟现实和加密货币等方面，允许用户进行虚拟交互。增强现实将视觉元素、声音和其他感官输入叠加到现实世界的环境中，以增强用户体验。与之相对，虚拟现实是完全虚拟的，并增强了虚构的现实。随着元宇宙的发展，它将创造出用户交互比当前技术更多维的在线空间。在元宇宙中，用户不再只是观看数字内容，而是能够沉浸在数字和物理世界交汇的空间中。

2021 年 10 月 28 日，Facebook 首席执行官马克·扎克伯格在 Facebook 的 Connect 2021 大会上宣布将 Facebook 更名为 Meta，以显示其对元宇宙的重视。在"2021 年创始人信"中，马克·扎克伯格写道："在元宇宙中，你可以做你能想象到的几乎任何事情——与朋友和家人聚在一起，工作、学习、玩耍、购物、创造，以及与我们对计算机或手机的看法不太相符的全新体验……在未来，你将能够像全息图一样瞬间被传送到办公室，无须通勤，或者与朋友听音乐会，或者在你父母的客厅里叙旧"。

12.6.2 元宇宙的应用

元宇宙的想法已经在 NVIDIA Omniverse 中得到了应用，简单地说，Omniverse 是一个可以用于构建元宇宙的平台。Omniverse 在越来越多的行业中被用于合作创造，例如，宝马集团用 Omniverse 创造了一个未来工厂（见图 12-32）。

图 12-32 宝马集团在 Omniverse 中创造的未来工厂

那么 Omniverse 是如何工作的呢？我们可以把它分解成三大部分。

（1）通用场景描述（USD）。通用场景描述是皮克斯动画工作室在 2012 年发明的一个互换框架，它在 2016 年作为开源软件发布，为越来越多的行业和应用提供丰富的通用语言用来定义、包装、组装和编辑三维数据。对于新兴的元宇宙来说，通用场景描述就像超文本标记语言（HTML）对于网络一样，是一种可以使用的通用语言，并可以加以改进，以支持元宇宙的发展。

（2）合成、渲染和动画引擎被用于模拟虚拟世界。Omniverse 是一个从底层建立起来的基于物理学的平台。由于采用了 NVIDIA RTX 图形技术，它可以完全进行路径追踪，实时模拟每条光线如何在虚拟世界中弹跳。Omniverse 的基本特征之一是它遵守物理学定律。Omniverse 可以模拟粒子、流体、材料，甚至是机器及其弹簧和电缆。

（3）NVIDIA CloudXR。NVIDIA CloudXR 包括客户端和服务器软件，作为用户访问 Omniverse 的门户。

除宝马集团外，还有许多其他公司，如福斯特建筑事务所、工业光魔、爱立信已开始使用 Omniverse 用于合作创造。由于 Omniverse 的出现，元宇宙不再是科幻小说。

12.6.3 元宇宙面临的挑战

许多科幻小说、电视连续剧和电影都是以元宇宙——与现实世界无法区分的数字世界为背景的。事实上，科幻作家尼尔·斯蒂芬森（Neal Stephenson）在其 1992 年的小说《雪崩》中创造了"元宇宙"一词。在书中，人类化身和软件代理在一个三维虚拟空间中交互。通常，这些科幻小说的元宇宙都是乌托邦式的世界。与马克·扎克伯格同时代的一些人担心，现实生活中的元宇宙——"下一代因特网"可能成为一个乌托邦式的噩梦。

例如，Niantic（一家以增强现实手机游戏 Ingress 和 Pokémon Go 而闻名的软件开发商）首席执行官约翰·汉克（John Hanke）在一篇博文中写道："如今，许多人似乎对将这种未来的虚拟世界愿景变为现实非常感兴趣，其中包括一些科技和游戏领域的大人物。但事实上，这些小说是对科技走向错误的乌托邦式未来的警告。"

约翰·汉克写道:"我们相信我们可以利用技术来靠拢增强现实的'现实'——鼓励每个人,包括我们自己,站起来,走出去,与我们周围的人和世界联系……技术应该被用来让这些核心的人类体验变得更好,而不是取代它们。"

12.7 区块链

12.7.1 区块链简介

区块链(Blockchain)是用分布式数据库识别、传播和记载信息的智能化对等网络,也称价值因特网。狭义来讲,区块链是一种按照时间顺序将数据区块以顺序相连的方式组合成的链式数据结构,并以密码学方式保证的不可篡改和不可伪造的分布式账本。广义来讲,区块链技术是利用块链式数据结构来验证与存储数据、利用分布式节点共识算法来生成和更新数据、利用密码学方式保证数据传输和访问的安全、利用由自动化脚本代码组成的智能合约来编程和操作数据的一种全新的分布式基础架构与计算方式。中本聪在 2008 年,于《比特币白皮书》中提出了"区块链"概念,并在 2009 年创立了比特币社会网络,开发出了第一个区块,即"创世区块"。

区块链是一连串包含信息的区块,如图 12-33 所示。每个区块包含数据、该区块的哈希值,以及前一个区块的哈希值。哈希值可以理解为指纹,它唯一表示区块及区块中的内容,它在区块创建时被计算出来。如果区块包含的信息被改变,其对应的哈希值也会发生变化。由于每个区块都记载了前一个区块的哈希值(除了创世区块),一旦某个区块的内容被篡改,该区块的哈希值也会对应改变,此时便会与下一个区块对前一个区块的哈希值记录产生冲突;而简单改变下一个区块对前一个区块的哈希值记录也是不可行的,该记录也是区块包含信息的一部分,因此该记录的改变会导致区块本身哈希值的改变。换言之,改变一个区块会使后面的所有区块无效。区块链使用这种"链式验证"的方法确保数据的真实性。

图 12-33 区块链

然而,仅仅使用哈希值并不能完全防止被篡改。如今计算机的运算速度非常快,在篡改一个区块内容后可以在短时间内重新计算出所有后继区块的哈希值。因此需要有一种额外的技术来增强区块链的安全性,即"共识机制"。

所谓共识机制,是指通过特殊节点的投票,在很短的时间内完成对交易的验证和确认;对于一笔交易,如果利益不相干的若干节点能够达成共识,我们就可以认为全网对此也能够达成共识。对于比特币来说,其共识机制为工作量证明,即需要先计算完成某个复杂的随机哈希散列数值,才能记录新区块的数值。当新区块被创建时,这个区块会被发送给所有节点以验证其真实性,只有得到超过 50% 节点认同的新区块才会被增加到各个节点自己的区块链上。工作量证明可以减慢新区块的创建速度,以增强区块链的安全性。除了工作量证明机制,还有权益证明机制、股份授权证明机制、Pool 验证池等共识机制。

区块链具有以下特性。

（1）分布式账本，即交易记账由分布在不同地方的多个节点共同完成，而且每个节点都记录的是完整的账目，因此它们都可以参与监督交易合法性，同时可以共同为其作证。不同于传统的中心化记账方案，分布式账本没有任何一个节点可以单独记录账目，从而避免了单一记账人被控制或者被贿赂而记假账的可能性。另外，由于记账节点足够多，理论上讲除非所有的节点被破坏，否则账目就不会丢失，从而保证了账目数据的安全性。

（2）非对称加密和授权技术，存储在区块链上的交易信息是公开的，但是账户身份信息是高度加密的，只有在数据拥有者授权的情况下才能访问到，从而保证了数据的安全性和保护了个人的隐私。

（3）共识机制。只有在控制了全网超过 50% 的记账节点的情况下，才有可能伪造出一条不存在的记录，当加入区块链的节点足够多时，这基本上是不可能的，从而杜绝了造假的可能。

12.7.2　区块链的应用

区块链可以用于多种多样的领域。

（1）艺术行业。艺术家可以使用区块链来声明所有权，发行可编号、限量版的作品，甚至可以进行买卖而无须任何中介服务。

（2）法律行业。区块链可以负责公正，以及验证证书、知识产权的真实性。

（3）公共网络服务。例如，基于区块链的域名服务系统，以增强域名解析的安全性。

（4）金融、保险行业。区块链提供的可信度可以简化金融、保险行业的复杂验证流程。

（5）物流供应链。区块链提供的透明可靠的统一信息平台可以减少供应链中不同实体间的交流成本，提高供应链管理的效率。

12.8　5G

5G，即第五代移动通信技术，是 4G 之后的延伸。与 4G、3G、2G 不同的是，5G 并不是独立的、全新的无线接入技术，而是对现有无线接入技术（包括 2G、3G、4G 和 Wi-Fi）的技术演进，以及一些新增的补充性无线接入技术集成解决方案的总称，如图 12-34 所示。从某种程度上讲，5G 是一个真正意义上的融合网络。5G 以统一的标准，提供人与人、人与物，以及物与物之间高速、安全和自由的连通。

从专业角度讲，除了要满足超高速的传输需求，5G 还需满足超大带宽、超大容量、超密站点、超高可靠性、随时随地可接入性等要求。因此，通信界普遍认为，5G 是一个广带化、泛在化、智能化、融合化、绿色节能的网络。

图 12-34　5G

5G 的理论峰值速度为 20Gbit/s，而 4G 的理论峰值速度仅为 1Gbit/s。5G 还承诺降低延迟，这可以提高商业应用及其他数字体验（如在线游戏、视频会议和自动驾驶汽车）的性能。

前几代蜂窝技术（如 4G LTE）侧重于确保连接性，而 5G 通过从云端向客户提供连接体验，将连接性提升到了新的水平。5G 网络是由虚拟化和软件驱动的，它们利用了云技术。

5G 网络还将简化移动性，在蜂窝和 Wi-Fi 接入之间实现无缝开放漫游功能。移动用户在户外无线连接和建筑物内的无线网络之间移动时，可以保持连接，无须用户干预，也无须用户重新认证。

新的 Wi-Fi 6 无线标准（也被称为 IEEE 802.11ax）与 5G 有共同的特点，包括改进的性能。Wi-Fi 6 无线电台可以放在用户需要的地方，以提供更广的地理覆盖和更低的成本。Wi-Fi 6 无线电的基础是一个基于软件的网络，具有先进的自动化。

5G 技术将促进整个网络架构的进步。5G 新无线电是能力更强的 5G 无线空中接口的全球标准，将涵盖 4G 中没有使用的频谱。新天线将采用称为大规模 MIMO（多进多出）的技术，使多个发射器和接收器能够同时传输更多的数据。但 5G 技术并不局限于新的无线电频谱。它被设计为支持一个融合的、异构的网络，结合许可和非许可的无线技术。这将增加用户的可用带宽。

5G 架构是软件定义的平台，其中网络功能是通过软件而不是硬件管理的。虚拟化、基于云的技术，以及 IT 和业务流程自动化方面的进步使 5G 架构能够灵活机动，并提供随时随地的用户访问功能。5G 网络可以创建软件定义的子网络结构，称为网络切片。这些网络切片使网络管理员能够根据用户和设备来决定网络功能。

5G 还通过机器学习支持的自动化增强数字体验。对几分之一秒内的响应时间的需求（如自动驾驶汽车）要求 5G 网络利用机器学习实现自动化，最终实现深度学习和人工智能（AI）。流量与服务的自动配置和主动管理将降低基础设施成本，增强连接体验。

5G 服务已经在不同国家的一些地区提供。这些早期的 5G 服务被称为 5G 非独立（5G NSA）。这项技术是建立在现有 4G LTE 网络基础设施上的 5G 无线电。5G NSA 比 4G LTE 更快。但业界关注的高速、低延迟的 5G 技术是 5G 独立（5G SA）。它在 2022 年已普遍使用。

5G 技术不仅将开创一个提高网络性能和速度的新时代，还将为用户带来新的连接体验。

在医疗保健领域，5G 技术和 Wi-Fi 6 连接将使患者能够通过连接设备进行监测，这些设备能够不断提供健康指标的关键数据，如心率和血压。在汽车行业，5G 与机器学习驱动的算法相结合，提供交通、事故等方面的信息；车辆能够与其他车辆和道路上的实体（如交通灯）分享信息。这只是 5G 技术的两个行业应用，可以为用户带来更好、更安全的体验。

5G 技术应改善服务不足的农村地区和城市的连接性，因为这些地区的需求可能超过 4G 技术的容量。新的 5G 网络还将有一个密集的分布式接入架构，并将数据处理移动到更接近边缘和用户的地方，以实现更快的数据处理。

小　结

本章主要介绍了人工智能、大数据、云计算、物联网、虚拟现实、元宇宙、区块链及 5G 等新技术领域。通过对本章的学习，读者应能够了解新技术领域的基础概念，并对新技术领域的前景有基本的判断。

习　题

一、判断题

1．自然语言处理是人工智能和语言学领域的分支学科。　　　　　　　　　　（　　）

2．机器学习方法可以分为监督学习和非监督学习两大类。　　　　　　　　　（　　）

3．通过了图灵测试就完全可以说明计算机理解了交谈的语言。　　　　　　　（　　）

4. 大数据通常是由人工生成的。 （　　）

5. 云按使用主体来分，可分为公有云、私有云和混合云。 （　　）

6. 在 PaaS 中，用户可以完全控制整个系统。 （　　）

7. 物联网技术的核心和基础是"因特网技术"。 （　　）

8. 虚拟现实只提供视觉感官的模拟。 （　　）

9. 在区块链中，每个区块都存储了前一个区块的哈希值。 （　　）

10. 5G 是独立的、全新的无线接入技术。 （　　）

二、选择题

1. 以下属于人工智能研究方向的是 _____。

A. 知识表示　　　　　　　　　　B. 机器学习

C. 演绎　　　　　　　　　　　　D. 以上都是

2. "AlphaGo"属于 _____。

A. 弱人工智能　　　　　　　　　B. 强人工智能

C. 超人工智能　　　　　　　　　D. 以上都不是

3. 批处理计算属于 _____。

A. 大数据计算模式　　　　　　　B. 大数据可视化

C. 大数据存储与管理　　　　　　D. 大数据采集与预处理

4. 以下属于大数据特点的是 _____。

A. 体量　　　　　　　　　　　　B. 多样

C. 速度　　　　　　　　　　　　D. 以上都是

5. Google 地图属于云计算中的 _____。

A. 基础设施　　　　　　　　　　B. 应用

C. 服务　　　　　　　　　　　　D. 客户端

6. Docker 容器属于 _____。

A. SaaS　　　　　　　　　　　　B. CaaS

C. PaaS　　　　　　　　　　　　D. IaaS

7. 以下属于物联网关键技术的是 _____。

A. RFID　　　　　　　　　　　　B. 传感器

C. 嵌入式系统　　　　　　　　　D. 以上都是

8. 以下属于虚拟现实系统特征的是 _____。

A. 通用性　　　　　　　　　　　B. 高可靠性

C. 沉浸　　　　　　　　　　　　D. 以上都是

9. 工作量证明属于区块链的 _____。

A. 非对称加密和授权技术　　　　B. 共识机制

C. 分布式账本　　　　　　　　　D. 以上都不是

三、填空题

1. 机器学习的主要目的是让 _____ 从输入的数据中获得知识，以便自动地去判断和输出相应的结果。

2. 目前，几乎所有的人工智能应用都属于 _____ 人工智能。

3. 如何存储 _____ 使其让机器能够处理并理解，是知识表示法的主要目标。

4．大数据的"大"不仅仅是指数据量的大小，也包含大数据源的其他特征，如不断增加的_____和多样性。

5．云包括了硬件资源（服务器、存储器、CPU 等）和_____（应用软件、集成开发环境等）。

6．云按使用主体来分，可分为_____、私有云和混合云。

7．_____是指利用计算机模拟产生一个三维空间的虚拟世界，提供用户关于视觉等感官的模拟功能，让用户感觉仿佛身临其境，可以及时、没有限制地观察三维空间中的事物。

8．区块链是一连串包含信息的区块。每个区块包含数据、该区块的_____及前一个区块的_____。

9．5G 技术的理论峰值速度为_____。

10．物联网应用中的三项关键技术：_____、RFID 技术和嵌入式系统技术。

四、简答题

1．简述人工智能的三个发展阶段。

2．分别从狭义和广义上叙述大数据的意义。

3．举例说明大数据的应用（一个即可）。

4．云计算组成的 6 个部分有哪些？分别起什么作用？

5．云交付模型有哪三种？服务对象是什么？

6．云计算的优势有哪些？面临的挑战又有哪些？

7．什么是物联网技术？其中有哪些关键技术？

8．为什么说虚拟现实没有真正进入虚拟世界的方法？

9．区块链如何记录数据并保证数据不被篡改？

10．简述 5G 怎样通过机器学习支持自动化。

第13章 程序设计基础

本章主要介绍程序设计的相关知识，包括程序设计语言、程序设计流程、编程工具和常用编程范例等。通过对本章的学习，读者应能够了解程序设计的过程和编程范例的原理。

13.1 程序设计基础知识

本节主要介绍与程序设计相关的基础知识，如程序设计和软件工程的区别、编程语言和编程范例，以及编程流程等。

13.1.1 程序设计和软件工程

在计算机的世界中，程序是由一行行的代码构成的，这些代码指示计算机"按部就班"地完成任务。

程序的代码量与程序的功能密切相关，简单的程序如计算器、进制转换，只需要几十或上百行代码，而复杂的程序如操作系统，可能会包含数千万行代码。需要注意的是，对于程序，并不是代码行数越多，程序就越好；对于软件工程师或计算机程序员，也并不是每天能编写的代码行数越多，技术就越高超。事实上，即使是高超的软件工程师，每天能编写、测试并存档的代码可能也只有 20 行，但这短短的 20 行可能就会使整个程序的效率大幅度提升。

在日常生活中，人们常常把软件工程师和计算机程序员混为一谈，尽管它们有交集，但实际上它们是不同的两个职业：计算机程序员负责程序设计，而软件工程师负责软件工程。

计算机编程包括程序的设计、编码、测试和程序文档的编写，计算机程序员更关注于编写代码的过程；而软件工程类似于前面介绍的信息系统的分析与设计，常应用于大型软件项目上，软件工程师也能进行代码的编写，但他们更关注于设计和测试的工作。相比于计算机程序员，软件工程师需要更高的数学和计算机科学基础，当编写一个搜索程序时，计算机程序员可能只是简单地遍历查找，而软件工程师则会考虑计算机体系结构和数据的特征，以便选择合适的数据结构来提高查找效率。

随着软件产业的飞速发展，软件工程和信息系统分析与设计的交叉区域正逐渐增大。在目前看来，两者的区别是：信息系统分析与设计关注于硬件、软件和人员等诸多方面，而软件工程更关注于软件开发的过程。

13.1.2 编程语言和范例

编程语言俗称计算机语言，是一套关键字和语法规则，旨在生成计算机可以理解和执行的指令。前面介绍的 SQL 就是编程语言的一种，其他比较流行的编程语言有 Python、C++、Java 等，图 13-1 列出了 2022 年编程语言排行榜。

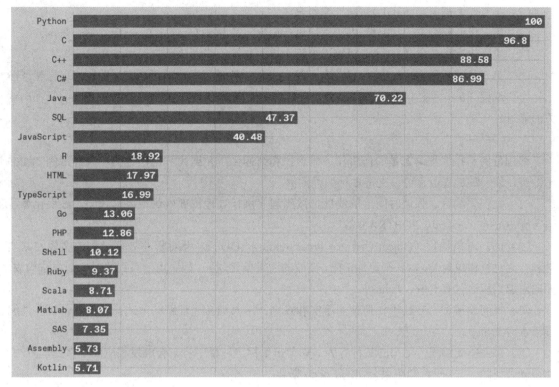

图 13-1　2022 年编程语言排行榜（数据来源：IEEE Spectrum）

在用编程语言编写的程序中，每行代码都由关键字和参数按照语法规则组合在一起。关键字是由对应编程语言的编译器或解释器预先定义的，每个关键字都有其特殊的含义，如 C++ 中的 if else、public、friend、extern 等。代码举例：

```
enum weather {sunny,cloudy,rainy,windy};
```

其中，enum 是关键字，sunny、cloudy、rainy、windy 是参数，语句中的花括号、逗号和分号是 C++ 的语法规则。

编程语言可以按照多种方式进行分类。

1. 低级语言和高级语言

低级语言直接为底层硬件编写指令，分为机器语言和汇编语言。机器语言完全由 0 和 1 的二进制字符串组成，可直接交由处理器处理；汇编语言稍微简便一些，它可以使用处理器提供的特有指令（如移位操作、简单的加减法）。编写低级语言是非常烦琐的过程，编写程序花费的时间往往是实际运行时间的几百倍甚至上万倍，且非常容易出错。

高级语言使用了符合人类语言的语法和关键字，通过使用容易理解的命令来代替难以理解的二进制代码或汇编代码，这一工作交由编译器或解释器进行。高级语言符合人类逻辑，方便进行编写与调试，并且一行代码可以代替几行甚至数十行低级语言代码，大大提高了编程效率。目前流行的编程语言都是高级语言。

2. 代次

编程语言的划代标准非常多，这里仅列举其中一种。

（1）第一代编程语言（1GL），即机器语言。

（2）第二代编程语言（2GL），即汇编语言。

（3）第三代编程语言（3GL），高级程序设计语言，如 FORTRAN、Pascal、C++、Java。

（4）第四代编程语言（4GL），更接近人类语言的高级程序设计语言，如 SQL。

（5）第五代编程语言（5GL），目前有两种定义，一种是可视化编程语言，即利用可视化或图形化接口编程；另一种是自然语言，即最接近日常生活用语的编程语言，LISP 和 Prolog 正在向这方面靠近。

3. 编程范例

编程范例是指编程语言是如何将任务概念化和结构化，并据此解决任务的。编程范例之间并不冲突，即一种编程语言可以支持多种编程范例。

（1）过程化编程。强调时间上的线性，按照程序执行过程按部就班地编写代码。过程化编程语言有 BASIC、Pascal、FORTRAN 等。

（2）面向对象编程（Object Oriented Programming，OOP）。针对程序处理过程的实体及其属性和行为进行抽象封装，以获得更加清晰、高效的逻辑单元划分，程序由一系列的对象和方法构成。面向对象编程语言有 C++、Java 等。

（3）说明性编程。专注于如何使用事实和规则，用人类易于理解的方式描述问题。说明性编程语言有 Prolog。

（4）事件驱动编程。用户的某种行为（如单击鼠标、屏幕手势）会触发相应的事件处理方法，如微软公司的 .NET 平台和苹果公司的 Cocoa 框架。

（5）面向方面编程（Aspect Oriented Programming，AOP）。针对程序处理过程中的方面进行提取，它所面对的是处理过程中的某个步骤或阶段，以降低逻辑过程中各部分之间的耦合性。面向方面编程与面向对象编程的区别是：面向对象编程面向的是静态的实体，而面向方面编程面向的是动态的动作。

13.1.3 程序设计

大多数需要通过计算机程序求解的问题都是模糊的，即用户一般只提出需求，而不关心如何达成需求。因此在程序编码前，软件工程师或计算机程序员需要先将需求抽象成可以用编程语言编写的逻辑构造，这就是程序设计。

在程序设计阶段，首先需要定义问题陈述，即明确问题的范围、清楚指定已知信息，并指定问题解决的结果。

（1）明确问题的范围可以减少程序需要考虑的可能出现的情况数量。例如，如果只需要计算多个物体的重叠体积，那么程序就要考虑很多种物体情况；而如果限定了所计算的物体是球体，那么程序就会简单许多。

（2）已知信息在程序中通常用变量或常量表示。常量是始终不变的，在程序编写时就已经被定义，如圆周率 π；变量则是可以改变的，一般要求用户输入。

（3）大多数问题解决的标志是程序输出一个结果,结果既可以是一个文件,也可以是一个数值,或是一个判断结果。只要结果能正确且有效地满足用户的需求，问题就解决了。

在问题陈述定义好后，还需要选择一种软件开发方法，目前常用的软件开发方法有预测方法和敏捷方法。

（1）预测方法在设计阶段需要完成类似于信息系统分析与设计中的软件设计说明书，说明书中会指定软件每个模块的逻辑流程，编程人员按照说明书中的流程即可编写程序。说明书一旦完成，一般就不会做较大更改，预测方法适合在多个地点工作的多人团队，或大型的软件项目；但如果客户需求在编码阶段会不断改变，那么预测方法就难以应对了。

（2）敏捷方法专注于灵活开发的过程，它的软件设计说明书是随着项目开发进度而不断发展的。敏捷方法适合在同一个地点工作的小型团队，或客户需求变化性很强的项目。在敏捷方法中，团队会将编码任务分成很多个小阶段，在每个阶段只集中完成程序的一个小模块，并随时与客户进行交流，根据客户的需求进行修改与完善。

13.1.4　程序编码

编程人员在编码时需要借助一些"载体"，如文本编辑器、程序编辑器和可视化开发环境。

（1）文本编辑器，如 Windows 操作系统自带的"记事本"程序就是最简单的文字处理软件，它也可以用来编程。编程人员可以在文本编辑器中进行代码的编写，然后使用命令提示符（Windows操作系统）或终端（Linux 操作系统）进行编译。

（2）程序编辑器（见图 13-2）可以理解为专门用来进行代码编写的文本编辑器，其提供了辅助编程的工具，如将关键字用彩色显示、自动补全、查找替换、格式化代码等。

```cpp
*0-1背包.cpp  ×
11      int z_o_bag(int v[],int w[],int size,int area)
12      {
13          memset(dp,0,sizeof(dp));
14          for(int i=1;i<=size;i++)
15              for(int j=0;j<=area;j++)
16              {
17                  if(i==0 || j==0) dp[i][j]=0;
18                  else if(v[i-1]>j) dp[i][j]=dp[i-1][j];
19                  else dp[i][j]=Max(dp[i-1][j],(dp[i-1][j-v[i-1]]+w[i-1]));
20              }
21          return dp[size][area];
22      }
```

图 13-2　程序编辑器

（3）可视化开发环境（Visual Development Environment，VDE）提供了可视化编程的工具。如图 13-3 所示，编程人员可以在其中拖动代表对象的控件并设置其属性，VDE 会自动地编写对应代码。VDE 可以减少编程人员需要编写的代码量，但核心代码如控件的事件（单击按钮事件、文本框内容改变事件等）仍然需要编程人员自己编写，如图 13-4 所示。

需要注意的是，上述三种开发方式并没有孰优孰劣之分，需要根据具体的项目类型和编程语言而定。一些编程语言没有 VDE，甚至由于流行度不高或刚刚兴起而没有对应的程序编辑器，就只能先用文本编辑器编写；对于一般的后台应用程序，程序编辑器即可胜任；而图形界面应用程序使用 VDE 开发更为便捷。

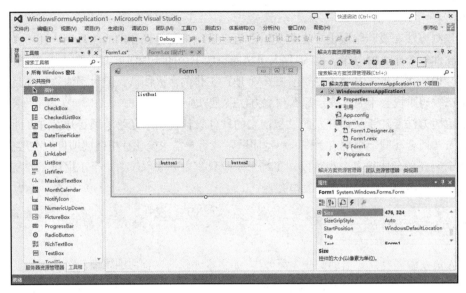

图 13-3　在 VDE 中，编程人员可以将左边工具箱中的控件拖入要设计的程序中

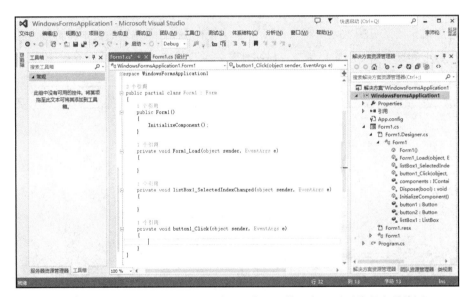

图 13-4　VDE 减少了部分代码的编写工作，但核心代码需要编程人员编写

13.1.5　程序测试和文档

当代码编写完毕后，编程人员需要进行测试以确保程序没有 Bug（错误）。Bug 大体可分为以下几类。

1. 语法错误

由于编码时的手误，或对于编程语言不够熟悉，程序无法通过编译，例如，将 C++ 的 for 循环语句中的分号写成了逗号。语法错误一般可在编译时进行检查与修正，编译器会将不符合编程语言语法的部分显示出来，并解释错误原因，如图 13-5 所示。

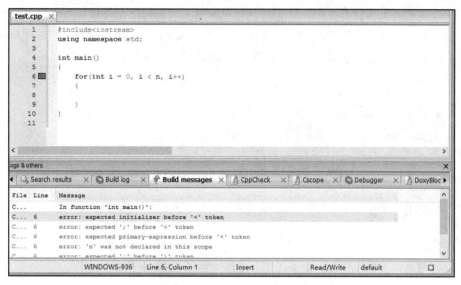

图 13-5　编译器可以检查出错误并解释错误原因

2. 运行时错误

运行时错误，即程序在运行时突然出现的停止工作的现象，如图 13-6 所示。运行时错误的原因多种多样，如访问越界、堆栈溢出、除 0 异常等。有些运行时错误很好发现其原因，而另一些则很难，需要长时间的调试才可能找出产生错误的原因。

图 13-6　运行时错误

3. 逻辑错误

逻辑错误，即程序可以正常运行，但输出的结果却是错的。公式使用错误、问题定义不充分、数值溢出等多种因素都会导致逻辑错误。数值溢出导致的逻辑错误如图 13-7 所示。

图 13-7　数值溢出导致的逻辑错误

当发现 Bug 时，编程人员可以使用调试器来逐行检查程序。通过调试器可以检查程序执行到特定步骤时的变量值。

在程序中也可以加入注释文档，用于帮助自己或他人明确程序某个模块的功能或某个数值的含义。目前大多数编程语言使用"//"作为注释的标志，编译器在编译程序时会忽略注释内容，因此注释不会对程序产生影响，清晰明了的注释可以帮助阅读者理解程序的功能与用法，如图 13-8 所示。

```
#define Max(a,b) (a>b?a:b)
const int MAXI=5001; //物品数最大值+1
const int MAXJ=5001; //容量最大值+1
int dp[MAXI][MAXJ]; //dp[i][j]:将前i个物品装到容量为j的背包中的最大总质量
int z_o_bag(int v[],int w[],int size,int area) //size物品数 area背包容量 v体积 w权重 v,w从0开始
```

图 13-8   清晰明了的注释可以帮助阅读者理解程序的功能与用法

13.1.6   编程工具

文本编辑器、程序编辑器都属于编程工具，但在一般情况下，编程人员不会只使用它们进行编程工作，而是趋向于使用包含大量编程工具或库文件的 SDK 或 IDE。

（1）SDK（Software Development Kit，软件开发工具包）是指某种编程语言特有的工具集。编程人员可以利用 SDK 进行相应语言的开发。SDK 通常包含编译器、帮助文档和安装说明，一些 SDK 还会包含编辑器、调试器、图形化用户界面设计和 API（应用程序编程接口）。SDK 提供的开发工具一般没有统一的用户界面，要获得更好的开发环境，编程人员可以使用 IDE。

（2）IDE（Integrated Development Environment，集成开发环境）可以理解为 SDK 的一种，它将多种开发工具整合到一个统一的应用程序中（如 Eclipse、Microsoft Visual Studio 等），如图 13-9 所示，IDE 拥有统一的菜单和控件集。编程人员可以使用这个应用程序方便地进行编程，而不必再四处寻找 SDK 提供的编程工具。

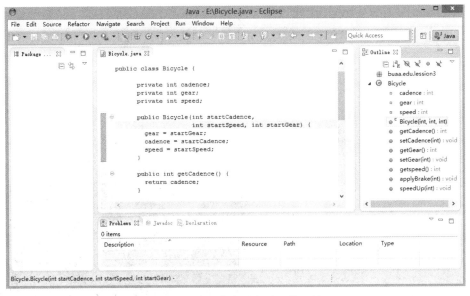

图 13-9   IDE 整合了多种开发工具

13.1.7   编译器和解释器

未编译的按照程序设计语言规范书写的文本为源代码。源代码不能直接被计算机识别，必须

经过转换才能被执行，按转换方式可将它们分为两类。

1. 解释类

执行方式类似于日常生活中的"同声翻译"，应用程序源代码一边由相应语言的解释器"翻译"成目标代码，一边执行。解释器在程序运行时，一次只会转换并执行一条语句。在一条语句被执行后，解释器才会转换到下一条语句，如此循环直到程序结束。这种方式效率较低，应用程序不能离开其解释器，但比较灵活，可以动态地调整、修改应用程序。

2. 编译类

编译是指在应用源程序执行之前，就将程序源代码"翻译"成目标代码。编译需要借助编译器进行，编译器能一次性转换一个程序中的所有语句，并将生成的目标代码放在新文件中。使用编译器生成的目标程序可以脱离其语言环境独立运行，使用比较方便、效率较高。但如果需要修改应用程序，则需要先修改其源代码，再重新编译。

13.2　过程化编程

本节通过算法来关注过程化编程，介绍过程化编程的原理、方式、语言及应用。

13.2.1　算法

过程化编程编写的程序都有一个起始点和终结点，从开始到结束的流程基本上是线性的、按部就班的。过程化编程非常适合于编写不太复杂的算法，算法是指能够写下来并能够实现的用以满足需求的有限长步骤的列表。如果输入是正确的，设计的算法是正确的，那么输出的结果就是正确的。

设计一个算法可以先抽象出人工解决需要的步骤，例如，要将一系列的无序数从小到大排序，人工解决可以采用以下方案。

步骤 1：记录初始的排列顺序。

步骤 2：挑出最小的数，把它放在序列的最左面。

步骤 3：挑出次小的数，把它放在序列的左数第二位。

……

步骤 n-1：挑出第二大的数，把它放在序列的右数第二位。

步骤 n：记录序列顺序。

13.2.2　表达算法

抽象出算法的人工解决步骤后，需要将其表达出来。由于算法并不依赖于任何编程语言，因此表达算法也不太适合用某种编程语言进行，不熟悉这种编程语言的人就很难理解该算法。表达算法可以用一种通用的格式进行，如伪代码。

伪代码是一种类似自然语言的算法描述语言，没有统一的格式要求，只要能够清晰地表述出算法流程即可。伪代码结构清晰、代码简单、可读性好，使用伪代码的目的就是使被描述的算法可以容易地以任何一种编程语言实现。

对于数列排序的算法，可以采用如图 13-10 所示的伪代码描述。这种通过两两交换，像水中的气泡一样，小的先冒出来，大的后冒出来的排序算法称为冒泡排序算法。

```
1  Bubble_sort(A)
2  {
3      for i=1 to n
4          for j= n to i+1
5              if A[j]<A[j-1]
6                  swap A[j]<->A[j-1]
7  }
```

图 13-10　用伪代码表示冒泡排序算法

伪代码编写完成后，应当使用几组有代表性的测试数据，按照伪代码的流程进行对应的人工核实，以验证算法是否有逻辑错误。

13.2.3　顺序、选择和循环控制

在通常情况下，程序是按从上到下的顺序按部就班地执行命令的，但也可以应用一些控制结构以改变程序对命令的执行顺序。

1. 顺序控制结构

可以通过调用函数将程序执行转移至函数体，函数执行完后再返回主要的顺序执行路径。函数调用在一定程度上等同于将调用函数的语句替代为函数的内容，从而整个执行路径依然是顺序进行的。但函数调用可以调用多次或传入不同的参数，这在某些情况下会方便很多。函数调用示例如图 13-11 所示。

```
long long fibonacci(long long n)
{
    if(n == 0 || n == 1)
    return n;
    else
    return fibonacci(n - 1) + fibonacci(n - 2);
}
int main()
{
    int n;
    while(cin>>n)
    {
        cout<<fibonacci(n)<<endl;
    }
}
```

图 13-11　函数调用示例

2. 选择控制结构

可以使用 if…else…或 switch 结构在程序执行时进行动态的分支判断，选择控制结构的流程图如图 13-12 所示。例如，在如图 13-11 所示的斐波那契函数中，如果传入的值是 1，那么函数直接返回 1；如果传入的值是 5，那么函数就会进行多次的递归调用。

图 13-12　选择控制结构的流程图

3. 循环控制结构

可以使用 do…while、while、for 等多种命令控制循环，循环控制结构的流程图如图 13-13 所示。例如，在如图 13-11 所示的斐波那契主函数中，只要用户不结束程序，while 循环就会一直进行。而在如图 13-14 所示的 for 循环中，将会特定地进行 n-2 次循环——变量 i 的初值是 1，每次循环前，判断 i 是否小于或等于 n-2，如果满足，则进入循环，循环结束后将 i 加 1；如果不满足，则循环结束。

```
for( int i)= 1 ; i <=n - 2 ; i++ )
{
    c = a;
    a = b;
    b += c;
}
```

图 13-13　循环控制结构的流程图　　　　　图 13-14　循环控制结构代码示例

一个算法通常是由许多的顺序、选择与循环控制结构组成的，通过使用这些控制结构可以完美、高效地实现算法逻辑。

13.2.4　过程化语言及应用

最初的编程语言都是过程化语言，常见的过程化语言有 FORTRAN、Pascal、C 语言等。

过程化编程最适合于可以通过按部就班的步骤来解决的问题，这正符合过程化编程的逻辑。大部分的结构化问题，如数学中的面积计算、物理中的路径分析及生活中的事务处理都可以通过过程化编程来解决。

过程化编程的优势在于：可以开发出运行速度快、系统资源利用效率高的程序；编程的灵活性很高，可以同时处理一类的问题，而只做少许修改甚至无须修改。过程化编程的劣势在于它不适合于非结构化问题或非常复杂的算法。

13.3　面向对象编程

本节关注于在大型项目中比较流行的面向对象编程，包括其概念、特征、结构、语言及应用。

13.3.1　对象和类

面向对象编程将问题的解决方案抽象成一些对象的交互。在面向对象编程中常使用类和对象的概念：对象是一个抽象的或现实世界中的实体，是类的具体实例；而类则是具有相似特征的一组对象的抽象。例如，某个具体学生"张三"是学生类的一个实例，"张三"在这里就是一个对象。

在类中可以定义属性以表示对象的特征。例如，在如图 13-15 所示的学生类中，对象张三的属性可以为"name= 张三，sex= 男，age=20，Sid=1001"。可以对类属性设置作用域，如公有域或私有域等，公有属性可以被任何类访问，而私有属性只能被定义该属性的类访问。这种通过设置作用域而隐藏一部分类的细节的方式称为封装，封装是面向对象编程的第一个特征。

```
public class Student{

    public String name;
    public String sex;
    public int age;
    public String Sid;

}
```

图 13-15　学生类示例

13.3.2　继承

继承是面向对象编程的第二个特征。继承是指将某些特征从一个类传递到其他类，其中被继承属性的类被称为超类，继承属性的类被称为子类。

继承赋予了类很强的灵活性，如果多个类具有一些同样的属性，则可以把这些属性抽象为一个超类。如图 13-16 所示，本科生子类和研究生子类都继承了学生超类的属性，这些属性不必再重复定义。除相同的属性外，它们也有自己特有的属性，例如，本科生比较关心 GPA，就定义一个 GPA 属性；研究生比较关心发表论文数，就定义一个 paperNum 属性。

```
public class Student{

        public String name;
        public String sex;
        public int age;
        public String Sid;

}

public class undergraduage extends Student{

        double GPA;
        public void calcGPA(){

        }

}

public class master extends Student{

        int paperNum;

}
```

图 13-16　继承示例

在为一个类构造对象时，需要同时为它的继承属性和特有属性赋值。

13.3.3　方法和消息

面向对象编程中的方法和消息与过程化编程顺序控制结构中的函数类似。简单来说，方法就相当于函数，而消息就相当于函数调用语句，用来激活方法。不同的是，在面向对象编程中，方法是定义在类中的，属于类或类的对象，消息也需要通过类或类的对象来调用对应的方法。如图 13-17 所示，在本科生类中声明了计算 GPA 的方法（省略了方法内容），则计算学生张三的GPA 的消息的代码为"张三 .calcGPA()"。

```
public class undergraduage extends Student{

        double GPA;
        public void calcGPA(){

        }

}
```

图 13-17　在类中使用方法的代码示例

方法不仅支持继承（子类可以拥有超类的公有方法），还支持多态。多态是面向对象编程的第三个特征，它指的是在子类中重新定义方法的能力。在如图 13-18 所示的代码中，多边形的超类中定义了 calcArea() 的面积计算方法，三角形子类和正方形子类继承了多边形超类的属性和方法，并对方法进行了重写，以适应各自的面积计算公式。

```
abstract class polygon{

        public double area;
        abstract void calcArea();

}

class triangle extends polygon{

        double bottom;
        double high;
        public void calcArea(){
                area = bottom * high / 2;
        }

}

class square extends polygon{

        double size;
        public void calcArea{
                area = size * size;
        }

}
```

图 13-18　通过多态调用对象方法的代码示例

13.3.4　面向对象的程序结构

在面向对象的程序中，类只是一个模板，不代表任何实例。要使用类，需要通过主方法来创建类的对象，并进行对象间的操作。面向对象的程序执行时，会寻找名为 main() 的主方法，并按部就班地执行其中的命令。在如图 13-19 所示的代码中，程序执行时会寻找 main() 方法，创建一个 stu 对象，然后调用其 display() 方法，将对象内容输出。

```
public class Student{

    public String name;
    public String sex;
    public int age;
    public String Sid;

    public Person(String n, String s, int a, String S){
        name=n;
        sex=s;
        age=a;
        Sid=S;
    }
    public void display(){
        System.out.println("姓名："+name+","+"性别："+sex+","+"年龄："+age+","+"学号："+Sid);
    }
    public static void main(String[] args){
        Student stu=new Student("张三","男",20,"1001");
        stu.display();
    }

}
```

图 13-19　面向对象的程序结构

13.3.5　面向对象的语言及应用

面向对象的编程语言大多数也支持过程化的技术，因此这些语言也称为混合语言，如 C++、C#、Objective-C、Java、Python 等。

面向对象编程适合于大规模软件的开发，如果使用过程化编程，那么程序代码的逻辑会变得非常复杂，甚至使得编程工作寸步难行，而面向对象编程则可以有效地梳理软件逻辑。

面向对象编程与人感知世界的方式很相似，因此使用面向对象编程有助于设想问题的解决方案。面向对象编程的缺陷在于程序运行效率较低，由于有继承和多态的特性，一些调用需要在运行时才能判断。

13.4　面向方面编程

面向方面编程（Aspect Oriented Programming，AOP）是一种在总体软件程序设计基础上，继续把其分化为更小更可操控的部分，以最大限度地降低程序设计中功能上重复性的程序设计方法。面向方面编程能更加清晰地分离不同功能，使程序部件能够互不干扰地独立开发和修改，并能轻易地得以重新使用。

过程化编程和面向对象编程集中于如何将程序分离（如通过模板和类），但它们并不能轻易分离解决方案中具有共同功能的模块。使用过程化编程或面向对象编程，一些模块（如安全检查、异常处理或打开一个数据库连接）会穿插分散于程序代码的成百上千个位置，在需要时难以修改。面向方面编程则不同，它能把这些功能模块封装在"方面"中，需要时不用重复代码而只使用"方面"即可，这能有效减少程序的冗余，提高软件的质量，并降低 IT 开发和维护的费用。

目前，面向方面编程已在代码质量和编程人员编写程序的速度方面做出了重大的贡献，现在普遍认为面向方面编程和面向对象编程是互补的两种编程方式，而非竞争的技术。

13.5　可适应和敏捷软件开发

可适应软件开发是指在程序开发过程中旨在使开发更快、更有效，并集中于适应程序的方法论。可适应软件开发的典型特征是迭代开发（将一个项目分成一系列的小项目）或增量开发（先开发主要功能模块，再开发次要功能模块，逐步完善，最终开发出符合需求的软件产品）。

最新的可适应软件开发的方法之一是敏捷软件开发（Agile Software Development，ASD）。ASD 的目的在于快速编写软件，它集中于工程进度中书写和递交应用程序的小功能块，而非在工程的最后递交一个完整的应用程序。每个小功能块通常被看作一个分开的极小的软件，开发过程对每个小功能块都是重复不变的——定义、需求分析、设计、实现与测试。ASD 强调团队性，即编程人员、管理人员、商业人员及最终用户共同负责软件开发，在工程进行时不断地对软件进行学习、适应与修改，最终用户在开发过程中所占的分量是极其重要的。

随着移动 App 的流行，一些开发者在 ASD 的基础上更进一步，他们采用持续移动创新：将移动开发视为快速的且不间断的过程，一旦有新的想法就立刻生成产品并发布，然后在此基础上不断地对其进行周期性的更新。

小　结

本章主要介绍了计算机编程的基础知识及一些当下流行的编程范例。

通过对本章的学习，读者应能够知晓计算机程序是如何产生的，了解常用的编程范例，有编程基础的读者，还可以尝试编写简单的小程序。

习　题

一、判断题

1. 代码量越多，程序就越好。　　　　　　　　　　　　　　　　　　　　（　　）
2. 软件工程师和计算机程序员没有什么区别。　　　　　　　　　　　　　（　　）
3. 过程化编程强调时间上的线性。　　　　　　　　　　　　　　　　　　（　　）
4. 敏捷方法专注于灵活开发的过程。　　　　　　　　　　　　　　　　　（　　）
5. VDE 减少了一部分代码量，但核心代码仍需要编程人员自己去编写。　（　　）
6. SDK 将多种开发工具整合到一个统一的应用程序中。　　　　　　　　（　　）
7. 过程化编程适合于编写不太复杂的算法。　　　　　　　　　　　　　　（　　）
8. 过程化编程适合于非结构化问题或非常复杂的算法。　　　　　　　　　（　　）
9. 继承赋予了类很强的灵活性。　　　　　　　　　　　　　　　　　　　（　　）
10. 多态有助于简化代码量和程序逻辑。　　　　　　　　　　　　　　　（　　）

二、选择题

1. 软件工程师更注重于 _____。
   A. 设计　　　　　　　　　　　　　　　B. 工程
   C. 编码　　　　　　　　　　　　　　　D. 开发
2. 代码"enum status{open,close};"中，关键字为 _____。
   A. enum　　　　　　　　　　　　　　B. status
   C. open　　　　　　　　　　　　　　　D. close
3. 使用处理器提供的特有指令进行直接编程的语言属于 _____。
   A. 机器语言　　　　　　　　　　　　　B. 汇编语言
   C. 高级语言　　　　　　　　　　　　　D. 脚本语言
4. 对于需求经常变动的项目，最好使用 _____ 进行开发。
   A. 预测方法　　　　　　　　　　　　　B. 敏捷方法
   C. 过程化编程语言　　　　　　　　　　D. 面向对象编程语言
5. 图形界面应用程序最好使用 _____ 进行开发。
   A. 文本编辑器　　　　　　　　　　　　B. 程序编辑器
   C. VDE　　　　　　　　　　　　　　　D. 终端
6. Microsoft Visual Studio 是一种 _____。
   A. SDK　　　　　　　　　　　　　　　B. IDE
   C. 文本编辑器　　　　　　　　　　　　D. 程序编辑器
7. 算法最好使用 _____ 进行描述。
   A. C 语言　　　　　　　　　　　　　　B. Java

C．FORTRAN
D．伪代码

8．面向对象编程的特征是 _____。

A．封装
B．继承

C．多态
D．以上都是

9．对象是类的 _____。

A．抽象
B．实例

C．特征
D．两者没有关系

10．面向对象的程序最开始执行的方法是 _____。，

A．代码的第一个方法
B．类的第一个方法

C．main() 方法
D．随机一个方法

三、填空题

1．SDK 是指某种编程语言特有的 _____。

2．编译是指在应用源程序执行之前，就将程序源代码"翻译"成 _____。

3．API 是程序员在自己编写的程序中可以访问的一组应用程序或操作系统的 _____。

4．_____ 是一种类似自然语言的算法描述语言，没有统一的格式要求，只要能够清晰地表述出算法流程即可。

5．运行时错误是指 _____ 在运行时突然出现的停止工作的现象。

6．文本编辑器是最简单的 _____ 处理软件，也可以用来编程。

7．_____ 是指由于编码时的手误或者对于编程语言不够熟悉，程序无法通过编译。

8．编程语言俗称计算机语言，是一套关键字和 _____ 规则。

9．低级语言可分为 _____ 和汇编语言。

10．_____ 是一个抽象的或者现实世界中的实体，是类的具体实例。

四、简答题

1．简述面向对象编程范例。

2．程序编码时程序员可借助哪三种载体？分别有什么特性？

3．什么是 SDK？

4．解释类代码和编译类代码有什么区别？

5．简述 API 的作用。

6．列举编程范例。

7．简述伪代码的定义、优势和目的。

8．简述面向对象编程的应用和缺陷。

9．哪些控制结构加以应用，能够改变程序对命令的执行顺序？

10．简述编译器的功能。

第 14 章　计算机安全

本章关注于计算机领域诸多方面的安全问题。通过对本章的学习，读者应能够更加有效地保护自己的隐私信息。

14.1　非授权使用

本节关注于非授权使用问题，针对破解密码的方式提出了几点设置安全的密码的建议。

14.1.1　加密与授权

随着信息时代的到来，越来越多的人开始注重保护自己的隐私数据，其中授权便是最常见的手段。授权通过设定一个密码，使得用户只有在输入正确的密码后才可以访问数据。密码的形式可以是多种多样的，从常见的字符串形式，到指纹密码、人脸识别等方式。计算机、手机与一些软件都可以通过授权的方式以限制非授权者的使用，如图 14-1 所示。

保护隐私或机密数据的另一种方法是加密。与只是设定访问密码不同，加密是以某种加密算法改变原有的信息数据，使得未经授权的用户即使获取了已加密的信息，但因不知解密的方法，仍然无法了解信息的内容。没有加密的原始消息通常称为明文，加密后的消息称为密文，即加密是将明文转化成密文的过程，而解密是将密文翻译回明文的过程。

加密的两个要素是加密算法和密钥。加密算法如 RSA、AES 等是完全公开的，大家都知道其加密和解密的方式，比如恺撒加密就是简单地让字母按字母表顺序偏移特定位。加密的密钥是保护信息的关键，只有经过授权的用户才能得知。

图 14-1　设置密码以限制非授权者的使用

根据破解密钥的难度可将加密分为强加密和弱加密。

（1）弱加密，比如恺撒加密就很容易被破解，其密钥是一个偏移量，只有几十种情况，通过分析字母出现的频率即可推断出密钥。

（2）强加密则很难被破解，它使用的密钥通常很长，如 128 位二进制数或更多。强加密的密钥很难通过枚举的方式破解，也没有什么规律可循，因此可以认为其是极其安全的。随着计算机计算能力的日渐提升，强加密的密钥长度也在不断增加，增加一位二进制数，就可使破解时间翻倍。

加密根据使用密钥的方式又可分为对称式加密和非对称式加密两种。

（1）对称式加密的双方采用共同密钥，即密钥既用来加密信息，也用来解密信息。对称式加密有很大的安全隐患：授权一个用户就需要把密钥发给用户，而一旦发送途中密钥被截取，所有加密信息将不再安全。

（2）非对称式加密使用两个密钥，其中有一个公共密钥（简称公钥），它是完全公开的，任何人都可以使用公钥加密信息，但无法使用公钥解密信息；另一个是私人密钥（简称私钥），它是对外保密的,只有私钥才可破译公钥加密的信息。也就是说,使用私钥加密的信息只能使用公钥解密,使用公钥加密的信息只能使用私钥解密。非对称式加密很好地保证了密钥的安全性,是目前主流的加密方式,常用于文件加密及数字签名。

14.1.2 密码破解

随着因特网的发展,密码的安全性也变得越来越重要,一旦密码被不法者得知,不法者就可以利用用户的身份牟利。因此了解密码是如何被破解及如何保护密码安全是十分重要的。以下是一些密码破解的常用方式。

图 14-2　破解字典

（1）字典破解,即尝试使用一些常用的字或词进行密码破解,破解字典通常是一个 TXT 文档,如图 14-2 所示。

（2）暴力破解,即遍历所有字符的可能组合。

（3）嗅探破解,通过黑客软件截取计算机网络中发送的信息以获取明文密码。

（4）网络"钓鱼",通过电子邮件或 QQ 等即时通信软件,向目标用户发送非法链接,诱使用户输入账号和密码,从而达到获取用户信息的目的。

（5）虚假网站,通过与真实网站极其相似的虚假网站诱使用户输入账号和密码。

（6）按键记录,在目标用户的计算机中植入"木马"病毒,该病毒可以记录用户的按键行为,从而获取用户密码。

14.1.3 安全的密码

针对以上密码破解的方式,用户可以采取以下对策以获得相对安全的密码。

（1）使用高强度密码,即尽量使用长的字母、符号和数字的组合（至少 8 位）,字母还可以设置大小写。

（2）不要使用生日、身份证号等容易被获取的信息作为密码,可以考虑使用自己最喜欢的句子的首字母,外加特殊符号组成密码,这种密码非常难以被字典破解或暴力破解。

（3）指定几个不同等级的密码。对关键账户应使用高安全级别的密码,对普通账户应用中等安全级别的密码,对不太重要的账户使用低安全级别密码。不要对所有账户设定同样的密码。

（4）合理使用浏览器的记住密码功能。浏览器记住密码后可以自动登录用户账户,这可以减少用户的密码输入次数,增加密码的安全性。但如果在公共计算机上,最好不要使用记住密码这项功能。

（5）合理使用密码管理器。密码管理器是一种应用软件,它可将用户所有账户的用户名和密码以加密方式进行存储,用户只需要知道密码管理器的主密码即可。大多数密码管理器还具有自动填表、自动生成随机密码、验证密码强度等实用功能,这些功能也能增加密码的安全性。在使用密码管理器的同时,最好也记住常用账户的密码,以应对不方便使用密码管理器的场合。

（6）维护软件安全。定期使用防病毒软件或第三方安全套件对系统进行扫描，发现非法文件或木马文件及时进行删除。

（7）在网站中输入密码前，先确定网站的真伪，检查其网址是否与真实网站对应。

14.1.4　生物识别设备

生物识别设备通过将个人特征（如指纹）转换成数字代码，与验证物理或行为特征的计算机或移动设备所存储的数字代码进行比较来验证身份。如果计算机或移动设备内的数字代码与个人特征代码不匹配，计算机或移动设备就会拒绝访问。常见的生物识别设备有指纹读取器、人脸识别系统、语音验证系统、签名验证系统、虹膜识别系统和视网膜识别系统等。

14.2　恶意软件

14.2.1　恶意软件威胁

计算机在运行时可能受到多种多样恶意软件的攻击，包括计算机病毒、蠕虫、木马、僵尸网络、间谍软件等。

1. 计算机病毒

计算机病毒是一种程序指令，它可以将自身附加到文件中，进行自我复制并传播到其他文件。当传输文件时，计算机病毒可能就随着文件侵入接收者的计算机中。计算机病毒可以在计算机中潜伏很长时间，直到某个特定的条件满足时才开始发作。计算机病毒可以破坏文件、毁坏数据或者扰乱计算机的操作。

2. 蠕虫

蠕虫是一种能够利用系统漏洞通过网络进行自我传播的恶意程序。它是独立存在的，不需要附着在其他文件上。当蠕虫形成规模并进行快速传播时，会极大地消耗网络资源，导致大面积网络拥塞甚至瘫痪。

3. 木马

木马不会自我繁殖，也不会感染其他文件。木马通常伪装成应用软件，不知情的用户会下载并执行它们，木马运行后会向施种木马者提供打开被种主机的网络端口，使施种者可以任意毁坏、窃取被种者的文件，记录用户的键盘输入从而获取密码，甚至远程操控被种主机。

4. 僵尸网络

僵尸网络采用多种传播手段，使大量计算机感染僵尸程序，从而在控制者和被感染计算机之间形成一对多的控制网络。控制者可以利用僵尸网络进行网站攻击、数据解密、发送垃圾邮件等不法行为。

5. 间谍软件

间谍软件的入侵方式与木马类似，它主要依附在正常的软件中，用户可能在无意间将间谍软件下载到计算机中。一旦间谍软件被安装，它就会监视用户的个人信息、网站浏览等行为，这些数据可能会被用于商业目的，也有可能被犯罪分子利用。

为避免受到恶意软件攻击，用户在使用计算机时需要注意以下几点。

（1）计算机中需要安装并定期使用安全套件和杀毒软件。

（2）及时更新各类软件补丁，修复软件自身的漏洞。

（3）不要随意运行可疑的电子邮件所附带的附件或应用程序。

（4）安装新的软件时，首先使用安全套件对安装程序进行扫描，以确保安装文件的安全性。

（5）不要访问不良网站。

（6）Windows 操作系统中，可以设置显示文件的扩展名。一些木马会命名为形如 look.jpg.exe 的格式，如果没有显示文件的扩展名，用户可能会误以为这是一张图片，但实际上这是一个可执行程序。

当用户发现自己的计算机响应时间变长、网络阻塞、运行不稳定、文件丢失或频繁崩溃时，就可能感染了恶意软件，这时需要立即使用安全套件和杀毒软件对计算机进行扫描。

14.2.2　安全套件

安全套件通常集成了杀毒模块、防火墙模块和反间谍软件模块，可以保护计算机免受常见恶意软件的攻击。一些安全套件还提供了家长控制、Wi-Fi 侦测、文件恢复、网络问题修复等实用功能。

一台计算机通常只能安装一种安全套件，如果安装了多种安全套件，可能会对计算机造成不良的影响，消耗计算机资源，反而不能有效保证计算机的安全与性能。常见的安全套件有 McAfee、Avast!、MSE 等，它们有的是收费的，有的提供了部分功能的免费使用，还有一部分则是完全免费的。自 Windows 8.1 开始，Windows 操作系统自带了成熟的 Windows 安全中心，用于保护系统安全，如图 14-3 所示。

图 14-3　Windows 安全中心

14.2.3　杀毒软件

杀毒软件是能够查找并清除计算机病毒、蠕虫、木马和僵尸程序的实用软件。一些杀毒软件作为杀毒模块包含在安全套件中，另一些则作为独立的软件出现。无论其形式是模块还是软件，杀毒软件的原理都是一样的：它利用病毒特征代码在计算机中查找恶意软件。病毒特征代码是程序代码的一部分，就像通过指纹可以确定一个人一样，通过病毒特征代码就可判定文件是不是恶意软件。

杀毒软件将病毒特征代码存储在一个病毒定义数据库中，这个数据库需要及时更新以确保杀毒软件能检测出最新的恶意软件，如图 14-4 所示。当杀毒软件检测出恶意软件后，会将其放入隔离文件夹，然后用户可通过杀毒软件对隔离文件夹中的文件进行尝试杀毒或确认删除。

当计算机接收到新的文件时（如插入 U 盘或从网络上下载的文件），杀毒软件会自动对其进行扫描。用户也可使用杀毒软件定期进行全盘扫描以检查是否有存留的恶意软件。

图 14-4　杀毒软件的病毒定义数据库一般会自动更新

14.2.4　流氓软件与捆绑安装软件

严格来说，流氓软件与捆绑安装软件并不算是恶意软件，但它们仍在很大程度上影响了用户对设备的正常使用。

流氓软件是介于恶意软件和正规软件之间的软件。如果计算机中有流氓软件，可能会出现以下几种情况：用户上网时，会有窗口不断跳出；浏览器的主页被更换且无法修改；用户默认的浏览器被修改等。

捆绑安装软件则是指用户在安装一个软件时，安装程序会在并未告知用户，或并未在显著位置明确告知用户的情况下默认安装其他软件，如图 14-5 所示。另一些捆绑安装软件则是在安装完毕后，以勋章奖励或其他形式诱使用户安装其他软件，如图 14-6 所示。

图 14-5　在安装程序中捆绑安装
其他软件

图 14-6　用户在单击"一键领取"按钮后，就会被
安装许多其他软件

14.3　在线入侵

14.3.1　入侵威胁

在因特网中，时时刻刻都有不法分子谋求侵入用户计算机。获取对因特网中计算机的未经授权访问的常用手段是查找计算机打开的端口。端口是计算机的虚拟接口，因特网服务都是通过端

口进行的，如HTTP请求使用的是80端口，FTP服务通常为21端口。不法分子可以使用端口扫描软件快速扫描因特网中的计算机端口，一旦发现有打开的且易受入侵的端口，就有可能发动攻击。可以通过在线端口扫描工具检查本机的端口情况，如图14-7所示；也可以通过netstat命令检查本机的端口情况，如图14-8所示。

端口	描述	结果
218.253.0.76:21	FTP	关闭!
218.253.0.76:23	Telnet	关闭!
218.253.0.76:25	SMTP	关闭!
218.253.0.76:79	Finger	关闭!
218.253.0.76:53	DNS	关闭!
218.253.0.76:80	HTTP	关闭!
218.253.0.76:110	POP3	关闭!
218.253.0.76:135	Location Service	关闭!
218.253.0.76:137	NetBIOS-DGM	关闭!
218.253.0.76:139	NetBIOS-SSN	关闭!
218.253.0.76:443	HTTPS	关闭!
218.253.0.76:1080	SOCKS - Socks	关闭!
218.253.0.76:1433	msSQL	关闭!
218.253.0.76:3306	MySQL	关闭!
218.253.0.76:3389	远程桌面	关闭!
218.253.0.76:8080	HTTP Proxy	关闭!
218.253.0.76:65301	PcAnywhere	关闭!

图14-7　通过在线端口扫描工具检查本机的端口情况

图14-8　通过netstat命令检查本机的端口情况

14.3.2 保护端口

端口是计算机与因特网沟通的门户，使用因特网服务时会不可避免地打开端口，但可以通过以下方式来保护端口，使得其不会被攻击，或即使被攻击，也不会被攻破。

（1）在不使用计算机的时候将其关闭。计算机处于关闭状态时，端口也就不再工作了。需要注意的是，计算机休眠时，端口仍在工作，因此休眠计算机不能有效防止攻击。

（2）及时更新操作系统及软件补丁。

（3）使用防火墙。防火墙是用来过滤计算机和因特网之间数据的硬件或软件，它可以阻止未经授权的入侵或来自可疑 IP 地址的活动，并记录下来报告给用户。Windows 操作系统内置了防火墙，Windows 自带的防火墙可以指定服务器端口，如图 14-9 所示。

图 14-9　Windows 自带的防火墙可以指定服务器端口

（4）关闭不必要的共享。文件共享和打印机共享也需要通过端口进行，如果没有这些共享需求，就把它们关闭。

14.3.3　NAT

除了采用保护端口的措施，路由器也可以有效地保护计算机使其不受入侵。路由器采用了 NAT（Network Address Translation，网络地址转换）技术，可以将局域网内用户的计算机"隐藏"起来。

NAT 技术的原理类似于公司中的接线员，外部电话统一发送到接线员处，再由接线员转接到对应部门，NAT 技术也是如此。如果用户不使用路由器，而将计算机直接接入因特网中，计算机就会被分配一个可路由的 IP 地址（Routable IP Address，如 123.4.5.6），因特网中的数据包可以通过这个 IP 地址路由到对应计算机，不法分子也可通过这个 IP 地址对打开的端口进行攻击。如果用户使用了路由器，这个可路由的 IP 地址（123.4.5.6）会被分配给路由器，路由器再分配专用 IP 地址（Private IP Address，如 192.168.0.102）给局域网内的设备，这样因特网中的数据包只能根据可路由的 IP 地址路由到路由器，再由路由器根据专用 IP 地址进行分配，因此可以有效地保护局域网内的设备。简单来说，局域网中的所有设备可以共用一个可路由的 IP 地址，路由器相当于将局域网中的设备"隐藏"了起来，如图 14-10 所示。

图 14-10　路由器 NAT 示意图（路由器会对传出与传入的数据包进行网络地址转换）

知道了 NAT 的原理，便不难理解为什么局域网中设备的 IP 地址大多都是以 192.168 开头的了——因为它们都是由路由器分配的专用 IP 地址。处于同一局域网内的设备可以通过专用 IP 地址找到彼此，但处于不同局域网中的设备就不行了——需要借助可路由的 IP 地址才能建立连接。

14.3.4　VPN

VPN（Virtual Private Network，虚拟专用网络）是一种在公用网络上建立的专用网络，它采用加密通信，可以使授权用户远程访问到企业、组织或学校内部网的内容。例如，学生可以在家中通过 VPN 访问学校内部的教务系统，进行选课或查询成绩等操作。

由于 VPN 会对数据进行加密，因此可以认为 VPN 是安全的。

14.4　社交安全

14.4.1　Cookies 利用

Cookies 能够为用户上网带来方便，但也有一些 Cookies 可能会侵害用户的隐私。

（1）广告服务 Cookies。当用户单击网站上的广告时，广告提供商可能会生成广告服务 Cookies，跟踪用户在广告站点的活动。尽管广告提供商声称 Cookies 仅用来选择和显示用户感兴趣的广告，但还是有泄露隐私的风险。

（2）Flash Cookie。和 Web 上的 Cookies 类似，Flash Cookie 记录用户在访问 Flash 网页时保留的信息。Flash Cookie 的容量更大，没有默认的过期时间，且很难找到其存储地点，因此其风险也很大。非法的 Flash 网页可以偷偷地收集并存储用户数据，甚至操纵计算机的内置摄像头。

为了避免 Cookies 侵害隐私，用户可以禁用 Cookies、定期删除 Cookies、调整浏览器设置（见图 14-11），或使用实用工具管理 Cookies。

图 14-11 可以通过浏览器的"高级隐私设置"对 Cookies 进行设置

14.4.2 垃圾邮件

用户的电子邮件账户可能经常会收到各种各样的垃圾邮件——推销、贷款、广告或诈骗。较大的电子邮件服务提供商都提供了邮件过滤的功能,可以过滤大部分的垃圾邮件,如图 14-12 所示;用户也可以使用电子邮件客户端提供的垃圾邮件过滤功能,如图 14-13 所示。但部分垃圾邮件仍有可能未被过滤,建议用户在查看邮件时对邮件发送者、邮件标题等进行仔细鉴别,对于一些不常见的发件人或不完整的邮件标题的邮件,最好不要打开,也不要回复邮件。

图 14-12 电子邮件服务提供商提供了智能筛选垃圾邮件的服务

图 14-13　在电子邮件客户端中也可以对垃圾邮件进行设置

　　用户在防范垃圾邮件的同时，自己最好也不要发送垃圾邮件或疑似垃圾邮件。一些电子邮件服务提供商会对疑似发送垃圾邮件的账户进行封禁处理。网易邮箱的封禁规则如图 14-14 所示。

尊敬的邮箱用户，以下行为可能造成您的电子邮箱暂时无法发送邮件：

1. 短时间内注册过多的帐号。（批量注册）
2. 发送大量的广告信/推广信。（广告邮件）
3. 发送了用户事先并未提出要求或者同意接收的邮件。（垃圾邮件）
4. 发送的邮件包含大量不存在的收件人。
5. 恶意上传或共享，占用大量网络带宽。
6. 发送虚假的中奖信息，损害他人利益的邮件。
7. 发送破坏国家宗教政策，宣扬邪教和封建迷信的邮件。
8. 发送散布谣言，扰乱社会秩序，破坏社会稳定的邮件。
9. 发送煽动民族仇恨、民族歧视，破坏民族团结的邮件。
10. 违反了网易邮箱服务条款的内容。
11. 帐号密码设置过于简单，被他人恶意盗取用来发送垃圾邮件。

图 14-14　网易邮箱的封禁规则

14.4.3　网络钓鱼

　　网络钓鱼主要是基于电子邮件进行诈骗活动，诈骗者可能会伪装成银行、网上商店或 ISP 等，诱使用户回复邮件或在其提供的链接中输入账号和密码。当遇到这种邮件而不能分辨其真伪时，用户可以拨打对应企业的客服电话，或进入其官方网站查看，千万不要拨打邮件中提供的电话或单击邮件中的链接。

14.4.4　假冒网站

　　假冒网站是和正规网站极其相似的用于诈骗的网站，用户可能在无意间就将账号和密码输入假冒网站中。

　　为避免受到假冒网站的危害，首先要尽量规避进入假冒网站的方式：查看邮件时，不单击不能确定身份的发件方提供的链接；网络聊天时，不轻易相信对方提供的链接；Web 浏览时，不单击警示性的广告，等等。

最直接辨认假冒网站的方式是根据网站地址。假冒网站的网址通常和正规网站的网址很相似，但只要仔细辨别，还是能发现区别的。一些技术高超的不法分子可能会入侵 DNS 服务器，将正规网站的域名解析为假冒网站的 IP 地址，这种假冒网站是最难辨别的，因为它的网址和正规网站一模一样，只是 IP 地址不同，而用户通常不关心网站的 IP 地址。目前的主流浏览器会记录常用网站的 IP 地址，一旦 IP 地址不同则会发出警告，这时用户就需要提高警惕了。

14.5　备份安全

14.5.1　备份基础知识

我们无法永远阻止突发事件的发生：硬盘会有使用寿命，计算机可能会被盗或中病毒，天灾突降等。这时如果有备份，就可将数据还原；如果没有及时备份，数据就很有可能永久丢失掉。

备份的频率取决于数据的重要性和变化性：不常用的数据只需每个月备份一次；经常使用的数据可以每周备份一次；而非常重要的数据，如项目文档、论文最好每天都备份。备份可以存储在移动硬盘或 U 盘中，也可以上传到用户的网盘，或专门提供备份服务的网站上。

备份也需要注意安全性，即不会被不法者偷走，也不会发生原文件和备份文件同时损坏的情况。非常重要的文件最好备份多个并放在较安全的地方，如果将重要文件备份到因特网中，最好将其提前加密。

14.5.2　文件复制

最简单的备份方法就是直接复制文件到备份介质上，需要备份的时候再复制回来。可以考虑对以下文件进行定期备份。

（1）用户制作的文档、图像、音频、视频等数据文件。这些文件是唯一的，且很难再现。

（2）电子邮件。如果用户使用的是 POP3 协议（本机从服务器上将邮件下载完毕后，服务器上的邮件会被删除），就需要自己备份电子邮件。

（3）常用软件的验证码、密钥或激活码，以备重新激活时使用。

（4）一些不常用账户的账号和密码。如果信息存在密码管理器中，可使用密码管理器提供的备份功能。

14.5.3　同步

同步是指对两个设备的文件内容进行比较，并使其相同。用户可以利用同步功能进行备份，即将原设备数据同步到备份设备上，需要还原时，再将备份设备数据同步到原设备。

最常用的同步软件是 macOS 操作系统中的 Time Machine 软件，它会每小时同步计算机存储设备中的所有文件到备份介质上。当用户需要时，可以还原特定时间点的特定文件，甚至还原整个系统，如图 14-15 所示。Time Machine 软件的备份策略是：过去的 24h 每小时备份一次，最近的一个月每天备份一次，一个月之外则只对每周保留一个备份。

图 14-15　通过 Time Machine 软件进行系统备份

14.5.4　Windows 操作系统备份

Windows 操作系统也提供了备份软件，用户可以使用备份软件或第三方提供的文件备份程序对需要的文件进行备份，备份软件会定期将所选文件压缩后放入备份介质中，如图 14-16 所示。

图 14-16　Windows 提供的文件历史记录功能可以对文件进行定期备份

在使用备份软件时，需要知道以下几种备份的含义与区别。

（1）完全备份，即为所有备份文件创建一个新的副本。

（2）差异备份，只备份在上次完全备份后添加或修改过的文件。当还原文件时，首先还原完全备份，再还原最近的差异备份。

（3）增量备份，只备份在上次完全备份或增量备份后添加或修改过的文件。当还原文件时，首先还原完全备份，再按时间顺序从先到后还原增量备份。可以理解为，差异备份只需还原一次，而增量备份则需还原多次。

备份软件需要在操作系统上运行，而如果操作系统不能正常运行（如硬盘故障），可以先采用以下方式修复，再进行备份还原。

（1）启动盘。启动盘是存储操作系统文件的移动存储介质，如光盘、U 盘，可以通过启动盘来启动计算机，修复或重装操作系统。

（2）恢复盘。恢复盘包含计算机出厂时的数据，使用恢复盘可以将计算机恢复到出厂时的默认状态。

Windows 的注册表中存储计算机所有设备和软件的配置信息，因此备份注册表也是十分重要的。可以通过创建还原点的方式备份注册表。还原点是计算机设置的快照，如果计算机出现了问题，可以通过还原点恢复到之前能够正常使用的状态，如图 14-17 所示。

图 14-17　Windows 可以通过还原点的方式创建快照或恢复系统设置

14.5.5　裸机还原与磁盘镜像

通过裸机还原可以一次性地还原整个操作系统的全部文件与配置，带有裸机还原功能的备份软件会存储操作系统、驱动程序、应用程序和数据到磁盘镜像中，当需要时，可直接从磁盘镜像还原。

磁盘镜像是对磁盘中的所有数据进行精确、完全的复制，就像是磁盘的一个副本。制作磁盘镜像需要花费相当长的时间，不过这是很有意义的：当操作系统崩溃时，可从磁盘镜像一步还原，而不必再经过修复操作系统、安装驱动、安装应用程序的繁杂过程。

14.5.6　平板电脑和智能手机备份

平板电脑和智能手机有以下两种备份方式。

（1）通过与台式计算机或笔记本电脑同步进行备份，如苹果公司的 iPhone、iPod touch 和 iPad 可以利用 iTunes 软件同步，当用户需要时，可以选择备份文件还原，如图 14-18 所示。

图 14-18　通过 iTunes 软件对智能手机进行备份

（2）将备份存储在 SD 卡或备份至应用提供商维护的云端。安卓设备可以采用这种方式进行备份，不过需要安装第三方应用。

14.6　工作区安全和人体工程学

14.6.1　辐射

辐射是一种传播能量的方式，自然界中的一切物体，只要温度在绝对零度以上，就会以电磁波和粒子的形式源源不断地辐射能量。日常生活中的大多数辐射都被认为是安全的，如可见光、红外线等，另外一些辐射，如 X 射线，如果接触时间过长，对人类是有害的。

数字设备在使用时也不可避免地有辐射，如果没有辐射，它们就不能正常工作了。例如，显示器发出的光和数字设备的电磁信号都是不可避免的。

人们可能会担心数字设备的辐射会影响健康，但实际上数字设备的辐射对人体的影响是非常小的。即便是早期的阴极射线管显示器，其覆铅玻璃也能阻挡住绝大部分 X 射线辐射，更不用说现在常用的辐射更小的液晶显示器、LED 显示器了。数字设备的辐射水平会随距离的增加而急剧减小，一般来说，只要距离显示器和计算机主机约 50cm，就可避免绝大部分辐射。

智能手机等移动设备在使用尤其是通话时也会辐射能量，科学家还在研究移动设备辐射量在长期使用过程中是否是安全的，不过在得出结论前，我们仍可以采取一些措施：使用耳机或免提功能，尽量在手机通话时远离手机。

14.6.2　重复性压力损伤

重复性压力损伤是由于长期使用计算机时的不正确姿势造成的过劳生理紊乱，如肩膀、手臂、手腕、脖子、背部的僵硬和疼痛等。大多数重复性压力损伤可以通过充分的休息康复，不过严重的重复性压力损伤（如腕管综合征）就需要借助医疗手段康复了。

腕管综合征在某些情况下也称鼠标手，是由于手部的神经和血管在腕管处受到压迫而产生的。现在越来越多的人每天长时间地接触、使用计算机，重复着在键盘上打字和移动鼠标的行为，手腕关节长期密集、反复和过度地活动，导致腕部肌肉或关节麻痹、肿胀、疼痛、痉挛，这就是腕管综合征。

对于重复性压力损伤，可以考虑使用人体工程学设备，如图 14-19 所示，并在使用计算机时采用正确的姿势加以预防，如图 14-20 所示，简单来说可分为以下几点。

图 14-19　人体工程学显示器　　　图 14-20　正确的坐姿

（1）手、手腕及前臂处于同一条线上，与桌面平行。

（2）头挺直或稍向前倾，与躯干处于同一条线上。

（3）放松肩膀，上臂正常地垂于身体两侧。

（4）肘部靠紧身体，弯曲角度在 90°～120°。

（5）双脚平放在地板或脚垫上。

（6）将背部轻轻靠在椅背上，使整个背部都能够得到支撑。

14.6.3　眼疲劳

使用计算机时间过长容易造成眼睛的干涩、痛痒、疲倦、视物模糊、烧灼感、流泪等疲劳症状。尽量避免长期使用计算机是最好的缓解眼疲劳的方式，使用计算机时每隔一段时间可以休息一下。除此之外，以下措施也可缓解眼疲劳。

（1）调整显示器的位置，保证自己与显示器大概一臂距离，并尽量减少屏幕上的反光和眩光。

（2）调整显示器亮度。当周围环境很暗时，也把显示器亮度调暗。

（3）调整显示器的分辨率。分辨率越小，相同的文字、界面就显示得越大。

（4）使用过滤蓝光的显示器或眼镜。有调查表明，长期短波蓝光照射视网膜会产生自由基，而这些自由基会导致视网膜色素上皮细胞衰亡，从而引起视网膜病变等多种眼科疾病。防蓝光的眼镜或显示器可以大大减轻蓝光对眼睛的刺激，消除眼睛酸涩、发热或者疼痛等不适症状，缓解眼疲劳。使用一款名为 f.lux 的软件，可以在日落后自动将显示器色调由冷色调缓慢调整至暖色调，以缓解眼疲劳。

14.6.4　久坐

长时间地保持坐姿会限制血液循环，也有健康风险。因此每坐一段时间，最好站起来活动一下，可以使用休息提醒实用工具来定期提醒自己。另外，为了让座椅不影响腿部的血液循环，小腿与座椅前端的间隙不应少于 5cm，且大腿应和地面平行。

小　结

本章主要介绍了计算机领域的诸多安全性问题。

通过对本章的学习，读者应能够在使用计算机时更加有效地保护自己的隐私信息。

习　题

一、判断题

1. 在授权中，只能将密码设定为文字。　　　　　　　　　　　　　　　　（　　）

2. 将身份证号设为密码是安全的。　　　　　　　　　　　　　　　　　　（　　）

3. 病毒可以在计算机中潜伏很长时间，直到某个特定的条件满足时才开始发作。（　　）

4. 按键记录盗窃密码是指通过植入蠕虫记录用户的按键行为以获取密码。　　（　　）

5. Time Machine 软件可以还原特定时间点的特定文件，甚至还原整个系统。（　　）

6. 通过裸机还原可以一次性地还原整个操作系统的全部文件与配置。　　　（　　）

7. 路由器可以有效保护计算机使其不受入侵。　　　　　　　　　　　　　（　　）

8. 邮箱中任意邮件中的链接都可以随意单击。　　　　　　　　　　　　　（　　）

9. 一旦怀疑进入了假冒网站，最直接的辨别方式就是根据网址来辨别。　　（　　）

10. 眼疲劳与显示器的位置无关。　　　　　　　　　　　　　　　　　　　（　　）

二、选择题

1. 以下说法正确的是 _____。

A. 授权与加密没有区别　　　　　　　　B. 加密算法不能被公开

C. 使用生日作为密码是很安全的　　　　D. 非对称式加密比对称式加密更安全

2. 以下恶意软件中，不会自我繁殖的是 _____。

A. 计算机病毒　　　　　　　　　　　　B. 蠕虫

C. 木马　　　　　　　　　　　　　　　D. 以上都不是

3. 以下属于恶意软件的是 _____。

A. 僵尸网络　　　　　　　　　　　　　B. 间谍软件

C. 蠕虫　　　　　　　　　　　　　　　D. 以上都是

4. Windows 注册表可以通过 _____ 备份。

A. 完全备份　　　　　　　　　　　　　B. 增量备份

C. 差异备份　　　　　　　　　　　　　D. 创建还原点

5. 若接收到了对方发送的私钥加密的强加密信息，则可以使用 _____ 解密。

A. 私钥　　　　　　　　　　　　　　　B. 公钥

C. 私钥或公钥皆可　　　　　　　　　　D. 暴力破解

6. 以下不能直接保护端口的是 _____。

A. 防火墙　　　　　　　　　　　　　　B. 杀毒软件

C. 路由器　　　　　　　　　　　　　　D. 不使用时关闭计算机

7. 以下 Cookies 中侵害用户隐私可能性较低的是 _____。

A. Flash Cookie　　　　　　　　　　　B. 广告服务 Cookies

C. 第一方 Cookie　　　　　　　　　　　D. 第三方 Cookie

8. 流氓软件是 _____。

A. 正规软件
B. 恶意软件
C. 介于正规软件和恶意软件之间的
D. 以上都不是

9. 专业人员可以使用 _____ 命令检查本机的端口情况。

A. ping
B. netstat
C. route
D. tracert

10. 以下说法正确是 _____。

A. 计算机辐射可以消除
B. 腕管综合征通过休息即可康复
C. 长期短波蓝光照射对眼睛伤害较大
D. 久坐对健康无影响

三、填空题

1. 加密的两个要素是加密算法和 _____。

2. 加密根据密钥的方式可分为 _____ 加密和非对称式加密。

3. 非对称式加密使用两种密钥：_____ 密钥和 _____ 密钥。

4. _____ 可以将用户所有账户的用户名和密码加密存储，用户只需要知道其主密码即可。

5. _____ 通过将个人特征转换成数字代码，与验证物理或行为特征的计算机和移动设备所存储的数字代码进行比较来验证身份。

6. 恶意软件是由 _____、黑客、黑帽或者网络犯罪分子编制并释放的。

7. 蠕虫是一种能够利用系统漏洞通过网络进行自我传播的恶意 _____。

8. _____ 是一种能够查找并清除计算机病毒、蠕虫、木马和僵尸程序的实用软件。

9. _____ 是一种在公用网络上建立的专用网络，采用加密通信，可以使授权用户远程访问到企业、组织或学校内部网的内容。

10. 在线入侵是指黑客、罪犯或者其他未经 _____ 的人通过因特网对数据或程序的访问。

四、简答题

1. 简述对称式加密的定义和不足。

2. 列举密码破解的常用方式。

3. 为获得相对安全的密码，可采用哪些方式？

4. 列举常见的生物识别设备。

5. 为避免遭受到恶意软件的攻击，用户在使用计算机时需要注意什么？

6. 可以通过哪些方式来保护端口，使其不会被攻击，或者即使被攻击，也不会被击破？

7. 可以考虑对哪些文件进行备份？

8. 简述完全备份、差异备份、增量备份的含义和区别。

9. 使用计算机时采用哪些姿势可以保护自己的健康？

10. 采取哪些措施可缓解眼疲劳的症状？

第15章 计算机职业与道德

本章主要介绍计算机职业与道德的相关知识，包括计算机专业人员的职业和职业道德。通过对本章的学习，读者应能够更加了解计算机职业与道德，更好地使用计算机和因特网服务于各个领域。

15.1 计算机专业人员的职业

15.1.1 职位和薪水

计算机专业人员主要从事计算机硬件或软件的设计、分析、开发、配置、修改、测试或安全。大多数计算机专业人员都在 IT 部门工作，IT 职位大体可分为以下几类。

（1）信息系统安全，负责维护信息系统的安全。

（2）人工智能，负责开发人工智能相关项目。

（3）软件测试，负责测试确保软件的可用性。

（4）系统运维，维护系统健康运行。

（5）项目管理，管理整个 IT 项目的开发流程。

（6）编程 / 软件工程，负责软件的开发与维护。

（7）系统分析与整合，负责信息系统的规划、架构等。

（8）数据库管理与开发，负责数据库的架构、开发与维护，以及负责管理、分析数据。

（9）网络设计与管理，负责规划、安装与维护局域网，并与因特网连接。

（10）Web 营销与社交网络，利用网站和社交网络上的关系进行营销。

（11）Web 开发与管理，负责网站和网页的设计。

（12）数字媒体，负责多媒体的制作。

（13）技术写作，利用计算机和网络撰写书籍、文档、文献。

（14）技术支持，负责解决用户遇到的硬件或软件问题。

（15）移动技术与 App 开发，通过移动因特网，专注于手机应用软件的开发与服务。

常见的 IT 职位如表 15-1 所示。

表 15-1 常见的 IT 职位

信息系统安全	人工智能	软件测试	系统运维	项目管理
计算机安全专家 移动安全专家 网络安全管理员 安全分析师 安全系统项目经理 数字证书分析师	AI/ 机器学习工程师 数据标签专业人员 AI 硬件专家 数据保护专家 数据挖掘工程师 算法工程师 智能机器人研发工程师	测试工程师 测试经理	运维工程师 系统管理员 运维开发工程师	项目助理 项目经理

（续表）

编程 / 软件工程	系统分析与整合	数据库管理与开发	网络设计与管理	Web 营销与社交网络
计算机程序员 软件工程师 软件架构师 操作系统工程师 操作系统分析员 软件测试员 软件质量保证专家 企业分析员 程序经理	云架构师 系统分析员 系统架构员 系统集成员 信息系统架构师 信息系统规划师 数据系统设计员 应用程序集成员 数据系统经理	数据库管理员 数据库分析员 数据库开发员 数据库安全专家 知识架构师 数据库经理 数据科学家 数据分析师 数字取证审查员 网站分析员	网络架构师 网络工程师 网络分析员 网络管理员 网络运维分析员 网络安全分析员 通信分析员 网络专家 网络经理	客户关系管理专家 社交网络营销专家 搜索引擎优化专家 用户体验设计师 社交网站分析员
Web 开发与管理	数字媒体	技术写作	技术支持	移动技术与 App 开发
Web 架构师 Web 设计员 Web 管理员 网站开发员 网页开发员 网站管理员 Web 专家	动画制作人 音频工程师 视频工程师 制图师 媒体设计师 多媒体制作人 多媒体开发员 多媒体专家 流媒体专家 虚拟现实专家	桌面出版人 电子出版人 教学设计员 文献专家 编辑 文献书写员 出版经理	客户联络人 客户服务代表 产品支持工程师 销售支持技术员 咨询台技术员 技术支持代表	App 应用开发者 游戏设计师 移动策略师 移动技术专家

除了在 IT 部门就职，计算机专业人员还可以选择其他与计算机相关的职位，如计算机硬件工程师、计算机销售代表、应用程序文档编写等。

在 IT 行业中，不同公司、不同地区、不同学位、不同职位的薪资水平有所不同，但总体来说较高于同地区的其他产业。表 15-2 列举了部分 IT 企业的基本薪资水平（其中，1k=1000 元）。

表 15-2 部分 IT 企业的基本薪资水平（仅供参考）

IT 企业	薪资水平	IT 企业	薪资水平
百度	（11k～15k）×14	网易	（11k～13k）×16
腾讯	（12k～16k）×16	京东	（13k～14k）×14
阿里巴巴	（13k～16k）×15	微软	（15k～16k）×12
360	（13k～16k）×14	IBM	（12k～14k）×14
美团	（12k～14k）×14	华为	（10k～12k）×14
字节跳动	（17k～18k）×16	小米	（11k～12k）×16

相比于 IT 企业的高薪，在非 IT 企业（如金融机构）就职的计算机专业人员薪资水平则相对较低。

15.1.2　教育和认证

专科学位、本科学位和研究生学位的从业人员都可以在IT产业中找到合适的工作，但对大多数的IT职位来说，本科学位是最基本的要求。

在我国，与计算机直接相关的本科专业有两个——计算机科学与技术和软件工程。这两个专业的课程覆盖范围大致相同，但侧重不同。计算机科学与技术致力于研究计算机体系结构，以及如何通过计算机编程使其有效且高效地工作，计算机科学与技术侧重于硬件与学术，软件工程则更侧重于软件与应用。除此之外，还有很多专业与计算机有着直接或间接的关系，如计算机工程、信息系统、信息技术、通信工程、电子信息工程、自动化、数学与应用数学等。

与计算机相关的研究生方向则更多，如人工智能、大数据、虚拟现实、物联网、移动云计算、计算机游戏、网络信息安全、因特网营销与管理、嵌入式软件、软件质量管理与测试等。

与其他行业相似，计算机领域也有认证。不同的认证，其分量也不同，许多雇主也会选择性地评判证书的价值，与证书相比，应聘者的实际能力更重要。认证考试是指一种能够证明某一专门技术或者学科知识水平的客观测试。在从桌面出版到网络安装等专业领域中，总共包含了大约300种计算机相关的认证考试。认证考试可以分为这样几类：计算机综合知识、软件应用、数据库管理、网络和云，以及计算机硬件。在我国，计算机领域的认证主要有全国计算机等级考试和行业认证两种。

（1）全国计算机等级考试（National Computer Rank Examination，NCRE）是由教育部主办，面向社会，用于考查应试人员计算机应用知识与能力的全国性计算机水平考试体系。NCRE共设4个等级，其中一级考核计算机基础知识和使用办公软件及因特网的基本技能；二级考核计算机基础知识和使用一种高级计算机语言编写程序及上机调试的基本技能；三级分为"数据库技术""网络技术""软件测试技术""信息安全技术""嵌入式系统开发技术"5个科目；四级分为"网络工程师""数据库工程师""软件测试工程师""信息安全工程师""嵌入式系统开发工程师"5个类别。

（2）行业认证。行业认证是由企业或协会主办的与计算机相关的认证，用于考查应试人员对企业或协会涉足领域的理解与技术水平。例如，微软认证包括系统管理方向、数据库方向和开发方向的认证；Oracle认证主要是数据库管理；Adobe认证包括Adobe产品技术认证、Adobe动漫技能认证、Adobe平面视觉设计师认证等；华为认证包括华为认证网络工程师、华为认证网络资深工程师等。

15.1.3　求职基础知识

在IT产业中谋求工作和在其他产业中寻找工作一样，都需要经过以下的求职步骤。

（1）确定求职意向。确定自己能够胜任的职位，职位可以是一个范围，如"数据库管理与开发"。

（2）撰写个人简历。个人简历可以发布在专业的求职网站，以便供用人企业搜索和查看。

（3）寻找职位空缺。可以通过因特网、专业的招聘网站或其他渠道寻找空缺职位。

（4）投递简历。将自己的简历以电子邮件的形式投递给潜在雇主，也可以通过意向企业的官方网站查询到企业人力资源部门的邮箱，然后进行投递。

（5）面试准备。企业的人力资源部门可能会通过面试考查应聘者的专业水平，一些企业还会安排多次笔试及面试流程。

（6）评估工作机会。如果通过了面试并得到了企业的邀请，需要评估得到的工作机会。

（7）接受新工作。

15.1.4 简历制作及发布

无论应聘者想要应聘哪个行业，一份清晰明了的个人简历十分重要。对于计算机领域的应聘者来说，还可以通过简历的制作方式向潜在雇主展示自己的能力。例如，可以使用桌面出版软件润色简历，还可以制作简历的 HTML 或 XML 版本。

一份好的简历应该包含应聘者的姓名、联系信息、教育 / 培训经历、工作经历、所获荣誉、专业技能、个人爱好等信息，并且需要注意种种细节。

（1）简历内容简明扼要，页数最好控制在一页。

（2）确保字体容易阅读，不要太小或太大，不要过多使用粗体或下画线，不要使用不常用的字体。

（3）页边距不要太窄。

（4）不要有语法或拼写错误。

（5）要实事求是，不要编造个人经历或项目经验。

（6）针对不同的应聘企业，制作不同的简历，重点突出自身适合该企业的特点。

一些文字处理软件提供了部分简历模板，比如微软公司的 Word 就提供了多种简历模板供使用者参考，如图 15-1 所示，但为了避免自己的简历和其他应聘者的相似，最好设计属于自己的简历模板。

图 15-1　Word 提供的简历模板

应聘者还可以将自己的简历制作成 HTML 或 XML 格式，发布至网站。简历中可以包含链接，可以让企业的招聘专员通过链接直观地了解应聘者的相关信息或项目经验。

15.1.5 专业求职站点

求职者在寻找空缺职位时，除了通过对应企业的招聘页面，还可以通过专业求职站点进行查询或搜索。专业求职站点可以分为职业社交网站和职位搜索引擎两种。

LinkedIn 是比较著名的职业社交网站，中文名称为领英网络，领英网络致力于向全球职场人士提供沟通平台。国内其他比较大的职业社交网站还有天际网、若邻网、环球人脉网等。通过职业社交网站不仅可以进行职位搜索，如图 15-2 所示，还可以打造职业形象、获取商业机遇、拓展职业人脉等。

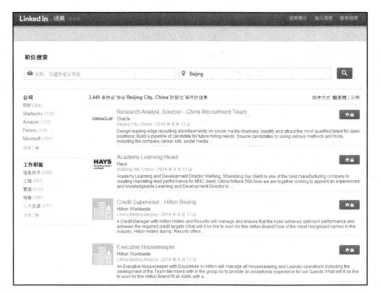

图 15-2 领英网络提供的职位搜索功能

职位搜索引擎专注于职位的搜索，可以定制化地搜索职位，如图 15-3 所示。国内常用的职位搜索引擎有 Indeed、伯益、职酷等，百度也提供了招聘搜索功能。

图 15-3 伯益提供的定制化招聘搜索功能

使用职位搜索引擎时，需要注意保护自己的隐私，并提高警惕防止被骗。

15.2 职业道德

15.2.1 职业道德基础知识

职业道德是与职业活动紧密联系的符合职业特点的道德准则。员工在工作中可能会遇到两难的抉择，例如，老板要求员工透露其前雇主的某些竞争项目的内容，如果员工同意了，将获得很多好处，但这却是不公平的，这时便需要做出符合职业道德的决定。简而言之，职业道德就是"勿以善小而不为，勿以恶小而为之"。

职业道德并不等同于法律。法律是提倡道德行为的，但并不等价于道德规范，即一些行为是合法的，却不一定合乎道德。还有一些法律并不健全，可能会被"钻空子"。因此讲道德的人一般会比法律要求的做得更多一些。

15.2.2　IT 道德规范

在 IT 领域中，需要道德抉择的情形可分为软件版权、隐私、保密、黑客、工作计算机的使用、软件质量等。

1. 软件版权

在监督不完善的情况下，安装正版软件还是盗版软件就成为道德问题。除此之外，是否要违反单用户许可而给多台计算机安装软件副本也是道德问题。一般来说，符合软件许可协议的操作都是符合道德规范的。

2. 隐私

隐私分为客户隐私和员工隐私。存储在数据库中的客户隐私应该严格保密，而不能为了一己私利泄露。在员工不知情、公司政策未说明的情况下监控其活动也是不道德的。管理者和员工都应该熟知有关隐私的法律及公司政策。

3. 保密

在 IT 领域，人员的流动是非常频繁的，因此经常有可能出现员工正在开发的软件与其前雇主的软件是竞争关系，或竞争对手以重金购买员工正在开发的软件信息。为了避免损害公司利益，公司一般会与员工签署非竞争条款，其作用时间可以超过工作合同的期限，例如，禁止向竞争对手泄露机密信息或新开一家竞争性的企业，有的公司甚至要求员工离职后两年内不得从事与公司相同业务的工作。

4. 黑客

技术很高的计算机专业人员可能会遇到这样的道德抉择——是做黑客还是做白客。黑客是破坏者，利用恶意软件破坏计算机和网络；白客是维护者，站在道德的角度和黑客对抗，维护计算机和网络的安全。黑客可以通过一款恶意软件谋得大量利益，而白客的收入可能相对较少。

5. 工作计算机的使用

是否可以将工作计算机用于个人行为，有时也是一个道德抉择。一些企业在与员工签订工作合同时会明确限定工作计算机的使用，如果没有限定，就需要员工自己去判断了。例如，如果员工想要在非工作时段使用工作计算机编写属于自己的软件，就需要先明确这个软件的版权是属于公司还是属于自己。

6. 软件质量

在软件编码过程中，Bug 是不可避免的，出现的 Bug 需要通过软件测试阶段尽量消除。而一旦开发延期或截止日期提前，测试时间就有可能被压缩，此时测试人员就要面临两难的抉择——是以降低软件质量的代价保证在截止日期前交工，还是保证软件质量但可能在截止日期前不能完工。一些公司允许发布的软件中存在一定数量的 Bug，但测试人员仍需考虑测试时间减少而可能带来的后果。

15.2.3　道德抉择

当遇到道德抉择时，首先可以通过查阅相关法律法规做出选择，下面列举了一些我国目前适用的计算机职业领域相关的法律法规。

·《中华人民共和国计算机信息系统安全保护条例》，1994 年 2 月。

·《计算机信息系统安全专用产品检测和销售许可证管理办法》，1997 年 12 月。

·《计算机信息网络国际联网安全保护管理办法》，1997 年 12 月。

·《计算机病毒防治管理办法》，2000 年 4 月。

·《计算机软件保护条例》，2001 年 12 月。

·《计算机软件著作权登记办法》，2002 年 2 月。

·《中华人民共和国专利法》，2009 年 10 月。

如果法律法规没有明确规定，可以考虑以下策略。

（1）与可信任的人交谈，比如向家人、朋友或导师咨询建议。

（2）换位思考问题，将自己放在利害关系的另一方考虑问题。

（3）考虑自己的行为一旦被公开会有何种严重后果。

（4）了解职业道德规范，可以参考国外一些组织制定的道德和职业行为规范，下面列举了美国在计算机职业领域所规定的部分行为准则。

ACM（美国计算机协会）《计算机伦理与职业行为准则》（部分）：

·为社会和人类福祉做出贡献。

·避免伤害其他人。

·做到诚实可信。

·遵守公正并在行为上无歧视。

·尊重包括版权和专利权在内的所有权。

·尊重知识产权。

·尊重其他人的隐私。

·保守机密。

·努力在职业工作的过程和产品两个方面实现最理想的质量、效率，并保持尊严。

·获取并保持本领域的专业能力。

·了解并遵守与专业相关的现有法律。

·接受并提供合适的专业评论。

·对计算机系统的影响与风险应有完整的了解并给出详细的评估。

·遵守合同、协议和分配的责任。

·增进非专业人员对计算机工作原理和运行结果的理解。

·仅仅在获得授权时才使用计算和通信资源。

美国计算机伦理协会为计算机伦理学所制定的十条戒律：

·不应用计算机去伤害别人。

·不应干扰别人的计算机工作。

·不应窥探别人的文件。

·不应用计算机进行偷窃。

·不应用计算机作伪证。

·不应使用或复制没有付款的软件。

·不应未经许可而使用别人的计算机资源。

·不应盗用别人的智力成果。

·应该考虑所编的程序的社会后果。

·应该以深思熟虑和慎重的方式来使用计算机。

南加利福尼亚大学的网络伦理声明指出的 6 种网络不道德行为类型：

·有意地造成网络交通混乱或擅自闯入网络及其相联的系统。

·商业性地或欺骗性地利用大学计算机资源。

·偷窃资料、设备或智力成果。

·未经许可而接近他人的文件。

·在公共用户场合做引起混乱或造成破坏的行动。

·伪造电子邮件信息。

道德抉择的好与坏有时候并不能马上得出。但无论如何，都需为自己的抉择可能造成的后果负责。

15.2.4　举报

当发现同事或企业存在不道德或违法行为时，员工要勇于向上级或法律机构举报。考虑到举报存在一定的风险，为了降低风险，在举报前可考虑以下建议。

（1）保持冷静。举报应出于维护职业规范，且在充分了解违法事实的情况下再进行举报，不允许通过"无中生有"的举报方式进行报复企业或同事的行为。

（2）搜集证据。搜集证据时，一定要符合相关法律政策，不能违反保密协议，不要侵害他人的权利，记录举报需要的证据并妥善保存。

（3）先向公司管理层报告。如果公司内部可以解决，就不要公之于众。

（4）不要因为举报而违反道德或法律。搜集证据及举报时不要违反保密协议，不要侵害他人的权利。

（5）考虑匿名举报或集体举报，这样可以降低举报的风险。

小　结

本章主要介绍了计算机职业与道德的相关知识，包括与计算机相关的职位、教育、认证，求职与简历的基础知识，以及职业道德等。通过对本章的学习，读者应能够更加了解计算机产业发展现状，以及如何在 IT 领域进行求职并遵守相关的职业规范。

习　题

一、判断题

1．计算机专业人员是指在工作中主要涉及计算机软件的设计、分析、开发、配置、修改、测试或安全的人。　　　　　　　　　　　　　　　　　　　　　　　　　　　　　　　（　　）

2．在 IT 行业中，不同地区、不同职位的薪资水平大体相同。　　　　　　　　（　　）

3．对大多数的 IT 职位来说，本科学位是最基本的要求。　　　　　　　　　　（　　）

4．与计算机相关的本科专业只有计算机科学与技术和软件工程两个。　　　　（　　）

5．与证书相比，应聘者的实际能力更重要。　　　　　　　　　　　　　　　　（　　）

6．计算机二级考核计算机基础知识和使用办公软件及因特网的基本技能。　　（　　）

7．最好对不同的雇主定制不同的简历。　　　　　　　　　　　　　　　　　　（　　）

8．职位搜索引擎可以打造职业形象、获取商业机遇、拓展职业人脉。　　　　（　　）

9．在非工作时段，可以将工作计算机用于任意的个人行为。　　　　　　　　（　　）

10. 不要因为举报而违反道德或法律。 （ ）

二、选择题

1. 网站开发员属于 _____。

A. 系统分析与整合   B. Web 开发与管理

C. 网络设计与管理   D. 数字媒体

2. _____ 负责信息系统的规划。

A. 编程 / 软件工程   B. 技术支持

C. 系统分析与整合   D. Web 开发与管理

3. 以下不属于行业认证的是 _____。

A. Oracle 数据库认证   B. Adobe 认证

C. 微软开发认证   D. NCRE 认证

4. 可以通过 _____ 寻找空缺职位。

A. 职位搜索引擎   B. 报纸

C. 职业社交网站   D. 以上均可

5. 以下关于简历的说法，正确的是 _____。

A. 简历内容越多越好   B. 简历的页边距不能太窄

C. 可以在简历中编造故事   D. 可任意加粗需要引起注意的文字

6. 职业社交网站可以 _____。

A. 搜索职位   B. 扩展人脉

C. 寻找商机   D. 以上均可

7. 员工在对软件版权有疑问时，应 _____。

A. 查阅其软件许可协议   B. 查阅法律

C. 询问上级   D. 直接使用

8. 公司一般会与员工签署 _____，以防止员工向竞争对手泄密。

A. 非竞争条款   B. 工作合同

C. 职业行为准则   D. 道德规范

9. 以下行为中不道德的是 _____。

A. 接受并提供合适的专业评论   B. 不用计算机作伪证

C. 未经许可而接近他人的文件   D. 尊重知识产权

10. 在搜集证据时，可以 _____。

A. 窥探别人的文件   B. 干扰别人的计算机工作

C. 未经许可而使用别人的计算机资源   D. 以深思熟虑和慎重的方式搜集

三、填空题

1. 在我国，与计算机直接相关的本科专业有两个，即 _____ 和软件工程。

2. 在我国，计算机领域的认证主要有 _____ 和行业认证两种。

3. 求职者在寻找空缺职位时，除了通过对应企业的招聘页面，还可以通过专业求职站点进行查询或搜索。专业求职站点可以分为 _____ 和职业搜索引擎两种。

4. 对大多数的 IT 职位来说，本科学位是最基本的 _____。

5. 认证考试是一种能够证明某一专门技术或者学科知识水平的 _____ 测试。

6. 职业道德是与职业活动紧密联系的符合职业特点的道德 _____。

7. _____ 是指由雇员揭露，关系到工作场所、雇主或同事的，与危险、欺诈或者其他非法、不道德行为有关的秘密信息。

8. 考虑 _____ 或者集体举报，这样可以降低举报的风险。

9. _____ 是破坏者，利用恶意软件破坏计算机和网络。

10. 为了避免损害公司利益，公司一般会与员工签署非 _____ 条款，其作用时间可以超过工作合同的期限。

四、简答题

1. 简单列举信息系统安全常见的 IT 职位。

2. 简单列举 Web 开发与管理常见的 IT 职位。

3. IT 职位大致可以分为哪几类？

4. 简述 IT 行业求职步骤。

5. 制作简历时应注意哪些细节？

6. 简述需要道德抉择的类型。

7. 简单列举我国的计算机相关法律法规。

8. 如果法律法规没有明确规定，如何采取措施？

9. 列举南加利福尼亚大学的网络伦理声明指出的 6 种网络不道德行为类型。

10. 在举报前需要考虑什么？

附录 A　Python 编程基础

A.1　Python 简介

1. Python 是什么

Python 是一门语言，但是这门语言与现在印在书上的中文、英文这些自然语言不太一样，它是为了与计算机"对话"而设计的，所以相对来说，Python 作为一门语言更加结构化，表意更加清晰简洁。

Python 是一个工具，它可以帮助我们完成计算机日常操作中繁杂重复的工作，如把文件批量按照特定需求重命名，再比如去掉手机通讯录中重复的联系人，或者把工作中的数据统一计算等，Python 都可以把我们从无聊重复的操作中解放出来。

Python 是一瓶"胶水"，比如现在有数据在一个文件 A 中，但是需要上传到服务器 B 处理，最后存到数据库 C，这个过程就可以用 Python 轻松完成（别忘了 Python 是一个工具），而且我们并不需要关注这些过程背后系统做了多少工作，有什么指令被 CPU 执行，这一切都被放在了一个黑盒子中，只要把想实现的逻辑告诉 Python 就够了。

2. Python 的安装

最常用的 Python 安装包来自 Anaconda，如图 A-1 所示。除 Python 外，Anaconda 还包括了诸多常用的 Python 模块。

安装 Python 时勾选"Add Anaconda to my PATH environment variable"复选框，如图 A-2 所示。安装完成后，启动控制台或命令提示符（在 Windows 下可以直接按 Win+R 组合键调出运行，然后输入"cmd"来启动），之后输入"Python"（或"Python3"，视安装版本而定），并按 Enter 键即可运行。

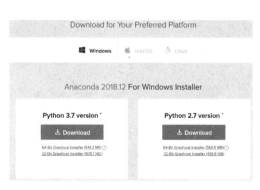

图 A-1　Anaconda Python　　　　　　　图 A-2　Python 安装

3. 初试 Python

在 Python 中可以很轻易地实现计算器的功能。注意 # 以后的内容（包括 # 本身）是代码的注释部分，对代码的执行没有影响，仅仅是为了方便说明，不输入不会对代码的执行造成任何影响。

实现基本的加减法代码如下：

```
>>> 1 + 1 # 整数
2
>>> 9999999999999999999999999999999 + 9999999999999999999999999999999999999999
# 很大也没关系
10000000009999999999999999999999999999998
>>> 1.0 + 9.5 # 浮点数
10.5
>>> 1 - 900000000.5 # 实数运算
-899999999.5
>>>
```

实现乘除法代码如下：

```
>>> 5 * 9 # 乘法
45
>>> 9 / 5 # 除法
1.8
>>> 9 // 5 # 两个斜杠表示整除
1
>>> 9 % 5 # 取模
4
>>> 5 * 9.5 # 只要是实数就可以
47.5
>>>
```

实现幂运算代码如下：

```
>>> 2**10  # 2 的 10 次方
1024
>>> 2**0.5 # 根号 2
1.4142135623730951
>>> 2**-0.5 # 根号 2 分之一
0.7071067811865476
>>>
```

Python 的科学计算功能远不止这些，这里只是展示了最基本的运算功能。

A.2　基本元素

1. 四则运算

除 Python 命令外，我们还可以使用 ipython 指令来启动 IPython 解释器，IPython 是在 Python 原生交互式解释器的基础上，提供了诸如代码高亮、代码提示等功能，完美弥补了交互式解释器的不足，如果不是用来做项目只是写一些小型的脚本，IPython 应该是首选。

打开终端，输入 ipython 指令启动一个 IPython 交互式解释器，我们随意输入一些表达式：

```
In [1]: 1 + 2
Out[1]: 3

In [2]: 5 * 4
Out[2]: 20

In [3]: 3 / 5
Out[3]: 0.6

In [4]: 123 - 321
Out[4]: -198
```

可以看到 IPython 的 Out 就是表达式的结果，接下来我们看看这个过程背后的知识有哪些。

2. 数值类型

Python 实际上有三种内置的数值类型，分别是整型（integer，即整数）、浮点数（float，即小数）和复数（complex）。此外还有一种特殊的类型叫作布尔类型（bool，用来判断真假）。这些数值类型都是 Python 的基本数值类型。

3. 变量

在程序中，我们需要保存一些值或者状态之后再使用，这种情况就需要用一个变量来存储，这个概念与数学中的"变量"非常类似，例如：

```
In [38]: a = 1          #声明了一个变量 a 并赋值为 1
In [39]: b = a          #声明了一个变量 b 并且用 a 的值赋值
In [40]: c = b          #声明了一个变量 c 并且用 b 的值赋值
```

在 Python 中，变量类型是可以不断变化的，即动态类型，例如：

```
In [41]: a = 1          #声明了一个变量 a 并且赋值为整型 1
In [42]: a = 1.5        #赋值为浮点数 1.5
In [43]: a = 1 + 5j     #赋值为虚数 1+5j
In [44]: a = True       #赋值为布尔型 True
```

4. 运算符

除简单的加减乘除外，Python 还有诸多其他的运算符，如赋值、比较、逻辑、位运算等，如表 A-1 所示。

表 A-1　运算符及其作用

运算符	作用
**	乘方
~,+,-	按位取反、数字的正负
*,/,%,//	乘、除、取模、取整除
+,-	二元加减法
<<,>>	移位运算符
&	按位与
^	按位异或
|	按位或
>=,>,<=,<,==,!=,is,is not,in,not in	大于或等于、大于、小于或等于、小于、is、is not、in、not in

（续表）

运算符	作用
= += -= *= /= **= ...	复合赋值运算符
not	逻辑非运算
and	逻辑且运算
or	逻辑与运算

5. 字符串

字符串的几种表示方式如下：

```
str1 = "I'm using double quotation marks"
str2 = 'I use "single quotation marks"'
str3 = """I am a
multi-line
double quotation marks string.
"""
str4 = '''I am a
multi-line
single quotation marks string.
'''
```

这里使用了 4 种字符串的表示方式，依次认识一下吧。

str1 和 str2 使用了一对双引号或单引号来表示一个单行字符串。而 str3 和 str4 使用了三个双引号或单引号来表示一个多行字符串。

那么使用单引号和双引号的区别是什么？仔细观察一下 str1 和 str2，在 str1 中，字符串内容包含单引号，在 str2 中，字符串内容包含双引号。

如果在单引号字符串中使用单引号会怎么样呢？会出现如下报错：

```
In [1]: str1 = 'I'm a single quotation marks string'
    File "<ipython-input-1-e9eb8bee0cd7>", line 1
        str1 = 'I'm a single quotation marks string'
             ^
SyntaxError: invalid syntax
```

其实在输入时就可以看到字符串的后半段完全没有正常的高亮，而且按 Enter 键执行后还报了 SyntaxError 的错误。这是因为单引号在单引号字符串内不能直接出现，Python 不知道单引号是字符串内本身的内容还是要作为字符串的结束符来处理。所以两种字符串最大的差别就是可以直接输出双引号或单引号，这是 Python 特有的一种方便的写法。

6. Tuple、List 与 Dict

Tuple 又叫作元组，是一个线性结构，它的表达形式如下：

```
tuple = (1, 2, 3)
```

即用一个圆括号括起来的一串对象就可以创建一个 Tuple，之所以说它是一个线性结构，是因为在元组中元素是有序的，比如我们可以这样去访问它的内容：

```
tuple1 = (1, 3, 5, 7, 9)
print(f'the second element is {tuple1[1]}')
```

这段代码会输出：

```
the second element is 3
```

这里可以看到，我们通过"[]"运算符直接访问了 Tuple 的内容。

List 又叫作列表，也是一个线性结构，它的表达形式如下：

```
list1 = [1, 2, 3, 4, 5]
```

List 的性质和 Tuple 是非常类似的，上述 Tuple 的操作都可以用在 List 上，但是 List 有一个最重要的特点就是元素可以修改，所以 List 的功能要比 Tuple 更加丰富。

Dict 中文名为字典，与上面的 Tuple 和 List 不同，是一种集合结构，因为它满足集合的三个性质，即无序性、确定性和互异性。创建一个字典的语法如下：

```
zergling = {'attack': 5, 'speed': 4.13, 'price': 50}
```

这段代码我们定义了一个 zergling，它拥有 5 点攻击力，具有 4.13 的移动速度，消耗 50 块钱。

Dict 使用花括号，里面的每个对象都需要有一个键，我们称为 Key，也就是冒号前面的字符串，当然它也可以是 int、float 等基础类型的。冒号后面的是值，我们称为 Value，它同样可以是任何基础类型的。所以 Dict 除了被称为字典，还经常被称为键值对、映射等。

Dict 的互异性体现在它的键是唯一的，如果我们重复定义一个 Key，后面的定义会覆盖前面的，例如：

```
# 请不要这么做
zergling = {'attack': 5, 'speed': 4.13, 'price': 50, 'attack': 6}
print(zergling['attack'])
```

这段代码会输出：

```
6
```

A.3 控制语句

1. 执行结构

对于一个结构化的程序来说，一共只有三种执行结构,如果用圆角矩形表示程序的开始和结束，直角矩形表示执行过程，菱形表示条件判断，那么三种执行结构可以分别用下面三张图表示。

顺序结构：做完一件事后紧接着做另一件事，如图 A-3 所示。

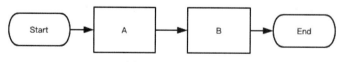

图 A-3 顺序结构

选择结构：在某种条件成立的情况下做某件事，反之做另一件事，如图 A-4 所示。

图 A-4 选择结构

循环结构：反复做某件事，直到满足某个条件为止，如图 A-5 所示。

图 A-5　循环结构

程序语句的执行默认的就是顺序结构，而选择结构和循环结构分别对应条件语句和循环语句，它们都是控制语句的一部分。

2. 控制语句

什么是控制语句呢？这个词出自 C 语言，对应的英文是 Control Statements。它的作用是控制程序的流程，以实现各种复杂逻辑。

1）顺序结构

顺序结构在 Python 中就是代码一句一句地执行，举个简单的例子，我们可以连续执行几个 print 函数：

```
print('Here's to the crazy ones.')
print('The misfits. The rebels. The troublemakers.')
print('The round pegs in the square holes.')
print('The ones who see things differently.')
```

这是一段来自 Apple 的广告 Think Different 的文字，我们可以通过多个 print 语句来输出多行，Python 会顺序执行这些语句，结果就是我们会按照阅读顺序输出这段话。

```
Here's to the crazy ones.
The misfits. The rebels. The troublemakers.
The round pegs in the square holes.
The ones who see things differently.
```

但是，如果我们希望对不同情况能够有不同的执行结果，就要用到选择结构了。

2）选择结构

在 Python 中，选择结构是通过 if 语句实现的，if 语句的常见语法如下：

```
if 条件 1:
    代码块 1
elif 条件 2:
    代码块 2
    ...
    elif 条件 n-1:
    代码块 n-1
else
    代码块 n
```

这表示的是，如果条件 1 成立就执行代码块 1，接着如果条件 1 不成立而条件 2 成立就执行代码块 2，如果条件 1 到条件 n-1 都不满足，那么就执行代码块 n。

另外其中的 elif 和 else 及相应的代码块都是可以省略的，也就是说最简单的 if 语句格式是：

```
if 条件：
    代码段
```

要注意的是，这里所有代码块前应该是 4 个空格，原因之后会提到，我们这里先看一段具体的 if 语句。

```
a = 4
if a < 5:
    print('a is smaller than 5.')
elif a < 6:
    print('a is smaller than 6.')
else:
    print('a is larger than 5.')
```

很容易得到结果：

```
a is smaller than 5.
```

这段代码表示的含义就是，如果 a 小于 5，则输出"a is smaller than 5."，如果 a 不小于 5 而小于 6，则输出 "a is smaller than 6."，否则就输出 "a is larger than 5."。这里值得注意的一点是，虽然 a 同时满足 a<5 和 a<6 两个条件，但是由于 a<5 在前面，所以最终输出的为 "a is smaller than 5."。

if 语句的语义非常直观易懂，但是这里还有一个问题没有解决，那就是为什么我们要在代码块之前空 4 个空格？

先看一个例子：

```
if 1 > 2:
    print('Impossible!')
print('done')
```

运行这段代码可以得到：

```
done
```

但是如果稍加改动，在 print('done') 前也加 4 个空格：

```
if 1 > 2:
    print('Impossible!')
    print('done')
```

再运行时什么也不会输出。

它们的区别是什么呢？对于第 1 段代码，print('done') 和 if 语句是在同一个代码块中的，也就是说，无论 if 语句的结果如何，print('done') 也一定会被执行。而在第 2 段代码中，print('done') 和 print('Impossible!') 是在同一个代码块中的，也就是说，如果 if 语句中的条件不成立，那么 print('Impossible!') 和 print('done') 都不会被执行。

我们称第 2 个例子中这种拥有相同的缩进的代码为一个代码块。虽然 Python 解释器支持使用任意多但是数量相同的空格或者制表符来对齐代码块，但是一般约定用 4 个空格作为对齐的基本单位。

另外值得注意的是，在代码块中是可以再嵌套另一个代码块的，以 if 语句的嵌套为例：

```
a = 1
b = 2
c = 3
if a > b: # 第 4 行
    if a > c:
        print('a is maximum.')
    elif c > a:
        print('c is maximum.')
    else:
        print('a and c are maximum.')
elif a < b: # 第 11 行
    if b > c:
        print('b is maximum.')
    elif c > b:
        print('c is maximum.')
    else:
        print('b and c are maximum.')
else: # 第 18 行
    if a > c:
        print('a and b are maximum')
    elif a < c:
        print('c is maximum')
    else:
        print('a, b, and c are equal')
```

首先最外层的代码块是所有的代码,它的缩进是 0,接着它根据 if 语句分成了 3 个代码块,分别是第 5 行~第 10 行、第 12 行~第 17 行、第 19 行~第 24 行,它们的缩进是 4,接着在这 3 个代码块内又根据 if 语句分成了 3 个代码块,其中每个 print 语句是一个代码块,它们的缩进是 8。

从这个例子中我们可以看到代码块是有层级的,是嵌套的,所以即使这个例子中所有的 print 语句拥有相同的空格缩进,仍然不是同一个代码块。

但是单有顺序结构和选择结构是不够的,有时某些逻辑执行的次数本身就是不确定的或者说逻辑本身具有重复性,那么这时就需要循环结构。

3)循环结构

Python 的循环结构有两个关键字可以实现,分别是 while 和 for。

(1) while 循环。

while 循环的常见语法如下:

```
while 条件 :
    代码块
```

这个代码块表达的含义就是,如果条件满足,那么就执行代码块,直到条件不满足为止;如果条件一开始不满足,那么代码块一次都不会被执行。

我们看一个例子:

```
a = 0
while a < 5:
    print(a)
    a += 1
```

运行这段代码可以得到如下输出结果：

```
0
1
2
3
4
```

对于 while 循环，其实和 if 语句的执行结构非常接近，区别就是从单次执行变成了反复执行，以及条件除了用来判断是否进入代码块，还被用来作为是否终止循环的判断条件。

对于上面这段代码，结合输出结果我们不难看出，前 5 次循环时，a < 5 为真，因此循环继续，而第 6 次循环时，a 已经变成了 5，条件就为假，自然也就跳出了 while 循环。

（2）for 循环。

for 循环的常见语法如下：

```
for 循环变量 in 可迭代对象：
    代码段
```

Python 的 for 循环比较特殊，它并不是 C 系语言中常见的 for 语句，而是一种 foreach 的语法，也就是说本质上是遍历一个可迭代的对象，这听起来实在是太抽象了，我们看一个例子：

```
for i in range(5):
    print(i)
```

运行这段代码可以得到如下输出结果：

```
0
1
2
3
4
```

for 循环实际上用到了迭代器的知识，但是在这里展开还为时尚早，我们只要知道用 range 配合 for 可以写出一个循环即可，如计算 0 ~ 100 整数的和：

```
sum = 0
for i in range(101):  # range(n) 的范围是 [0, n-1)
    sum += i
print(sum)
```

如果我们想计算 50 ~ 100 整数的和呢？实际上 range 产生区间的左边界也是可以设置的，只要多传入一个参数：

```
sum = 0
for i in range(50, 101):  # range(50 ,101) 产生的循环区间是 [50, 101)
    sum += i
print(sum)
```

有时我们希望循环是倒序的，比如从 10 循环到 1，那么该怎么写呢？只要再多传入一个参数作为步长即可：

```
for i in range(10, 0, -1): # 这里循环区间是 (1, 10]，但是步长是 -1
    print(i)
```

也就是说 range 的完整用法应该是 range(start, end, step)，循环变量 i 从 start 开始，每次循环后 i 增加 step 直到超过 end 跳出循环。

（3）两种循环的转换。

其实无论是 while 循环还是 for 循环，本质上都是反复执行一段代码，这就意味着二者是可以相互转换的，比如之前计算 0 ～ 100 整数和的代码，我们也可以用 while 循环完成，如下所示：

```
sum = 0
i = 0
while i<=100:
    sum += i
    i ++
print(sum)
```

但是这样写之后至少存在以下 3 个问题。

① while 写法中的条件为 i<=100，而 for 写法是通过 range() 来迭代的，相比来说后者显然更具可读性。

② while 写法中需要在外面创建一个临时的变量 i，这个变量在循环结束依旧可以访问，但是 for 写法中 i 只有在循环体中可见，明显 while 写法增添了不必要的变量。

③代码量增加了两行。

当然这个问题是辩证性的，有时候 while 写法可能是更优解，但是对于 Python 来说，大多时候推荐使用 for 这种可读性强也更优美的代码。

4）break、continue 和 pass

学习了三种基本结构后，我们已经可以写出一些有趣的程序了，但是 Python 还有一些控制语句可以让代码更加优美简洁。

break 和 continue 只能用在循环体中，以下通过一个例子学习其作用：

```
i = 0
while i <= 50:
    i += 1
    if i == 2:
        continue
    elif i == 4:
        break
    print(i)
print('done')
```

这段代码会输出：

```
1
3
done
```

这段循环中如果没有 continue 和 break，那么应该输出 1 ~ 51，但是这里输出只有 1 和 3，为什么呢？

我们首先考虑当 i 为 2 的那次循环，它进入了 if i==2 的代码块中，执行了 continue，这次循环就被直接跳过了，也就是说后面的代码包括 print(i) 都不会再被执行，而是直接进入了下一次 i=3 的循环。

接着考虑当 i 为 4 的那次循环，它进入了 elif i == 4 的代码块中，执行了 break，直接跳出了循环到最外层，然后接着执行循环后面的代码输出了 done。

所以总结一下，continue 的作用是跳过剩下的代码进入下一次循环，break 的作用是跳出当前循环然后执行循环后面的代码。

这里有一点需要强调的是，break 和 continue 只能对当前循环起作用，也就是说如果在循环嵌套的情况下想对外层循环起控制作用，需要多个 break 或者 continue 联合使用。

pass 很有意思，它的功能就是没有功能。以下为一个例子：

```
a = 0
if a >= 10:
    pass
else:
    print('a is smaller than 10')
```

要想在 a >= 10 时什么都不执行，但是如果什么不写的话又不符合 Python 的缩进要求，为了使得语法上正确，我们这里使用了 pass 来作为一个代码块，但是 pass 本身不会有任何效果。

A.4　面向对象编程

1. 面向对象简介

在编程领域，对象是对现实生活中各种实体和行为的抽象。比如现实中一辆小轿车就可以看成一个对象，它有 4 个轮子，1 台发动机，5 个座位，同时可以加速也可以减速，于是我们就可以用一个类来表示拥有这些特性的所有小轿车，这就是面向对象编程的基本思想。

面向对象编程的两个核心概念是类和对象。

2. 类

在介绍类之前，先简单了解 Python 的函数。

```
def add_one(number):
    return number+1
```

这是一个基本的函数定义，函数会执行将输入值 +1 并返回，定义函数后，执行如 y=add_one(3) 后，y 会被赋值 4。

类在 Python 中对应的关键字是 class，我们先看一段类定义的代码：

```
class Vehicle:
    def __init__(self):
        self.movable = True
        self.passengers = list()
        self.is_running = False
```

```
        def load_person(self, person: str):
            self.passengers.append(person)
                def run(self):
            self.is_running = True


                def stop(self):
            self.is_running = False
```

这里定义了一个交通工具类，我们先看关键的部分。

第 1 行：包含了类的关键字 class 和一个类名 Vehicle，结尾有冒号，同时类里所有的代码为一个新的代码块。

第 2、7、10、13 行：这些都是类方法的定义，它们定义的语法与正常函数是完全一样的，但是它们都有一个特殊的 self 参数。

其他的非空行：类方法的实现代码。

这段代码实际上定义了一个属性为所有乘客和相关状态，方法为载人、开车、停车的交通工具类，但是这个类到目前为止还只是一个抽象，也就是说我们仅仅知道有这么一类交通工具，还没有创建相应的对象。

3. 对象

按照一个抽象的、描述性的类创建对象的过程，叫作实例化。比如对于刚刚定义的交通工具类，我们可以创建两个对象，分别表示自行车和小轿车，代码如下：

```
car = Vehicle()
bike = Vehicle()
car.load_person('old driver')  # 对象加一个点再加上方法名可以调用相应的方法
car.run()
print(car.passengers)
print(car.is_running)
print(bike.is_running)
```

下面一句一句地对代码进行分析。

第 1 行：通过 Vehicle()（类名加括号）来构造 Vehicle 的一个实例，并赋值给 car。要注意的是，每个对象在被实例化时都会先调用类的 __init__ 方法，更详细的用法我们会在后面看到。

第 2 行：构造 Vehicle 实例，赋值给 bike。

第 3 行：调用 car 的 load_person 方法，并装载一个老司机作为乘客。注意方法的调用方式是一个点加上方法名。

第 4 行：调用 car 的 run 方法。

第 5 行：输出 car 的 passengers 属性。注意属性的访问方式是一个点加上属性名。

第 6 行：输出 car 的 is_running 属性。

第 7 行：输出 bike 的 is_running 属性。

同时这段代码会输出：

```
['old driver']
True
False
```

可以看到自行车和小轿车是从同一个类实例化得到的，但是却有着不同的状态，这是因为自行车和小轿车是两个不同的对象。

4. 类和对象的关系

如果之前从未接触过面向对象的编程思想，那么有人可能会产生一个问题：类和对象有什么区别？

类将相似的实体抽象成相同的概念，也就是说类本身只关注实体的共性而忽略特性，比如对于自行车、小轿车，甚至是公交汽车，我们只关注它们能载人并且可以正常运动和停止，所以将它们抽象成了一个交通工具类。而对象是类的一个实例，有与其他对象独立的属性和方法，比如通过交通工具类我们还可以实例化出一辆摩托车，它与之前的自行车、小轿车又是互相独立的对象。

如果用一个形象的例子来说明类和对象的关系，我们不妨把类看作设计汽车的蓝图，上面有一辆汽车的各种基本参数和功能，而对象就是用这张蓝图制造的所有汽车，虽然它们的基本构造和参数是一样的，但是颜色可能不一样，比如有的是蓝色的而有的是白色的。

5. 面向过程还是对象

对于交通工具载人运动这件事，难道用之前学过的函数不能抽象吗？当然可以，例如：

```python
def get_car():
    return { 'movable': True, 'passengers': [], 'is_running': False}
def load_passenger(car, passenger):
    car['passengers'].append(passenger)
def run(car):
    car['is_running'] = True
car = get_car()
load_passenger(car, 'old driver')
run(car)
print(car)
```

这段代码是"面向过程"的，就是说对于同一件事，我们抽象的方式是按照事情的发展过程进行的。所以这件事就变成了获得交通工具、乘客登上交通工具、交通工具动起来这三个过程，但是反观面向对象的方法，我们一开始就是针对交通工具这个类设计的，也就是说我们从这件事情中抽象出了交通工具这个类，然后思考它有什么属性，能完成什么事情。

虽然面向过程一般是更加符合人类思维方式的，但是随着学习的深入，我们会逐渐意识到面向对象是程序设计的一个利器，因为它把一个对象的属性和相关方法都封装到了一起，在设计复杂逻辑时可以有效降低思维负担。

但是面向过程和面向对象不是冲突的，有时候面向对象也会用到面向过程的思想，反之亦然，二者没有优劣性可言，也不是对立的，都是为了解决问题而存在的。

附录 B　计算机技术发展史

1937 John V.Atanasoff 博士和 Clifford E.Berry 制造了第一台电子计算机。这台名为 Atanasoff-Berry 的计算机，或者简称 ABC，成为电子数字计算机进一步发展的基础。

1945 John von Neumann（冯·诺依曼）摄于普林斯顿高等研究院内的电子计算机前。这台计算机和它的冯·诺依曼体系结构成为日后可存储程序计算机的原型。

1947 William Shockley、John Bardeen 和 Walter Brattain 发明了电阻转移装置，其最终被称为晶体管。晶体管彻底变革了计算机，它比真空管的可靠性更高。

1952 Grace Hopper 博士在她的论文《计算机的教育》中提出了可复用软件的观念。这篇论文描述了如何利用符号表示而非繁杂的机器语言来给计算机编写程序。

1937 **1943** **1945** **1946** **1947** **1951** **1952** **1953**

1943 在第二次世界大战期间，英国科学家阿兰·图灵设计了计算机 Colossus，这是一台为军队破译德军密码的电子计算机。这台计算机的存在在 20 世纪 70 年代之前一直作为机密。

1946 John W.Mauchly 博士与 J. Presper Eckert 完成了第一台大型电子通用数字计算机 ENIAC（电子数字积分器和计算机）。它重达 30 吨，包含了 18000 个真空管，所占面积 30×50 平方英尺，功率达 160kW。

1951 Remington Rand 发明了首台商用电子计算机 UNIVAC I。UNIVAC I 成功预测出艾森豪威尔赢得总统选举，大大提升了计算机在人们心中的知名度。

1953 20 世纪 50 年代早期研制的磁芯存储器，能提供比真空管更大的存储容量。

1953 IBM 公司的 Model 650 成为最早广泛使用的计算机。Model 650 如此成功，以至于 IBM 公司生产了 1000 台。在这之后的十年中，IBM 成为主机市场的掌控者。

1959 已经有超过两百种编程语言诞生。

1959 IBM公司推出两种更小的、桌面大小的计算机：供企业使用的IBM 1401和供科学家使用的IBM 1620。

1965 来自Dartmouth的John Kemeny博士领导了BASIC编程语言的研发。

1957 IBM公司的305 RAMAC是第一台使用磁盘作为外置存储器的计算机。这种计算机的存储容量与磁带相似，而磁带是之前被广泛使用的存储方式，拥有半随机访问容量的优点。

1968 在寄给编辑的一封题为"GO TO 语句是有害的"的信中，Edsger Dijkstra博士提出结构化编程的概念，对于构建计算机程序制定了标准。

1965 电子设备公司(DEC)推出了第一台微型计算机PDP-8。这种型号的计算机被广泛地用于分时系统的接口。

1968 计算机科学公司(CSC)成为第一个在纽约股票交易所挂牌的软件公司。

1957 John Backus推出了高效又易于使用的编程语言FORTRAN。

| 1957 | 1958 | 1959 | 1960 | 1964 | 1965 | 1967 | 1968 |

1967 Douglas Engelbert为他的第一个木质鼠标申请了专利。

1964 计算机的数量已经增长至18000台。第二代计算机（集成电路计算机）开始投入使用。IBM公司的System/360计算机是最早的系列兼容机，能够将科学与企业业务相融合。

1958 德州仪器公司的Jack Kilby发明了可以用于高速计算机和大容量内存的集成电路。用晶体管建造的计算机标志着第二代计算机硬件的开始。

1960 由Grace Hopper博士领衔的委员会研制了高级商业应用语言COBOL。

1968 IBM公司的Alan Shugart展示了最初的8英寸软盘的常规用途。

1964 IBM公司用磁带／可选的打字机(MT/ST)最早推出了字处理这个术语。MT/ST是世界上第一种可重复使用的存储介质，这种存储介质允许打印的材料不需要文档再重新打印就可进行编辑。

1969 在业界的压力下，IBM公司宣布它的部分软件将与计算机硬件分开定价，允许在业界中建立软件公司。

1975 MITS公司为其最早的微型计算机"Altair"做了广告，"Altair"以低于400美元的价格成套出售。在最初的三个月里就收到了4000份订单。

1976 史蒂夫·乔布斯（Steve Jobs）以及史蒂夫·沃兹尼亚克（Steve Wozniak）制造出了第一台苹果计算机。接下来的版本Apple II很快获得了成功，被安装在小学、中学和大学里；对许多学生来说，Apple II是他们与计算机世界的第一次接触。

1980 IBM公司给微软公司联合创始人比尔·盖茨提供了为即将面世的IBM个人计算机研制操作系统的机会。随着微软磁盘操作系统（MS-DOS）的开发，微软获得了巨大的成本与成功。

IBM

1975 以太网是第一个局域网（LAN），是由施乐公司的帕洛阿尔托研究中心的Robert Metcalfe研制出来的。

1969 阿帕网络（ARPANET）建立，它最终发展成为因特网。

1980 Alan Shugart推出了温彻斯特硬盘，发起了个人计算机存储的革命。

ARPANET

| 1969 | 1970 | 1971 | 1975 | 1976 | 1979 | 1980 | 1981 |

1979 推出了由Bob Frankston和Dan Bricklin编写的电子制表软件VisiCalc。

1979 第一个公众在线信息服务"CompuServe and the Source"建立。

1981 推出了IBM PC，标志着IBM公司进入个人计算机市场。IBM PC迅速获得了个人计算机的最大市场份额，并且成个人计算机在商业上的选择。

1970 采用大规模集成电路（LSI）的芯片制造的第四代计算机出现了，1965年使用的芯片上只包含最多1000个电路，而大规模集成电路包含多达15000个电路。

1971 英特尔公司的Ted Hoff博士研制了一种微处理器，或者说是一种可编微程序的计算机芯片——Intel 4004。

1981 第一个计算机病毒Elk Cloner通过Apple 2中包含操作系统的软盘进行传播。在被感染的磁盘第50次启动之后，当用户按下重启键（Reset）时，一首小诗将会出现在屏幕上。

1991 柯达公司发布了第一台数码单反相机。这台名为Kodak DCS 100的相机研制出来用于新闻摄影，并将照片与电池分开存储。

1986 微软公司开始公开发行股票，募集了约6100万美元。

1988 微软公司超越了莲花公司，成为全球最大的软件供应商。

3.275 Million

1982 个人计算机的销量达到了327.5万，几乎超过了1981年的300万。

1982 Hayes公司推出了300bit/s的智能调制解调器。这款调制解调器面世后立即获得了成功。

1982 Compaq公司成立，它主要开发和销售IBM PC兼容机。

COMPAQ

1991 万维网（WWW）联合会发布了一个在不同的计算机上链接文件框架的标准。

| 1982 | 1983 | 1984 | 1986 | 1988 | 1989 | 1991 |

1983 《时代》杂志选择计算机来代替人物作为1982年的年度人物，承认了计算机对社会的影响。

Apple

1984 苹果公司推出了Macintosh计算机，它包含了一个独特的、易于学习的图形用户界面。

1989 任天堂公司（Nintendo）推出了它的第一台手持游戏机Game Boy。

1983 莲花公司成立。它的电子表格软件Lotus1-2-3，集合了电子表格、图形和数据库于一体，成为IBM PC中卖得最好的软件。

1984 HP公司推出了第一台用于个人计算机的激光打印机。

1989 Tim Berners-Lee在瑞士的CERN工作时发明了因特网。

1989 Intel 486成为世界上第一个一百万个晶体管的微处理器，它每秒可执行1500万条指令，是它之前的80386芯片的4倍。

1993 微软公司发售了Micro-soft Office 3 Professional版本，这是第一个应用于Windows操作系统的Office版本。

1993 一些公司推出了使用英特尔公司的Pentium处理器的计算机。Pentium的芯片中包含310万个晶体管，运算速度可达到每秒1.12亿次。

1994 亚马逊作为网上书店上线。后来，亚马逊扩张成为一个大型购物网站。

1994 Linus Torvalds开发了一款类UNIX操作系统——Linux核。该操作系统是开源的，因此其性能的改进也得到了很多因特网上的开发者的共同参与。

1995 在线拍卖网站eBay上线。由于可以为人们提供线上买卖东西的场所，eBay迅速成长为世界最大的在线交易市场，并拥有了接近1亿的活跃用户。

1995 SUN Microsystems开发了一款面向对象编程的语言——Java。Java使用户可以编写能在多个平台上运行的程序。

1995 微软公司发售了Windows 95，极大地提升了Windows操作系统的性能。Windows 95系统有多达1千万行代码，足足花费了300名程序员一整年的时间编写。

1992　1993　1994　1995

1993 在发射的24颗导航卫星进入轨道后，美国空军完成了全球定位系统（GPS）的部署。今天，GPS接收器早已在人们的车上、笔记本电脑和智能手机上占有了一席之地。

1994 Jim Clark和Marc Andreessen共同创立了网景公司(Netscape)，并开发了一款名为Netscape Navigator 1.0的浏览器。

1992 微软公司发布了Windows操作系统的最新版本Windows 3.1。Windows 3.1提出了针对诸如TTF字体、多媒体功能、对象链接和嵌入等多种改进。在两个月之内，Windows 3.1就卖出了300万份。

1994 苹果公司推出第一款面向消费者的数码相机。这款名为Apple QuickTake 100的相机可通过串行电缆连接到家庭计算机上。

1993 白宫网站上线，该网站包含了供公民使用的交互式手册，以及白宫的历史介绍和旅游指南。

1994 两位来自斯坦福大学的博士生，为了在因特网上记录他们感兴趣的东西，开发了一款后来风靡世界的搜索引擎与门户网站——雅虎（Yahoo！）。

1997 英特尔公司推出了含有750万个晶体管的Pentium II处理器。该新型处理器包含多媒体扩展（MMX）技术，能够更有效地处理音频、视频和图像数据，并且支持电影编辑、游戏等程序。

1999 英特尔公司推出了Pentium III处理器。该处理器继承了Pentium II的技术，并且可以更快速地处理三维图像。Pentium III处理器含有950万至4400万个晶体管。

1999 政府和企业为解决"2000年问题"拼命地工作，世界范围内的费用超过5万亿美元。

1997 微软公司发布了Internet Explorer 4.0，从而占领了因特网领域的战略重地。

1999 由志愿者无偿维护的开源软件，如Linux操作系统、Apache Web服务器软件等，开始得到计算机用户的广泛接受。

1996	1997	1998	1999

Google

1998 谷歌公司注册成立。如今谷歌已占据60%的市场份额，成为使用最多的搜索引擎。

1998 电子商务进入繁荣期。亚马逊、戴尔、亿创理财（E*TRADE）等公司促进了在线购物的发展，买家能获取多种多样的商品和服务。

1996 美国机器人公司推出了廉价易用的个人数字助理（PDA）PalmPilot。

1996 微软公司发布了用于客户端/服务器网络的Windows NT 4.0操作系统。

1998 苹果公司推出了广受欢迎的Macintosh计算机的下一代产品iMac。iMac因设计前卫、机箱透明、易于安装而受到消费者的青睐。

Source: Napster

2000 时年19岁的Shawn Fanning 与他的公司Napster，开发出了一款新的软件，并因此彻底颠覆了音乐市场。此款软件允许计算机用户们相互交换音乐文件，而不用通过集中式文件服务器。

Courtesy of Intel Corporation

2001 英特尔公司推出它的 Pentium 4芯片，其拥有1.4GHz 的时钟速度。Pentium 4芯片已含有4200万个晶体管。

2002 数码摄像机、DVD刻录机、简便的视频编辑软件，以及存储器容量的提高，能够让普通的计算机用户用引言、结论、场景重新布排、音乐及画外音创作出像好莱坞一样的大片。

Courtesy of Intel Corporation

2001 维基百科（WiKipedia）是免费的在线百科全书。附加的维基也开始出现在因特网上，使人们能在他们的专业技术领域分享信息。尽管有些人依靠维基做研究，但是维基的内容对于精确性并非完全进行了验证。

2002 经过几年惨淡的销售之后，平板电脑重新进入公众视野来满足那些更有针对性的受众。

© Cengage Learning

Wikimedia Foundation

2000 电子商务成为主流商务的一部分。本年度的电子商务交易额超过了1000亿美元；另外，因特网广告支出超过了50亿美元。

Courtesy of ViewSonic Corporation

2000   2001   2002

© Cengage Learning

2000 因特网泡沫公司的破产速率创下了新的纪录——几乎每天一家。

Source: Microsoft

2002 微软公司开始实行它的.NET策略，这个策略能为基于Web服务的易于开发的软件提供开发和运行软件的一个新的环境。

© Tatiana Popova / Shutterstock.com

2002 DVD刻录机开始取代CD刻录机（CD-RW）。DVD的存储容量是CD的8倍。DVD刻录机可以用于储存家庭电影、音乐、照片和备份。

Kenneth Murray / Science Source

2000 远程医疗运用卫星及视频会议技术进行咨询和远程手术。于是机器人可被用来操作复杂、精确的任务。

2002 英特尔公司运用超线程(HT)技术，并将Pentium 4芯片升级为0.13μm处理器，运行速度达到3.06GHz。新的发展最终能使处理器含有10亿个晶体管，运行速度达到20GHz。

Courtesy of Intel Corporation

2004 Mozilla公司发布了其第一版Firefox Browser。Firefox为用户提供了很多创新式的特性，包括能提高用户浏览体验的多标签页浏览和搜索栏。Firefox迅速流行起来，挤占掉了微软公司IE浏览器的很多市场份额。

2004 一个起初只针对大学生的在线社交网络Facebook成立了。Facebook最终对所有人开放注册，并快速发展起来，拥有了超过1.1亿的用户。

2004 Sony（索尼）公司推出了PlayStation Portable(PSP)。这款掌上游戏机是最早使用光盘的。

2004 RealNetworks、微软、索尼和沃尔玛等公司开始在最早由苹果公司开拓的在线音乐商店市场抢占份额。

2004 平板液晶显示器(LCD)代替了笨重的阴极射线管(CRT)显示器，成为计算机用户的首选。

2004 开源的操作系统Linux，作为微软公司Windows Server 2003、Sun公司的Solars、UNIX的可行代替品，开始进军服务器市场。

2004 美国2亿网民中的1.06亿，或者说53%，使用宽带上网。

2003　　　　　　　　　　　　　　**2004**

2003 为了维持其现有的销售歌曲的商业模式，美国唱片工业协会（RIAA）发起了对超过250宗利用点对点网络（P2P）提供有版权的音乐的个人计算机用户的诉讼。

2003 无线计算机和设备，比如无线键盘、无线鼠标、家庭网络、无线互联网络访问点变得常见起来。

2004 USB快闪驱动器成为一种性价比比较高的方式、可以从计算机间传输数据和信息。

2004 大型零售商开始要求供应商在其所售的商品中，包含三分之一毫米宽的射频识别(RFID)标签或者带天线的微芯片。

2004 智能手机替代了个人数字助理(PDA)成为移动设备的首选。

2004 苹果公司推出了造型优雅的一体机iMac G5。这款新计算机的显示设备中包含了系统装置。

2005 视频共享的线上社区 YouTube建立了。YouTube上的内容包括家庭影像、影视预告片和电视节目的剪辑。在2006年11月，谷歌公司收购了YouTube。

2006 索尼公司发行PlayStation 3。新的功能包括蓝光磁盘播放器、高清功能和持续在线连接。

2006 苹果公司开始销售装配了英特尔微处理器的Macintosh计算机。

2006 Web 2.0是在2004年创造的术语，随着在线社交网络、维基、Web应用的逐渐流行，它成为家喻户晓的术语。

Video iPod

2005 苹果公司发布了最新版本的iPod（一款流行的口袋大小的便携式媒体播放器）。最初的时候它可以播放歌曲，后来可以查看照片，再后来可以播放播客文件；现在，它还可以在2.5英寸的屏幕上播放150h的音乐影片和电视节目。

2006 任天堂公司(Nintendo)发行 Nintendo DS Lite，这是一款掌上游戏机，其中包括一些新的功能，如双屏和更好的画质和音质。

2005　　　　　　　　　　　　2006

2005 垃圾邮件、间谍软件、网络仿冒和域欺骗，连同病毒和其他恶意软件占据了中心舞台，成为全世界8.01亿个计算机用户的主要麻烦。

2006 IBM公司生产出了最快的超级计算机 Blue Gene/L，它可以在你眨一下眼的时间，也就是大约十分之一秒的时间内进行28万亿次计算。

2005 博客和播客成为在网上发布信息的主流方式。

2006 英特尔公司推出了 Core 2 Duo处理器系列。自称要凭借能源消耗少的优势打破记录，这个系列包括5款台式计算机的处理器和5款移动计算机的处理器。台式计算机的处理器包括2.91亿个晶体管，比Pentium处理器少用了40%的功率。

2006 推出了Nintendo Wii，并很快成为游戏机的领先者。Wii用于一些创新性的方法上，如训练外科医生。

2005 微软公司发布了Xbox 360，它是最新的游戏机；它可以播放音乐、显示图片，还可以与计算机和其他玩Xbox的人联机。

2007 英特尔公司发布了 Core 2 Quad，这是一个为双核处理器的服务器和笔记本电脑制作的四核处理器。多核可以让笔记本电脑更节能，并且优化电池的性能。

2007 VoIP（网络电话）供应商扩大了使用范围，将 Wi-Fi 电话包含进来。这种电话可以通过 Wireless-G 网络和高速的因特网连接获得高质量的服务。

2007 苹果公司推出了 iPhone，并且在推出之后的两天就有了 27 万部的销量。iPhone 采用 iTouch 技术，允许用户将名字或号码存在地址簿里以方便打电话。另外，它可以像 iPod 一样存储及播放音乐。还有，苹果公司在 iTunes 上售出了它的第十亿首歌曲。

2007 苹果公司发布了 Mac OS X 版本 10.5 "Leopard" 操作系统，有台式计算机版和服务器版。这个系统对台式计算机进行了重大修改，有半透明的菜单栏和升级了的搜索工具，其中包含像 iTunes 一样的可视化的导航界面。

2008 智能手机变得更加智能。这一年推出的智能手机拥有更强大的功能，例如，具有多点触控技术的触摸屏、移动电视、触觉反馈、改进的图形、GPS 接收装置，以及更好的摄像头。

2008 这一年比尔·盖茨从微软公司退休。但他以董事长和关键开发项目顾问的身份继续工作着。

2008 谷歌公司发布了其新的浏览器。谷歌 Chrome 浏览器使用独一无二的界面，并提供其他功能，诸如动态标签、冲突控制机制，以及各种应用快捷键。

2007

2008

2007 全世界有一半的人使用移动电话。越来越多的人用移动电话代替家里的固定电话。

2008 一家在线电影租赁公司 Netflix 和一家数码视频录放机（DVR）生产商 TiVo 合作，使 Netflix 上的电影和电视剧集可以在 TiVo 的 DVR 上观看。

2007 蓝光光碟的普及率在逐渐增长，在不到一年的时间里压倒并取代了高清 DVD。一张蓝光光碟可以在 50GB 的光碟内存储约 9h 的高清视频，或者约 23h 的标清视频。

2007 无线（Wi-Fi）热点在许多地区流行。人们把他们的笔记本电脑带到咖啡屋、快餐店或者书店，免费或付少量费用连接无线网络。

2008 计算机制造商开始供应固态硬盘（SSD），而不是传统硬盘（HD），SSD 主要是应用在笔记本电脑上的。虽然固态硬盘与传统硬盘相比，其存储容量较小，而且更昂贵，并且故障率稍微高一些，但 SSD 有着 HD 不可比拟的速度优势。

2008 WiMAX 上线！这种技术的优势是它有强劲的性能，使得无论何时何地，只要用户有需求，就能访问视频、音乐、语音。它的平均下载速度介于 2Mbit/s 和 4Mbit/s 之间。到 2008 年年底，Sprint 公司大约拥有 1 亿个接入其网络的用户。

2009 英特尔公司发布了 Core i5 和 Core i7 系列的处理器。这些处理器在一些更苛刻的任务条件下有着更出色的性能表现。英特尔还通过发布多核处理器来增强其 Core 处理器系列，这一设计使得处理器能够在同一时间内处理更多的指令。

2009 在线社交网络创新性地颠覆了人们交流的方式。学校、无线电台，以及其他组织都在流行的社交网络上制作了网页，与它们的利益相关者建立了更为密切的联系。

2009 2009 年 6 月，联邦法律规定，所有的全功率电视台只能以数码格式播放。而模拟电视所有者必须购买一个转换器来收看 OTA 数码格式的节目。

2009 计算机和移动设备通过提供游戏和一些应用程序推动全民健身，它们能够帮助用户锻炼并且掌握他们的进度。它们还用于辅助体能康复。

2009 Web 应用程序人气继续剧增。Web 应用程序使处理任务变得更加容易，如文字处理、照片剪辑和报税。而完成这些，根本不需要在用户的计算机上安装任何软件。

2011 上网本为笔记本电脑提供了一个体积更小，更为轻便的替代品。上网本的屏幕大小在 7~10 英寸，通常用于上网及网上交流。

2011 超过 200 种移动设备采用了谷歌公司旗下的安卓（Android）系统，这是一种专为移动设备设计的操作系统。

2011 支持 HTML 5 的新一代浏览器发行，让网页有了更生动、更动态的内容。

2011 电子书和电子书读者的数量急剧膨胀。许多小说、课本及其他出版物的数字版本都可以得到，并且能在电子书阅读器、计算机或者其他移动设备上阅读。

2011 苹果公司联合创始人史蒂芬·乔布斯因患癌症去世。他因为彻底改变了计算机行业和音乐行业而被世人铭记。

2009　　2010　　2011

2010 AMD 公司开发出一款 12 核处理器，其中包含了两个 6 核处理器，每个处理器都位于一个单独的芯片上。能量消耗类似于一个 6 核处理器，但有着缩减的时钟速度。

2010 Xbox 360 的 Kinect 改变了人们玩视频游戏的方式。现在，在游戏中，玩家可以用一些传感器和摄像头与游戏进行互动。

2010 硬盘容量继续以指数速率增加，其中，最大的硬盘可以储存超过 2.5TB 的数据和信息。

2010 苹果公司发布了 iPad，这是一款采用了 9.7 英寸多触点控屏的创新性的移动设备。而且 iPad 自称拥有长达 10h 的电池续航时间，可以通过无线网络接入因特网，并且能够运行数以千计的应用程序。

2011 谷歌公司推出了 Google+ 在线社交网络，并将它集成到许多产品及服务中。

2011 英特尔公司推出了超极本，功能强大、轻便，是笔记本电脑的替代者。超极本通常不超过 3 磅重，性能优良，电池寿命长，通常厚度小于 1 英寸。

2012 微软公司发布了Surface——一款与苹果公司的iPad相抗衡的平板电脑。Surface配置有内置支架，采用Windows 8操作系统及其中的应用程序，并且支持一种也可作为键盘使用的盖板。

Source Microsoft

2013 Twitter用户平均每天生成5亿多条微博。

2012 微软公司发行了Windows 8。Windows 8自称有全新设计的界面，并且支持触摸输入。

2012 苹果公司发布了iPhone 5。这款最新的iPhone屏幕4英寸大，包括新的、更小的连接器，而且采用了苹果的A6处理器。

Source Apple

2013 亚马逊公司宣布将使用无人机来给其客户邮寄包裹。

Courtesy of Amazon

2013 索尼公司发布了PS4游戏机；微软公司发布了Xbox One游戏机。

2013 平板电脑销售增长的速度比个人计算机更快。

2012

2013

2012 谷歌公司的Android系统超过苹果公司的iOS系统，成为现在智能手机上所采用的最流行的操作系统。即使iPhone仍然是最畅销的智能手机，但与之竞争的产品将会很快抢占市场份额。

Source Google

© Cengage Learning

2012 微软公司发布了Office 2013。还有采用了人们所熟悉的Office 2013的界面的Office 365也被发布，它允许用户在没有安装Office的计算机上通过他们的微软账户来访问Office应用程序。

2012 任天堂公司发布了Wii U游戏机。

2013 三星公司发布了Galaxy Gear——一款能与使用了蓝牙技术的三星Galaxy智能手机同步的智能手表。

© Ivan García / Shutterstock

2013 Windows 8.1——一款针对于微软公司的Windows 8.0操作系统的新产品发布了。

Source Microsoft

© iStockphoto / Alamy

2013 苹果公司发布了iPhone 5S——第一款使用指纹识别的iPhone。指纹识别是一种通过读取使用者指纹信息来验证身份的技术。

2013 二维码迅速流行起来，让移动设备用户更方便地获取网络信息。

Source qr-code-generator.com

© iStockphoto / moz.ann

2013 许多消费者更喜欢用平板电脑来满足他们的移动计算需要。平板电脑在拥有轻巧便携等优点的同时，也能允许用户访问许多计算机应用程序，同时还能上网及收发电子邮件等。

Green Computing

2014 个人和企业更加关注绿色计算。计算机制造商不仅出售更多节能的硬件，还提供了能让用户轻易地回收旧计算机和设备的途径。

2014 随着存储容量的增加及价格的降低，固态存储变得越来越流行。

2014 苹果公司发布 Apple Watch，这是一款可以运行应用程序，并能监控用户健康和健身情况的可穿戴式设备。

2014 存储成本的降低和因特网连接速度的提升促使更多用户使用云存储来存储数据。云存储还提供给用户在几乎每一处访问自己的文件的便利手段。

2015 3D 打印的价格降低，而知名度反而提高了。

2015 微软公司发布了其操作系统的最新版本 Windows 10。Windows 10 拓展了许多在 Windows 8 中推出的新功能，并且还在之前的版本中找回了一些流行度高的功能，如开始（start）菜单。

2015 个人和家庭用户不断地转向使用因特网上的流视频，并逐渐放弃其有线电视。

2014

2015

2014 作为一种数字货币和网上支付系统，比特币持续发展。

2014 苹果公司发布了 iPhone 6 和 iPhone 6 plus。这两种设备都有着比之前的产品明显更大的屏幕。

2014 带有诸如曲面屏幕和超高清显示器功能的电视开始普及。

2014 谷歌眼镜在美国继续向公众出售。

2014 亚马逊公司将它的 Fire Phone 的价格降低到 0.99 美元，可能标志着软件（App）和服务比设备更值钱。

2015 新兴的协议，如 LTE-A 和 Wi-Fi 802.11 ac/ad/aq/ah 提高了移动和无线网络的性能。

2015 约 91% 的因特网流量用于传递视频，包括高清和 3D 视频。

AlphaGo战胜围棋世界冠军李世石。

共享单车创业热潮。

魏则西事件引发网络热议。

"永恒之蓝"勒索蠕虫爆发。

AlphaGo战胜柯洁，人工智能引起广泛关注。

2016　　　2017

滴滴出行收购优步中国。

人工智能贴近商业化。

无人驾驶升温，各大科技公司纷纷涉足。

区块链技术升温。

无人零售兴起。

全面屏手机普及。

Windows 10推出创意者更新，加入诸多新功能。

VR升温。

Windows 10

Facebook信息泄露引起广泛讨论。

Dota2人机挑战，人工智能完胜世界冠军。

欧盟颁布《一般数据保护条例》。

华为被美国商务加入实体名单，
多家美国企业相应下调营收预期。

2018　　　　　　**2019**

Uber无人车撞人致死引起广泛讨论。

谷歌宣称实现"量子霸权"引发争议。

多国政府发布人工智能国家战略。

IPv4地址用尽。

SpaceX布局太空因特网。

OpenAI宣布人工智能算法效率每16个月翻一番，超过摩尔定律。

移动端上网时长超过桌面端。

Facebook更名为Meta，押注元宇宙。

边缘智能计算（边缘AI）升温。

2020 2021

人们网络安全意识增强。

在线视频用户快速增长。

NFT（非同质化货币）热潮引发讨论。

Web3与DAO（去中心化自治组织）概念升温。

俄乌战争加剧芯片短缺。

短视频全球化浪潮。

微软IE浏览器退役。

2022

埃隆·马斯克(Elon Musk)收购Twitter。

FTX崩溃，引发加密货币监管呼吁。

ChatGPT打开了人工智能内容创作的大门。

众多企业与科研机构进军大语言模型。

AI绘画工具midjourney v5发布
颠覆艺术设计行业。

2023

苹果发售Vision Pro头显进军虚拟现实。

参 考 文 献

[1] 吕云翔，李沛伦 . 计算机导论[M]. 北京：清华大学出版社， 2015.

[2] JUNE J P，DanOja. 计算机文化[M]. 吕云翔，傅尔也，译 . 15 版 . 北京：机械工业出版社，2014.

[3] JUNE J P. New Perspectives on Computer Concepts 2016, Comprehensive[M]. Cengage Learning, 2015.

[4] DEBORAH M, CHARLE S P. Understanding Computers：Today and Tomorrow[M]. 16th Edition. Cengage Learning, 2016.

[5] NELL D, JOHN L. Computer Science Illuminated[M]. 5th Edition. Jones & Bartlett Learning, 2012.

[6] 吕云翔，张岩，李朝宁 . 计算机导论与实践[M]. 北京：清华大学出版社，2013.

[7] 黄国兴，陶树平，丁岳伟 . 计算机导论[M]. 3 版 . 北京：清华大学出版社，2013.

[8] 袁方，王兵，李继民 . 计算机导论[M]. 2 版 . 北京：清华大学出版社，2009.

[9] MISTY E V. Discovering Computers 2014[M]. Cengage Learning, 2014.

[10] DEBORAH M, CHARLES S P. Understanding Computers: Today and Tomorrow[M]. 15th Edition. Cengage Learning, 2015.

[11] TIMOTHY J O, LINDAI O. Computing Essentials 2014 CompleteEdition: Making It Work for You[M]. New York, NY: McGraw-Hill, 2014.

[12] NELL D，JOHN L. 计算机科学概论[M]. 吕云翔，刘艺博，译 . 5 版 . 北京：机械工业出版社，2016.

[13] BRIAN K W, STACEY C S. Using Information Technology[M]. 11th Edition. New York, NY: McGraw-Hill, 2015.

[14] MISTY E V, SUSAN, SETBOK L, et al. Discovering Computers 2017 Enhanced Edition: Tools, Apps, Devices, and the Impact of Technology[M]. Cengage Learning, 2017.

[15] DEBORAH M, CHARLES S P. Understanding Computers: Today and Tomorrow[M]. 16th Edition. Cengage Learning, 2017.

[16] TIMOTHY J O, DANIEL O, LINDA I O. Computing Essentials 2017 Complete Edition: Making IT Work for You[M]. New York, NY: McGraw-Hill, 2017.

[17] JUNE J P. New Perspectives on Computer Concepts 2018, Comprehensive[M]. Cengage Learning, 2018.

[18] JUNE J P. 计算机文化[M]. 吕云翔，译 . 20 版 . 北京：机械工业出版社，2019.

[19] 吕云翔，李沛伦 . 计算机导论：微课版[M]. 2 版 . 北京：清华大学出版社，2019.

[20] 袁方，王兵 . 计算机导论：微课版[M]. 4 版 . 北京：清华大学出版社，2020.

[21] 方英兰 . 计算机导论：基于计算思维和系统能力培养[M]. 5 版 . 北京：电子工业出版社，2022.

[22] 杨月江 . 计算机导论：微课版·题库版[M]. 3 版 . 北京：清华大学出版社，2022.